农业物联网与农业机器人技术研究

李志祥　褚云霞　张岳魁　张　军　李　娟　李　尧　著

中国原子能出版社

图书在版编目（CIP）数据

农业物联网与农业机器人技术研究 / 李志祥等著.
北京 ：中国原子能出版社，2024. 10. -- ISBN 978-7
-5221-3590-8

Ⅰ. S126

中国国家版本馆 CIP 数据核字第 2024PA5611 号

农业物联网与农业机器人技术研究

出版发行	中国原子能出版社（北京市海淀区阜成路 43 号　100048）
责任编辑	张　磊
责任印制	赵　明
印　　刷	北京厚诚则铭印刷科技有限公司
经　　销	全国新华书店
开　　本	787 mm×1092 mm　1/16
印　　张	20.75
字　　数	418 千字
版　　次	2024 年 10 月第 1 版　2024 年 10 月第 1 次印刷
书　　号	ISBN 978-7-5221-3590-8　　　定　价　**88.00 元**

前　言

随着全球人口的不断增长,粮食需求日益增加,现代农业面临着前所未有的挑战。这些挑战包括劳动力短缺、资源浪费、环境污染和气候变化等。为了解决这些问题,提高农业生产效率,实现农业的可持续发展,科技创新成为了关键推动力。其中,农业物联网(Agricultural Internet of Things,AIoT)和农业机器人技术作为两大前沿科技,正日益受到重视并得到广泛应用。

农业物联网通过传感器、无线通信、大数据和云计算等技术,实现了农业生产全过程的数据采集、传输、处理和分析,帮助农民实时监控农田环境、精准管理农业生产,提高了资源利用效率和生产效益。与此同时,农业机器人技术则通过自动化机械设备,实现了播种、施肥、除草、收割等农业生产环节的自动化操作,降低了对人工的依赖,提高了作业的精确度和效率。

在国内外,农业物联网和农业机器人技术的研究和应用都取得了显著进展。各国在技术研发和实际应用上都有着各自的特色和优势,为全球农业发展提供了丰富的经验和借鉴。

本书旨在探讨农业物联网与农业机器人技术的融合应用,通过对这两项技术的基础理论、关键技术及应用案例的详细分析,提出一种融合应用的技术路线,发挥物联网与机器人技术的优势互补,实现智慧农业的目标。研究内容涵盖了农业物联网和农业机器人技术的概述、关键技术、应用案例以及融合应用的必要性与可行性。同时,研究还探讨了未来发展趋势与面临的挑战,为今后的研究与实践提供参考。

本书由石家庄学院的李志祥、褚云霞、张岳魁、张军、李娟和李尧共同撰写。具体的工作分配如下:李志祥完成了 15.8 万字,褚云霞完成了 10 万字,张岳魁完成了 10 万字,张军、李娟和李尧共同完成了 6 万字。全书的统稿工作由张军负责。

本书是河北省物联网智能感知与应用技术创新中心(编号 SG20182058)和河北省物联网区块链融合重点实验室(编号 SZX2020033)等科研平台建设成果的一部分,基于多项科研项目的研究成果进一步总结和完善。这些科研项目包括:

2016 年石家庄市科学技术研究与发展项目"基于云的可组合式智能大棚监控

系统"（编号 161130092A）；

2020 年河北省重点研发项目"设施番茄田间管理智能机器人研制与应用"（编号 20321801D）

2021 年河北省重点研发计划项目"桃园管理多功能植保机器人研制与应用"（编号 21327213D）；

2022 年河北省重点研发计划项目"工厂化育苗自动控制装备及系统的创新"（编号 22320301D）；

在本书的编写过程中，我们参考和引用了大量相关文献，在此对这些作者谨表深切谢意。

本书希望能够在学术上提供新的视角和方法，推动农业物联网与机器人技术的进一步发展，同时在实践中为农业生产带来实实在在的效益，促进农业现代化的进程，提高农业生产效率，实现农业的可持续发展，并推动农业产业的升级。

著　者
2024 年 1 月

目 录

第一章 绪 论

第一节 研究背景与意义

一、现代农业面临的挑战

现代农业虽然取得了显著进步,但也面临诸多挑战,这些挑战涉及劳动力、资源、环境和气候变化等多个方面。这些问题的解决对农业的可持续发展至关重要。

(一)劳动力短缺

1. 农村人口减少

随着城市化进程的加快,越来越多的农村人口迁移至城市寻求更好的生活和工作机会。农村人口的减少直接导致了农业劳动力的短缺。许多年轻人不愿意从事农业工作,认为农业劳动强度大、收入低、社会地位低下。这种情况在发达国家和发展中国家都存在。

2. 劳动力成本上升

劳动力短缺导致劳动力成本上升。农业生产需要大量的人力投入,如播种、除草、施肥、收割等。然而,随着劳动力成本的上升,传统的劳动密集型农业生产方式变得越来越难以为继。农业生产者不得不面对如何提高生产效率以应对劳动力成本增加的问题。

3. 劳动力素质参差不齐

随着农业机械化和科技化的发展,对农业劳动力的技能要求越来越高。然而,农村劳动力素质参差不齐,很多农民缺乏现代农业技术知识和技能,难以适应新技术和新设备的操作。这不仅影响了农业生产效率的提高,也阻碍了现代农业技术的推广和应用。

4. 农业劳动条件艰苦

农业劳动通常在户外进行,劳动条件较为艰苦,包括长时间暴露在阳光下、风吹雨淋，以及与泥土和农药的接触等。这些不利的工作条件使得很多年轻人不愿意从事农业工作，进一步加剧了农业劳动力短缺的问题。

5．农业人口老龄化

农业劳动力的老龄化也是一个严峻的问题。很多农村地区的年轻人外出务工，留在农村从事农业生产的多为老年人。老龄化劳动力不仅体力和健康状况不如年轻人，也在一定程度上影响了农业生产效率的提高。

（二）资源浪费

1．水资源浪费

农业是水资源消耗大户。然而，传统的灌溉方式如漫灌、沟灌等，效率低下，浪费严重。据统计，传统灌溉方式的水利用效率仅为 40%左右，大量的水资源在输送和使用过程中被浪费。水资源浪费不仅增加了农业生产成本，也对环境造成了负面影响。

2．肥料和农药的过量使用

为了提高农作物产量，农民往往大量使用化肥和农药。然而，由于缺乏科学的施用指导，化肥和农药的过量使用导致了资源浪费。很多情况下，化肥和农药并未被有效利用，而是流失到环境中，造成土壤和水源的污染。同时，过量使用化肥还会导致土壤酸化和盐渍化，影响土壤健康和农作物的生长。

3．土地资源的低效利用

传统农业生产方式中，土地利用效率低下。耕作方法单一，轮作休耕制度不完善，导致土地资源的低效利用和生产力的下降。很多土地没有得到合理的利用和保护，土壤肥力下降，耕地质量降低，进一步影响农业生产的可持续性。

4．不合理的农业布局

一些地区由于农业布局不合理，导致资源浪费。例如，在水资源短缺的地区种植需水量大的作物，不仅增加了水资源的消耗，也降低了农业生产的效益。不合理的农业布局还可能导致土地资源的低效利用，影响农业的可持续发展。

5．农业基础设施落后

在一些发展中国家和地区，农业基础设施相对落后，灌溉系统、储存设施和运输网络等都不完善。这不仅影响了农业生产效率，也导致了资源的浪费。例如，灌溉系统的不完善会导致水资源的浪费，储存设施的不足会导致农产品的损失和浪费。

（三）环境污染

1．化肥污染

过量使用化肥不仅浪费资源，还对环境造成了严重污染。化肥中的氮、磷、钾等成分容易流失到水体中，造成水体富营养化，破坏水生态系统。同时，化肥中的重金属成分也会在土壤中积累，影响土壤健康和农产品的安全性。

2. 农药污染

农药在农业生产中起着重要作用，但其过量使用和不合理施用会对环境造成污染。农药残留不仅影响农产品的安全，还会通过土壤和水体进入生态系统，影响动植物的生存和繁殖。此外，农药的长期使用还会导致害虫产生抗药性，增加农业生产的难度。

3. 农业废弃物处理不当

农业生产过程中产生的大量废弃物，如秸秆、畜禽粪便等，如果处理不当，也会对环境造成污染。秸秆焚烧会产生大量烟尘和有害气体，污染空气环境；畜禽粪便如果不进行科学处理，会污染水体和土壤，传播病菌，影响生态环境和公共卫生。

4. 农业生产对自然资源的破坏

一些不合理的农业生产方式对自然资源造成了破坏。例如，过度开垦和不合理的耕作方式会导致土壤侵蚀和退化，破坏土壤结构和肥力；过度放牧会导致草原退化和沙漠化，影响生态平衡和环境健康。

5. 农业生产对生物多样性的影响

现代农业生产方式对生物多样性也造成了负面影响。例如，大面积种植单一作物的方式，减少了农业生态系统中的生物多样性，影响了生态系统的稳定性和抗逆性；化肥和农药的过量使用也会对非目标生物造成伤害，进一步影响生物多样性。

（四）气候变化

1. 气候变化对农业的影响

气候变化是当前全球面临的重大挑战之一，对农业生产造成了深远影响。气候变化导致气温升高、降水模式变化、极端天气事件增多，这些变化对农作物的生长和产量产生了直接影响。例如，高温会加速作物的生长周期，导致作物早熟，降低产量和品质；降水不足或过多都会影响作物的正常生长，增加农业生产的不确定性。

2. 病虫害频发

气候变化还会导致病虫害的频发。气温升高和降水变化为病虫害的繁殖和传播创造了有利条件。例如，许多害虫和病原菌在高温条件下繁殖迅速，导致病虫害的发生频率和危害程度增加。这对农业生产构成了严重威胁，增加了农民的生产成本和风险。

3. 农业生态系统的破坏

气候变化不仅影响农作物的生长和产量，还对农业生态系统造成了破坏。例如，气温升高导致土壤水分蒸发加快，土壤干旱加剧；降水模式变化导致土壤侵蚀和土地退化；极端天气事件如洪水、干旱、风暴等频发，对农业生态系统的稳定性和可持续性构成了威胁。

4. 农业生产季节的不确定性

气候变化导致农业生产季节的不确定性增加。传统的农业生产依赖于稳定的气候和季节变化，但气候变化使得农业生产季节变得不确定，增加了农业生产的风险和难度。例如，气温异常变化可能导致作物开花授粉期的变化，影响作物的产量和品质。

5. 农业生产区域的变化

气候变化还可能导致农业生产区域的变化。随着气候条件的变化，一些传统的农业生产区域可能不再适合种植原来的作物，迫使农民改变种植结构或迁移到新的地区。这不仅增加了农业生产的成本和难度，也对农业生产的稳定性和可持续性提出了新的挑战。

（五）应对挑战的技术创新需求

1. 农业物联网技术

农业物联网技术是一种结合传感器、数据通信和数据分析的先进手段，能够实时监控和管理农业生产过程，大幅提高生产的精准度和效率。具体应用包括：环境监测方面，通过安装在田地中的传感器，实时监测土壤湿度、温度、光照等环境参数，帮助农民深入了解农作物的生长状况，从而能够根据实际需求优化灌溉和施肥策略，确保农作物在最佳条件下生长；作物生长监控方面，物联网技术使得农民能够监控作物的生长全过程，通过及时发现病虫害和生长异常，迅速采取有效措施，减少农作物的损失，保障收成质量；资源管理方面，利用物联网技术，农民可以对水、肥料、农药等资源进行精准管理，这不仅减少了资源的浪费，还提高了其利用效率，进而降低了农业生产的成本和对环境的影响。

2. 农业机器人技术

农业机器人技术通过自动化和智能化设备执行复杂且重复性的农业任务，显著减轻了劳动力负担，提升了生产效率。具体应用包括：自动化播种和收割，利用播种机器人和收割机器人，提高播种和收割的效率和精准度，减少人力成本；喷药和施肥机器人，根据作物生长情况和环境参数，精准施药和施肥，减少农药和化肥的使用量，降低环境污染；智能温室管理系统，实现对温室环境的自动调节，提供最佳的生长条件，提高作物产量和品质。通过这些技术的应用，农业生产变得更加高效和环保，进一步推动了现代农业的发展。

3. 数据分析与人工智能

数据分析和人工智能技术在农业中的应用越来越广泛，其核心在于对海量数据的高效处理和利用，帮助农民和农业管理者做出更加精准和科学的决策。

首先，大数据处理是这些技术应用的基础。农业生产过程中会产生大量的环境数据、作物生长数据、市场需求数据等。这些数据通过传感器、卫星、无人机等多种设备收集后，需要进行清洗、存储和分析。通过大数据处理，可以识别出农业生产中的潜在问题，如作物病虫害的暴发趋势、水资源的利用效率等。这些分析结果帮助农民及时采取相应的措施，提高农业生产的整体效率。

其次，人工智能技术的应用则更为具体和深入。人工智能能够通过数据挖掘技术，识别和预测农业生产中的各种模式。例如，通过对历史气象数据和作物生长数据的分析，可以预测未来的气候变化对农作物的影响，从而指导农民合理安排播种和收割时间。此外，人工智能还可以用于农产品的质量检测和分级，提升产品的市场竞争力。

最后，精准农业管理是数据分析和人工智能技术的一个重要应用方向。精准农业旨在通过优化资源的使用，提高农业生产的效率和可持续性。通过精确的土壤分析和作物监测，农民可以根据每块田地的具体需求调整灌溉、施肥和病虫害防治策略。

（六）政策支持与国际合作

1. 政策支持

政府政策在推动农业科技创新和现代化方面起到了关键作用，通过多层次、多方面的支持，促进了农业生产效率的提升和可持续发展。首先，财政支持和补贴政策是最直接的手段，政府通过专项资金的拨付，减轻农民和企业在采用新技术时的财务负担。例如，为农业物联网设备和农业机器人技术的研发和应用提供设备购置补贴或低息贷款，有助于加速这些技术的普及和推广。

其次，税收优惠政策是激励农业科技企业进行创新的重要手段。政府可以实施研发费用的税前扣除、企业所得税减免等税收优惠，降低企业的税负压力，鼓励更多企业投入资金和资源进行技术研发和创新，从而推动整个行业的技术进步。

技术支持和培训则是确保新技术能够高效应用的关键。政府可以组织多种形式的培训班、技术演示和现场指导，帮助农民和企业掌握新技术的使用方法和管理技能。通过这些技术推广活动，可以提高农民和企业的技术水平，确保新技术在农业生产中的有效应用。

在市场保障和推广方面，政府可以通过制定和实施相关标准和法规，确保农业物联网设备和机器人技术的质量和安全性。这不仅保障了农民和企业的利益，也提升了社会对这些新技术的信任度和接受度。与此同时，政府可以通过宣传和推广活动，提升社会对农业新技术的认知度，扩大市场需求，促进农业科技产品的广泛应用。

此外，政府可以通过建设和支持农业科技创新平台或产业园区，为企业提供研发基础设施和资源共享的机会。这些创新平台可以促进科研机构、企业和农民之间的协作，形成一个良好的创新生态系统，加速技术的研发和应用转化。通过这些平台，科研成果能够更快地转化为生产力，推动农业科技的进步。

总体而言，政府在这一过程中扮演了重要的引导和支持角色，政府通过财政支持、税收优惠、技术培训、市场保障和创新平台建设等多方面的政策措施，有效推动了农业科技的创新和现代化进程。这不仅提高了农业生产效率和可持续性，还推动了农业产业的升级和转型，提升了农民收入，促进了农村经济的发展和生态环境的保护。

2. 国际合作

国际合作在农业科技创新中具有重要作用，通过国际合作可以引进和借鉴先进的农业技术和经验，促进农业物联网和机器人技术的研发和应用。具体来说，国际科技合作项目能够汇聚各国的科研力量，共同开展农业科技研究，解决全球农业面临的共同挑战。例如，在应对气候变化、病虫害防治和资源高效利用等方面，各国可以通过合作项目分享研究成果和技术，形成全球性解决方案。技术引进和推广也是国际合作的重要方面，通过引进国外先进的农业技术和设备，可以加快这些新技术在本国的应用和推广，提升农业生产效率和可持续性。此外，国际合作还可以促进科技人员和农民的交流与培训，提升农业科技的整体水平。例如，通过国际交流项目，农业科技人员可以学习先进的研究方法和技术，农民可以直接接触和学习国外的成功经验和先进做法，从而提升自身的技术水平和生产能力。

（七）教育与培训

1. 农业教育的现代化

农业教育需要现代化，以适应新技术和新设备的发展需求。通过现代化的农业教育，可以培养出具备现代农业知识和技能的高素质农业劳动力，推动农业科技创新和现代化。例如，农业院校可以开设物联网、机器人和大数据等相关课程，培养学生的现代农业技术知识和实践能力。

2. 农民培训

农民培训是提高农业生产效率和技术水平的重要途径。通过科学的培训，可以提高农民的技术水平和管理能力，促进新技术和新设备的推广和应用。例如，政府和农业机构可以组织技术培训班、示范田和现场观摩等活动，帮助农民掌握现代农业技术，提高生产效率和可持续性。

3. 农业技术推广

农业技术推广是推动农业科技创新和现代化的重要环节。通过技术推广，可以将先进的农业技术和经验传递给广大农民，促进新技术的应用和推广。例如，政府和农业机构可以通过技术推广站、农业技术服务中心和农业技术指导员等方式，向农民提供技术咨询和指导，帮助他们解决生产中的技术难题，提高生产效率和可持续性。

二、农业物联网与机器人的发展趋势

农业物联网（Agricultural Internet of Things，AioT）和机器人技术是现代农业发展的重要推动力量，它们的结合将农业生产带入一个新的智能化和高效化时代。随着科技的进步和市场需求的增长，农业物联网与机器人技术正在快速发展，并逐步渗透到农业生产的各个环节。本文将详细探讨农业物联网与机器人技术的发展趋势，包括技术创新、应用领域拓展、产业链协同发展等方面。

（一）技术创新趋势

1. 传感器技术的进步

传感器技术是农业物联网的核心之一,其发展直接影响着农业生产的精准度和效率。近年来,传感器技术取得了显著进步,主要体现在高灵敏度与多功能化、低功耗与无线传输、智能传感器、高可靠性与耐久性以及成本下降与普及应用等方面。新一代传感器具备更高的灵敏度和多功能化特点,能够精确监测土壤湿度、温度、光照、空气湿度、气体浓度等多种环境参数,提供详细的环境数据,帮助农民进行科学决策。低功耗传感器和无线传输技术的发展,使得传感器可以长时间运行并实时传输数据,减少了维护成本和操作难度,如基于 LoRa、NB-IoT 等技术的无线传感器网络在农业物联网中得到广泛应用。智能传感器集成了数据处理和通信功能,能够自主分析数据并进行初步处理,减轻了数据中心的负担,提高了数据处理效率,同时还可以与其他智能设备联动,实现自动化控制。现代传感器更加注重耐久性和可靠性,能够在恶劣的农业环境中长期稳定工作。随着技术进步和规模化生产,传感器的成本显著下降,促进了其在农业中的普及应用。这些进步使传感器技术在农业物联网中的应用变得更加广泛和深入,极大地提升了农业生产的精准度和效率,帮助农民做出科学的管理决策,优化生产过程,降低成本,提高产量,推动农业的可持续发展。

2. 无线通信技术的发展

无线通信技术是农业物联网的重要组成部分,其发展对实现大规模、远距离的数据传输具有关键作用。近年来,无线通信技术在以下几个方面取得了重要进展:首先,低功耗广域网（LPWAN）技术如 LoRa、Sigfox 和 NB-IoT 在农业物联网中得到了广泛应用。这些技术具有广覆盖、低功耗和低成本的特点,适合大规模、远距离的传感器数据传输。其次,5G 技术的推广为农业物联网带来了更高的带宽、更低的延迟和更大的连接容量,能够支持大规模传感器网络的数据传输需求,提升农业物联网系统的性能和可靠性。此外,短距离无线通信技术如 Zigbee、Bluetooth 和 Wi-Fi 等在农业物联网中的应用也在不断扩展,这些技术适用于近距离、高速数据传输场景,如温室环境监控和精准农业管理。这些无线通信技术的进展,使得农业物联网在覆盖范围、数据传输效率和应用场景方面都得到了显著提升,为智慧农业的发展奠定了坚实基础。

3. 大数据与人工智能技术的应用

大数据和人工智能（AI）技术在农业物联网中发挥着越来越重要的作用,通过对海量数据的分析和处理,可以提供科学的决策支持和智能化管理。大数据技术能够对农业生产过程中产生的海量数据进行存储、处理和分析,挖掘数据中的潜在价值。例如,通过对土壤、气候、作物生长等数据的分析,可以优化灌溉、施肥和病虫害防治策略，提高农业生产效率。机器学习和深度学习技术在农业物联网中得到广泛应用，可以用于作物生长预测、病虫害识别和产量预测等，例如，通过图像识别技术，AI可以自动识别作物病虫害，提供及时的防治建议。基于大数据和 AI 技术的智能决策支持系统可以帮助农民进行科学决策，优化农业生产过程。例如，智能灌溉系统可以根据土壤湿度和天气预报数据，自动调整灌溉策略，实现精准灌溉。这些技术的应用不仅提高了农业生产的效率和精确度，还帮助农民降低了生产成本和资源浪费，实现了更加可持续的农业发展。

4. 农业机器人技术的突破

农业机器人技术的发展为农业生产带来了自动化和智能化的解决方案，主要体现在以下几个方面：首先，无人驾驶农业机械正在逐步推广应用，包括无人驾驶拖拉机、播种机和收割机等设备。这些无人驾驶设备可以根据预设路径和任务，自动完成播种、施肥、喷药和收割等工作，极大地提高了农业生产效率。其次，智能作物管理机器人能够对作物进行精细管理，如自动修剪、果实采摘和病虫害防治等。例如，果实采摘机器人可以根据果实成熟度自动采摘，提高采摘效率和果实质量。此外，畜牧养殖机器人在畜牧养殖中的应用也在不断扩大，如自动喂养、环境监控和健康监测等。例如，自动喂养机器人可以根据牲畜的生长情况，精准控制饲料的投放量，优化饲养管理。这些农业机器人技术的突破，不仅提高了农业生产的自动化程度，还帮助农民减轻了劳动强度，提升了生产效率和管理精度，为现代农业的发展提供了强有力的技术支持。

（二）应用领域拓展

1. 精准农业

精准农业是农业物联网和机器人技术的重要应用领域，通过精准管理，提高资源利用效率和生产效益。

精准灌溉：利用土壤湿度传感器和气象数据，精准控制灌溉量和时间，避免水资源浪费，提高作物产量和品质。

精准施肥：通过土壤养分传感器和作物生长监测，精准施用肥料，避免肥料浪费和环境污染，提高肥料利用效率。

精准病虫害防治：利用病虫害监测传感器和图像识别技术，及时发现和防治病虫害，减少农药使用量，降低环境污染。

2. 智能温室

智能温室是农业物联网技术的典型应用，通过自动化控制系统，实现对温室环境的精准调控，提供最优的生长条件。

环境参数监控：通过传感器监测温度、湿度、光照、CO_2 浓度等环境参数，实时了解温室内的环境状况。

自动化控制系统：根据环境参数和作物需求，自动调控温室内的温度、湿度、光照和通风等条件，提供最优的生长环境。

作物生长监控：通过图像识别和生长监测系统，实时监控作物生长情况，及时发现异常，采取相应措施。

3. 畜牧养殖

农业物联网和机器人技术在畜牧养殖中的应用，提升了养殖效益和动物福利。

环境监控：通过传感器监测畜舍内的温度、湿度、空气质量等参数，提供健康的生长环境。

自动喂养系统：根据牲畜的生长情况，精准控制饲料的投放量，提高饲料利用率，降低饲养成本。

健康监测：通过可穿戴设备和健康监测系统，实时监控牲畜的健康状况，及时发现和处理疾病，提高养殖效益。

4. 农业无人机

农业无人机在农作物监测、病虫害防治、精准施肥等方面的应用，提升了农作物管理的智能化水平。

作物监测：无人机搭载高分辨率相机和多光谱传感器，实时监测农作物的生长情况，发现问题及时采取措施。

病虫害防治：无人机可以搭载喷洒设备，进行精准施药，提高防治效果，减少农药使用量。

精准施肥：无人机可以根据作物生长情况和土壤养分状况，进行精准施肥，优化肥料使用，提高肥料利用效率。

（三）产业链协同发展

1. 农业物联网与机器人产业链的整合

农业物联网和机器人技术的发展需要多个产业链环节的协同配合，包括硬件制造、软件开发、数据服务等。通过产业链的整合，可以形成完整的农业物联网与机器人技术生态系统，推动技术的应用和推广。

硬件制造：传感器、通信设备、农业机器人等硬件设备的制造是农业物联网与机器人技术的基础。通过与传感器制造商、通信设备供应商和机器人制造商的合作，可以提供高质量的硬件设备，保证系统的稳定性和可靠性。

软件开发：农业物联网与机器人技术需要先进的软件系统支持，包括数据采集、传输、处理和分析软件。通过与软件开发公司合作，可以提供功能强大、易于操作的软件系统，提升用户体验和系统效能。

数据服务：大数据和人工智能技术在农业物联网中的应用需要大量的数据支持。通过与数据服务公司合作，可以提供数据存储、处理和分析服务，挖掘数据中的潜在价值，优化农业生产管理。

2. 跨领域合作与创新

农业物联网与机器人技术的发展不仅需要农业领域的专业知识，还需要电子信息、通信、人工智能等领域的技术支持。通过跨领域合作与创新，可以推动技术的融合和应用，提升农业生产的智能化水平。

电子信息技术：电子信息技术在传感器、通信设备和数据处理系统中的应用，为农业物联网与机器人技术提供了基础支持。通过与电子信息技术公司合作，可以提供高性能的传感器和通信设备，提升系统的稳定性和可靠性。

通信技术：通信技术的发展为农业物联网与机器人技术提供了高效的数据传输通道。通过与通信技术公司合作，可以提供高速、低延迟的通信网络，满足大规模传感器数据传输的需求。

人工智能技术：人工智能技术在数据分析、图像识别和智能决策中的应用，为农业物联网与机器人技术提供了强大的智能支持。通过与人工智能技术公司合作，可以提供先进的算法和模型，提升系统的智能化水平。

3. 标准化与规范化

农业物联网与机器人技术的标准化与规范化是推动技术应用和推广的重要保障。通过制定统一的技术标准和规范，可以规范行业发展，促进技术的互联互通和资源共享。

技术标准：制定农业物联网与机器人技术的统一标准，包括传感器接口、通信协议、数据格式等，规范各环节的技术要求，保证系统的兼容性和互操作性。

应用规范：制定农业物联网与机器人技术的应用规范，包括设备安装、系统配置、数据管理等，规范各环节的操作流程，提升系统的稳定性和可靠性。

行业规范：制定农业物联网与机器人技术的行业规范，包括设备认证、服务标准、数据安全等，规范行业的发展秩序，保障用户的合法权益。

（四）发展现状与趋势

1. 现状分析

农业物联网与机器人技术在全球范围内得到了广泛关注和应用，发展态势良好。

技术发展：传感器、通信设备、农业机器人等关键技术不断取得突破，系统性能和稳定性不断提升，为农业物联网与机器人技术的推广应用奠定了坚实基础。

市场需求：随着全球人口的增长和农业生产方式的转型，市场对农业物联网与机器人技术的需求不断增加。智能化、精准化的农业生产方式成为市场的主流，推动了技术的发展和应用。

政策支持：各国政府对农业物联网与机器人技术的发展给予了高度重视，出台了一系列政策措施，支持技术研发和推广应用，促进了技术的发展和普及。

2．发展趋势

农业物联网与机器人技术的发展趋势主要体现在以下几个方面：

智能化发展：随着人工智能技术的不断进步，农业物联网与机器人技术将向更加智能化的方向发展。通过 AI 技术的应用，可以实现更加精准的环境监测、作物管理和智能决策，提升农业生产的效率和效益。

集成化发展：农业物联网与机器人技术的发展将更加注重系统的集成化，通过将传感器、通信设备、农业机器人等各环节的技术集成在一个系统中，实现数据的互联互通和系统的协同工作，提升系统的整体效能。

规模化发展：随着技术的成熟和成本的降低，农业物联网与机器人技术将逐步实现规模化应用。在大规模农业生产中，智能化、自动化的生产方式将成为主流，推动农业生产方式的转型升级。

个性化发展：农业物联网与机器人技术的发展将更加注重个性化服务，根据不同地区、不同作物的特点，提供定制化的解决方案，满足不同用户的需求，提升用户体验和满意度。

（五）面临的挑战与解决方案

1．技术挑战

农业物联网与机器人技术在发展过程中面临一系列技术挑战。

传感器精度与稳定性：传感器是农业物联网的核心，传感器的精度和稳定性直接影响系统的性能和可靠性。解决方案包括研发高精度、高稳定性的传感器，提升传感器的抗干扰能力和适应性。

通信网络覆盖与稳定性：农业生产环境复杂，通信网络的覆盖和稳定性是农业物联网的关键挑战。解决方案包括采用多种通信技术组合，提升通信网络的覆盖范围和稳定性，保障数据传输的可靠性。

数据处理与分析：农业物联网产生的海量数据需要高效地处理与分析技术。解决方案包括研发高性能的数据处理平台，提升数据分析算法的精度和效率，挖掘数据的潜在价值。

2．商业化障碍

农业物联网与机器人技术的商业化过程中面临一系列障碍。

成本问题：传感器、通信设备和农业机器人的成本较高，制约了技术的推广应用。解决方案包括通过技术创新降低生产成本，提升设备的性价比，推动技术的规模化应用。

技术普及问题：农业物联网与机器人技术的应用需要专业的技术知识和操作技能，技术普及和培训是商业化的关键障碍。解决方案包括加强技术培训和服务支持，提升用户的技术水平和操作能力，促进技术的普及应用。

市场接受度问题：农业物联网与机器人技术是新兴技术，市场接受度存在一定的挑战。解决方案包括加强技术推广和宣传，提升用户对技术的认知和认可，推动市场的接受和应用。

3. 解决方案

政府支持：政府应加强对农业物联网与机器人技术的政策支持，提供资金和技术支持，推动技术的研发和推广应用。

企业合作：企业应加强合作，整合资源，共同推动农业物联网与机器人技术的发展。通过合作，可以提升技术的研发效率和市场竞争力，推动技术的应用和推广。

科研创新：科研机构应加强技术创新，突破关键技术瓶颈，提升技术的性能和稳定性。通过技术创新，可以提升农业物联网与机器人技术的竞争力，推动技术的应用和推广。

三、国内外研究现状综述

农业物联网和机器人技术在全球范围内得到了广泛的研究与应用。通过传感器、通信设备、智能算法和自动化设备的结合，这两项技术在农业生产中发挥了重要作用。本文将详细综述农业物联网与机器人技术在国内外的研究现状，包括主要研究机构与团队、关键技术与应用成果、政策支持与产业推动等方面。

（一）国内研究现状

1. 主要研究机构与团队

在中国，许多高校、研究院和企业都在积极开展农业物联网与机器人技术的研究。主要研究机构包括中国农业大学、浙江大学、华南农业大学等。这些高校的农业工程学院和信息学院结合自身优势，开展了大量的基础研究和应用研究。

例如，中国农业大学的智能农业研究团队在农业物联网传感器网络、智能控制系统等方面取得了显著成果。浙江大学的农业机器人团队则在无人驾驶农机、智能播种和收割机器人等方面有深入研究。此外，中国科学院农业研究所和华南农业大学也在农业传感器、精准农业和智能灌溉系统等方面取得了突破性进展。

2. 关键技术与应用成果

国内在农业物联网与机器人技术方面取得了多项关键技术突破和应用成果。具体表现在以下几个方面：

传感器技术：研发了高灵敏度、多功能的土壤湿度传感器、环境监测传感器等，能够实时监测农业生产中的各种环境参数。

无线通信技术：基于 LoRa、NB-IoT 等技术的低功耗广域网（LPWAN）在农业物联网中得到了广泛应用，实现了大规模、远距离的数据传输。

大数据与人工智能：通过大数据处理和机器学习算法，开发了智能决策支持系统，能够对作物生长、病虫害防治等提供科学的决策支持。

农业机器人：研发了无人驾驶拖拉机、智能喷药机器人和自动采摘机器人等，显著提高了农业生产的自动化水平。

这些技术的应用成果显著提高了农业生产效率和质量。例如，智能灌溉系统通过实时监测土壤湿度和气象数据，自动调整灌溉策略，实现了精准灌溉，节约了水资源。无人驾驶农业机械则通过自动化操作，减少了人工投入，提高了作业效率。

3. 政策支持与产业推动

中国政府高度重视农业物联网与机器人技术的发展，出台了一系列政策措施，支持技术研发和推广应用。例如，《国家中长期科学和技术发展规划纲要（2006—2020年）》和《"十三五"现代农业发展规划》明确提出了要大力发展农业物联网和智能农业技术。此外，农业部和科技部也通过专项资金支持、示范项目推广等措施，推动农业物联网与机器人技术的发展。

在政策的推动下，国内农业物联网与机器人技术的产业化进程加快。许多企业积极参与到技术研发和应用推广中，例如大疆创新、京东集团和阿里巴巴等公司在农业无人机、智能物流和智慧农业平台等方面都有重要布局。这些企业通过与科研机构合作，推动了技术的转化应用，提高了农业生产的智能化水平。

4. 典型案例分析

以江苏省智慧农业示范区为例，该示范区引入了大量的农业物联网与机器人技术。通过传感器网络、无人机巡检和自动化农机设备，实现了全程智能化管理。传感器网络实时监测土壤、气象和作物生长数据，智能决策系统根据数据分析结果，自动调整灌溉、施肥和病虫害防治策略。无人机则进行高空巡检，监测农田情况，并在发现病虫害时，进行精准喷药处理。自动化农机设备则根据预设任务，完成播种、施肥和收割等工作。该示范区的成功运行，显著提高了农业生产效率，降低了资源浪费和环境污染，为全国其他地区提供了可借鉴的智慧农业解决方案。

（二）国外研究现状

1. 主要研究机构与团队

在国外，许多大学、研究机构和企业也在积极研究和应用农业物联网与机器人技术。主要研究机构包括美国加州大学戴维斯分校、荷兰瓦赫宁根大学、日本东京大学等。这些机构的农业工程系、计算机系等部门在农业物联网和机器人技术方面进行了大量的研究。

例如，美国加州大学戴维斯分校的智能农业研究团队在精准农业、大数据分析和智能灌溉系统等方面取得了显著成果。荷兰瓦赫宁根大学的农业机器人团队则在自动化温室管理、智能采摘机器人等方面有深入研究。此外，日本东京大学也在农业传感器、无人驾驶农机和智能灌溉系统等方面取得了突破性进展。

2. 关键技术与应用成果

国外在农业物联网与机器人技术方面也取得了多项关键技术突破和应用成果。具体表现在以下几个方面：

传感器技术：研发了高精度、多功能的土壤传感器、气象传感器等，能够实时监测农业生产中的各种环境参数。

无线通信技术：基于 LoRa、Sigfox 等技术的低功耗广域网（LPWAN）在农业物联网中得到了广泛应用，实现了大规模、远距离的数据传输。

大数据与人工智能：通过大数据处理和机器学习算法，开发了智能决策支持系统，能够对作物生长、病虫害防治等提供科学的决策支持。

农业机器人：研发了无人驾驶拖拉机、智能喷药机器人和自动采摘机器人等，显著提高了农业生产的自动化水平。

这些技术的应用成果显著提高了农业生产效率和质量。例如，智能灌溉系统通过实时监测土壤湿度和气象数据，自动调整灌溉策略，实现了精准灌溉，节约了水资源。无人驾驶农业机械则通过自动化操作，减少了人工投入，提高了作业效率。

3. 政策支持与产业推动

国外各国政府也高度重视农业物联网与机器人技术的发展，出台了一系列政策措施，支持技术研发和推广应用。例如，美国农业部（USDA）和国家科学基金会（NSF）通过研究资金和项目支持，推动了农业物联网和智能农业技术的发展。此外，欧盟还通过"地平线 2020"（Horizon 2020）计划，支持智慧农业技术的研究和应用。

在政策的推动下，国外农业物联网与机器人技术的产业化进程加快。许多企业积极参与到技术研发和应用推广中，例如美国的约翰迪尔公司、荷兰的 Lely 公司和日本的雅马哈公司在农业机器人、智能农业设备和智慧农业解决方案等方面都有重要布局。

4. 典型案例分析

以荷兰的瓦赫宁根大学和农业研究中心（WUR）为例，该研究中心在智能温室和精准农业领域取得了显著成果。通过传感器网络、自动化控制系统和智能机器人，实现了温室环境的精准控制和作物管理。传感器网络实时监测温室内的温度、湿度、光照和 CO_2 浓度，自动化控制系统根据监测数据，调节温室的环境条件，提供最优的生长环境。智能机器人则负责作物的自动化管理，如修剪、采摘和病虫害防治等。该研究中心的成果不仅提高了温室作物的产量和质量，还减少了资源消耗和环境污染，为全球智慧农业提供了先进的技术和经验。

（三）国内外研究现状对比

1. 研究重点与方向

国内外在农业物联网与机器人技术的研究重点和方向上有所不同。国内更加注重大规模农业生产的智能化和自动化，关注于传感器网络、智能灌溉系统和无人驾驶农机等技术的发展。而国外则更加注重精准农业和智能温室管理，关注于传感器精度、数据分析和自动化控制系统等技术的研究。

2. 技术水平与应用程度

总体来说，国外在农业物联网与机器人技术的研究和应用上处于领先地位。国外研究机构和企业在传感器技术、数据分析和智能控制系统等方面具有较高的技术水平和应用经验。而国内在政策支持和市场需求的推动下，技术水平和应用程度也在快速提升，特别是在无人驾驶农机和智能灌溉系统等方面取得了显著进展。

3. 政策支持与市场环境

国内外在政策支持和市场环境上也有所不同。国内政府高度重视农业物联网与机器人技术的发展，出台了一系列政策措施，提供资金和技术支持，推动了技术的研发和推广应用。而国外政府和科研机构通过研究资金和项目支持，促进了技术的创新和应用。此外，国内市场对智能农业技术的需求较大，推动了技术的快速发展和应用。

（四）未来研究方向与发展趋势

1. 研究方向

未来，农业物联网与机器人技术的研究将进一步向智能化、集成化和规模化方向发展。研究重点将包括高精度传感器的研发、大数据与人工智能技术的应用、无人驾驶农机的优化和智能灌溉系统的改进等。

2. 技术突破与创新

未来，农业物联网与机器人技术将迎来更多的技术突破与创新。例如，研发更加智能化的农业机器人，实现作物的全程自动化管理；开发更加精准的传感器，提供更详细的环境数据支持；应用先进的数据分析和人工智能技术，提高农业生产的决策支持能力。

3. 国际合作与交流

未来，农业物联网与机器人技术的发展将更加注重国际合作与交流。通过与国外研究机构和企业的合作，国内研究机构和企业可以引进先进的技术和经验，提升自身的技术水平和竞争力。此外，国际合作还可以促进技术的推广应用，推动全球智慧农业的发展。

第二节　研究内容与方法

一、研究目标与范围

随着全球人口的增长和城市化进程的加快，粮食安全问题日益突出。为了提高农业生产效率、减少资源浪费和环境污染，农业物联网（IoT）和机器人技术应运而生。它们通过传感器、通信设备、智能算法和自动化设备的结合，为现代农业提供了智能化和高效化的解决方案。本文将详细探讨农业物联网与机器人技术的研究目标与范围，涵盖技术目标、应用目标、研究范围和未来发展方向等方面。

（一）研究目标

农业物联网与机器人技术的研究目标可以分为技术目标和应用目标两个方面。

1. 技术目标

农业物联网与机器人技术的技术目标主要包括以下几个方面。

提高传感器精度与多功能性：研发高精度、多功能的传感器，能够实时监测农业生产中的各种环境参数，如土壤湿度、温度、光照、空气湿度和气体浓度等，为精准农业提供基础数据支持。

优化无线通信技术：提升无线通信技术的性能，特别是在低功耗广域网（LPWAN）和 5G 技术方面，确保大规模、远距离的数据传输的稳定性和可靠性。

增强数据处理与分析能力：利用大数据和人工智能技术，提高数据处理与分析的能力，挖掘数据中的潜在价值，提供科学的决策支持。

研发智能农业机器人：开发高性能的农业机器人，能够自动完成播种、施肥、喷药、收割等工作，提高农业生产的自动化水平。

集成化系统设计：设计集成化的农业物联网系统，将传感器、通信设备、数据处理平台和农业机器人有机结合，形成高效、协同的工作体系。

2. 应用目标

农业物联网与机器人技术的应用目标主要包括以下几个方面。

实现精准农业：通过传感器网络和智能控制系统，实现对农业生产的精准管理，如精准灌溉、精准施肥和精准病虫害防治，提升资源利用效率和生产效益。

促进智能温室管理：应用物联网和机器人技术，实现对温室环境的自动化监控和管理，提供最优的作物生长条件，提高温室作物的产量和品质。

提升畜牧养殖效率：通过环境监控、自动喂养和健康监测等技术，提升畜牧养殖的效率和动物福利，降低养殖成本。

推动农业无人机应用：利用农业无人机进行作物监测、病虫害防治和精准施肥，提高农作物管理的智能化水平。

构建智慧农业生态系统：通过技术集成和产业链协同，构建智慧农业生态系统，实现农业生产的全面智能化和高效化。

（二）研究范围

农业物联网与机器人技术的研究范围涵盖了从基础研究到应用开发的各个方面，

具体包括以下几个方面:

1. 传感器技术

传感器技术是农业物联网的核心之一,其研究范围主要包括以下几个方面。

土壤传感器:研发高精度的土壤湿度、温度和养分传感器,实时监测土壤状况,提供精准的灌溉和施肥建议。

环境监测传感器:开发多功能的环境监测传感器,能够监测温度、湿度、光照、CO_2浓度等环境参数,为作物生长提供适宜的环境。

气象传感器:设计高性能的气象传感器,监测风速、风向、降雨量、气压等气象数据,辅助农业生产决策。

生物传感器:研发用于监测作物生长状况、病虫害和植物健康的生物传感器,提供及时的防治措施。

2. 无线通信技术

无线通信技术是农业物联网的重要组成部分,其研究范围主要包括以下几个方面:

低功耗广域网(LPWAN):研究基于 LoRa、Sigfox 和 NB-IoT 等技术的 LPWAN,解决大规模、远距离数据传输的需求。

5G 技术:研究 5G 技术在农业物联网中的应用,提升数据传输的带宽、降低延迟、增加连接容量,满足高性能通信需求。

短距离无线通信技术:研究 Zigbee、Bluetooth 和 Wi-Fi 等短距离通信技术在农业物联网中的应用,适用于近距离、高速数据传输场景。

通信网络架构:设计高效的通信网络架构,确保传感器数据的可靠传输和实时处理。

3. 大数据与人工智能技术

大数据和人工智能技术在农业物联网中的应用具有重要意义,其研究范围主要包括以下几个方面。

大数据处理平台:开发高效的大数据处理平台,能够存储、处理和分析农业生产过程中产生的海量数据,挖掘数据中的潜在价值。

机器学习与深度学习:研究机器学习和深度学习算法在农业物联网中的应用,如作物生长预测、病虫害识别和产量预测等。

智能决策支持系统:开发基于大数据和人工智能的智能决策支持系统,帮助农民进行科学决策,优化农业生产过程。

图像识别技术:研究图像识别技术在农业物联网中的应用,如自动识别作物病虫害、果实成熟度等。

4. 农业机器人技术

农业机器人技术的发展为农业生产带来了自动化和智能化的解决方案,其研究范围主要包括以下几个方面。

无人驾驶农业机械:研发无人驾驶拖拉机、播种机和收割机等农业机械设备,能够根据预设路径和任务，自动完成播种、施肥、喷药和收割等工作。

智能作物管理机器人：开发智能机器人，能够对作物进行精细管理，如自动修剪、果实采摘和病虫害防治等。

畜牧养殖机器人：研究机器人在畜牧养殖中的应用，如自动喂养、环境监控和健康监测等，提升养殖管理的自动化水平。

农业无人机：开发用于作物监测、病虫害防治和精准施肥的农业无人机，提升农作物管理的智能化水平。

5. 系统集成与应用

系统集成与应用是农业物联网与机器人技术研究的重要方面，其研究范围主要包括以下几个方面。

智能灌溉系统：设计智能灌溉系统，通过传感器监测土壤湿度和气象数据，自动调整灌溉策略，实现精准灌溉。

智能温室控制系统：开发智能温室控制系统，通过传感器网络和自动化控制系统，实现对温室环境的精准调控，提供最优的作物生长条件。

智能养殖管理系统：研究智能养殖管理系统，通过环境监控、自动喂养和健康监测技术，提升畜牧养殖的效率和动物福利。

智慧农业平台：构建智慧农业平台，将传感器、通信设备、数据处理平台和农业机器人有机结合，实现农业生产的全面智能化管理。

（三）未来发展方向

农业物联网与机器人技术的未来发展方向可以分为技术突破、应用推广和国际合作三个方面。

1. 技术突破

未来，农业物联网与机器人技术将迎来更多的技术突破，具体表现在以下几个方面：

高精度传感器：研发更加高精度、低成本的传感器，能够提供更加详细和准确的环境数据支持。

智能算法：开发更加智能和高效的数据处理和分析算法，提升农业生产的智能化水平。

多功能农业机器人：研发更加多功能和高效的农业机器人，能够完成更多种类的农业作业任务。

集成化系统设计：设计更加集成化和模块化的农业物联网系统，提升系统的灵活性和适应性。

2. 应用推广

随着技术的成熟和成本的降低，农业物联网与机器人技术将逐步实现规模化应用。未来的应用推广方向主要包括以下几个方面：

大规模农业生产：在大规模农业生产中，推广应用智能灌溉系统、无人驾驶农机和智能决策支持系统，提升生产效率和资源利用效率。

精准农业：在精准农业中，推广应用高精度传感器、智能灌溉系统和精准施肥技术，提高生产效益和环境保护水平。

智能温室管理：在智能温室管理中，推广应用智能温室控制系统、智能作物管理机器人和环境监控传感器，提高温室作物的产量和品质。

畜牧养殖：在畜牧养殖中，推广应用智能养殖管理系统、自动喂养机器人和健康监测技术，提升养殖管理的智能化水平。

3. 国际合作

未来，农业物联网与机器人技术的发展将更加注重国际合作与交流。通过与国外研究机构和企业的合作，国内研究机构和企业可以引进先进的技术和经验，提升自身的技术水平和竞争力。国际合作的方向主要包括以下几个方面：

技术交流：加强与国外研究机构的技术交流，分享研究成果和经验，推动技术的创新和发展。

联合研究：与国外研究机构和企业开展联合研究项目，共同攻克技术难题，推动技术的应用和推广。

人才培养：加强国际合作，培养高素质的科研人才，提升农业物联网与机器人技术领域的人才储备。

市场拓展：通过国际合作，开拓全球市场，推动农业物联网与机器人技术的应用和推广，实现技术的全球化发展。

总之，农业物联网与机器人技术的发展为现代农业生产带来了新的机遇和挑战。通过明确研究目标和范围，可以推动技术的快速发展和广泛应用，提升农业生产的智能化和高效化水平。未来，通过技术突破、应用推广和国际合作，农业物联网与机器人技术必将在农业生产中发挥越来越重要的作用，推动农业生产方式的转型升级，实现可持续发展的目标。

二、研究方法与技术路线

农业物联网和机器人技术的研究方法与技术路线是实现智能化、高效化农业生产的关键。本文将详细探讨农业物联网与机器人技术的研究方法与技术路线，包括基础研究方法、技术开发方法、系统集成方法和应用推广方法等方面。

（一）基础研究方法

基础研究是农业物联网与机器人技术发展的基石，其研究方法包括理论研究、实验研究和模型构建等方面。

1. 理论研究

理论研究是基础研究的重要组成部分，通过对基本原理和机制的探索，为技术开发提供理论依据。主要的理论研究方法包括：

文献综述：通过系统地检索和分析相关文献，了解国内外在农业物联网与机器人技术领域的研究现状和进展，发现研究热点和关键问题。

理论分析：基于已有的科学理论，对农业物联网与机器人技术的基本原理和机制进行深入分析，建立理论模型，提出新的理论假设。

数理建模：利用数学方法建立描述农业物联网与机器人系统的数学模型，分析系统的行为和性能，验证理论模型的正确性。

2. 实验研究

实验研究是验证理论和模型的重要手段，通过实验数据的采集和分析，可以揭示系统的实际行为和特性。主要的实验研究方法包括以下几种。

实验设计：根据研究目标和假设，设计合理的实验方案，确定实验变量、实验条件和实验方法，确保实验的科学性和有效性。

数据采集：通过传感器、数据记录仪等设备，采集实验过程中产生的数据，确保数据的准确性和完整性。

数据分析：利用统计分析、数据挖掘等方法，对实验数据进行分析，揭示数据中的规律和趋势，验证理论和模型。

3. 模型构建

模型构建是基础研究的重要内容，通过建立系统模型，可以对系统的行为和性能进行模拟和预测。主要的模型构建方法包括以下几种。

物理模型：基于物理原理和实验数据，建立描述农业物联网与机器人系统的物理模型，分析系统的动态行为和性能。

数学模型：利用数学方法，建立系统的数学模型，描述系统的输入、输出和状态变化，分析系统的稳定性和可控性。

仿真模型：利用计算机仿真技术，建立系统的仿真模型，对系统的行为和性能进行模拟和预测，验证理论和模型的正确性。

（二）技术开发方法

技术开发是将基础研究成果转化为实际应用的重要环节，其研究方法包括需求分析、技术设计、系统开发和测试验证等方面。

1. 需求分析

需求分析是技术开发的起点，通过对用户需求的分析，确定系统的功能和性能要求。主要的需求分析方法包括：

用户调研：通过问卷调查、访谈等方式，了解用户的需求和期望，确定系统的功能和性能指标。

需求文档：根据用户调研结果，编写需求文档，明确系统的功能和性能要求，作为技术开发的依据。

需求评审：组织需求评审会议，邀请相关专家和用户对需求文档进行评审，确保需求的完整性和准确性。

2. 技术设计

技术设计是将需求转化为技术方案的重要环节，通过详细的技术设计，确定系统的架构和实现方案。主要的技术设计方法包括以下几种。

系统架构设计：根据需求分析结果，设计系统的总体架构，确定系统的功能模块和接口关系。

详细设计：对各功能模块进行详细设计，确定模块的功能、数据结构和算法，实现模块的详细设计方案。

接口设计：设计系统各模块之间的接口，确保模块之间的通信和协同工作，确保系统的整体性和一致性。

3. 系统开发

系统开发是将技术设计方案转化为实际系统的过程，通过编写代码和集成各功能模块，实现系统的功能和性能。主要的系统开发方法包括以下几种。

代码编写：根据详细设计方案，编写系统的代码，实现各功能模块的功能和性能要求。

模块集成：将各功能模块集成到系统中，确保模块之间的通信和协同工作，实现系统的整体功能。

版本控制：采用版本控制工具，对系统的代码进行版本管理，确保代码的可追溯性和可维护性。

4. 测试验证

测试验证是确保系统功能和性能符合需求的重要环节，通过系统测试和性能验证，确保系统的可靠性和稳定性。主要的测试验证方法包括以下几种。

单元测试：对各功能模块进行单元测试，确保模块功能和性能符合设计要求，发现并修复模块中的缺陷。

集成测试：对系统进行集成测试，确保各模块之间的接口和通信正确，实现系统的整体功能。

系统测试：对系统进行全面的功能测试和性能测试，确保系统的功能和性能符合需求文档的要求。

用户验收测试：邀请用户对系统进行验收测试，确保系统满足用户的需求和期望，获得用户的认可和接受。

（三）系统集成方法

系统集成是将各技术要素和功能模块有机结合，形成完整系统的重要环节，其研究方法包括系统架构设计、模块集成和系统优化等方面。

1. 系统架构设计

系统架构设计是系统集成的基础，通过合理的系统架构设计，确保系统的整体性和一致性。主要的系统架构设计方法包括以下几种。

层次化设计：根据系统的功能和性能要求，将系统分为不同的层次，如感知层、传输层、处理层和应用层等，确保各层次之间的独立性和协同工作。

模块化设计：将系统功能划分为若干功能模块，确保各功能模块的独立性和可复用性，便于系统的开发和维护。

接口设计：设计系统各模块之间的接口，确保模块之间的通信和协同工作，实现系统的整体功能。

2. 模块集成

模块集成是将各功能模块集成到系统中的过程，通过合理的模块集成，确保系统的整体性和一致性。主要的模块集成方法包括以下几种。

接口集成：根据接口设计方案，将各功能模块集成到系统中，确保模块之间的通信和协同工作。

功能集成：将各功能模块的功能集成到系统中，确保系统的整体功能和性能符合设计要求。

性能优化：对系统进行性能优化，确保系统的响应速度、处理能力和稳定性符合需求文档的要求。

3. 系统优化

系统优化是提高系统性能和稳定性的重要环节，通过合理的系统优化，确保系统的高效性和可靠性。主要的系统优化方法包括以下几种。

性能调优：对系统的关键性能指标进行调优，如响应速度、处理能力和稳定性等，确保系统的高效性和可靠性。

资源优化：对系统的资源使用进行优化，如计算资源、存储资源和网络资源等，确保系统的资源利用效率。

安全优化：对系统的安全性进行优化，如数据安全、通信安全和访问控制等，确保系统的安全性和可靠性。

（四）应用推广方法

应用推广是将研究成果转化为实际应用的重要环节，通过合理的应用推广方法，推动农业物联网与机器人技术的广泛应用和普及。

1. 技术示范

技术示范是应用推广的重要手段，通过技术示范，可以展示技术的实际应用效果，吸引更多用户的关注和参与。主要的技术示范方法包括以下几种。

示范基地建设：在典型的农业生产区域建设技术示范基地，通过示范基地展示农业物联网与机器人技术的实际应用效果。

示范项目推广：选择有代表性的农业生产项目，开展技术示范和推广，通过示范项目展示技术的实际应用效果和经济效益。

技术培训与推广：对农业生产者和技术人员进行技术培训，传授农业物联网与机器人技术的应用方法和操作技能，推动技术的广泛应用。

2. 政策支持

政策支持是应用推广的重要保障，通过政府的政策支持，可以推动农业物联网与机器人技术的应用和普及。主要的政策支持方法包括以下几种。

政策制定：制定有利于农业物联网与机器人技术应用和推广的政策，如技术标准、应用规范和产业扶持政策等，推动技术的广泛应用。

资金支持：通过财政

资金支持政策，提供科研经费、技术补贴和贷款优惠等，支持农业物联网与机器人技术的研发和应用。

政策宣传：通过政策宣传和推广，增强农业生产者对农业物联网与机器人技术的认识和接受度，推动技术的广泛应用。

3. 市场推广

市场推广是技术应用和普及的重要手段，通过市场推广，可以将技术产品推向市场，实现技术的商业化应用。主要的市场推广方法包括以下几种。

市场调研：通过市场调研，了解市场需求和用户需求，确定技术产品的市场定位和推广策略。

产品推广：通过广告、展会、网络推广等方式，宣传和推广农业物联网与机器人技术产品，吸引用户购买和使用。

售后服务：提供完善的售后服务体系，如技术支持、维修保养和用户培训等，提升用户的满意度和忠诚度，推动技术的持续应用。

总之，农业物联网和机器人技术的研究方法与技术路线是实现智能化、高效化农业生产的关键。通过理论研究、实验研究、模型构建等基础研究方法，夯实技术发展的理论基础；通过需求分析、技术设计、系统开发和测试验证等技术开发方法，推动技术的应用和实现；通过系统架构设计、模块集成和系统优化等系统集成方法，确保系统的整体性和一致性；通过技术示范、政策支持和市场推广等应用推广方法，推动技术的广泛应用和普及。

三、预期成果与贡献

农业物联网和机器人技术的研究和应用预期将带来以下几个方面的成果和贡献，这些成果不仅体现在技术层面，更涵盖了社会经济和环境效益。以下将详细探讨预期成果和贡献，分为技术突破、应用改进、理论支持、社会效益和环境效益五个方面。

（一）技术突破

技术突破是农业物联网和机器人技术研究的重要目标，通过在关键技术领域的创新和突破，可以为农业生产带来质的飞跃。

1. 传感器技术

高精度传感器：开发高精度的农业环境监测传感器，如土壤湿度传感器、环境温度传感器和光照传感器等，提高数据采集的准确性和实时性，为精准农业提供可靠的数据支持。

低功耗传感器：研制低功耗传感器，延长传感器的使用寿命，减少维护成本，提升农业物联网系统的稳定性和经济性。

多功能传感器：开发集成多种功能的传感器，实现对多种环境参数的同步监测，提高数据采集的效率和全面性。

2. 无线通信技术

长距离通信技术：优化和提升 LoRa 和 NB-IoT 等长距离通信技术的性能，实现大范围农田的稳定数据传输。

低延迟通信技术：研发低延迟、高带宽的无线通信技术，如 5G 技术，满足农业生产中对实时数据传输的需求。

网络自愈技术：开发网络自愈技术，提升农业物联网网络的可靠性和抗干扰能力，确保数据传输的稳定性。

3. 数据处理与分析技术

大数据分析平台：建立高效的大数据分析平台，集成数据采集、存储、处理和分析功能，实现对农业生产数据的全面分析和深度挖掘。

人工智能算法：应用人工智能算法进行数据挖掘和模式识别，如机器学习和深度学习算法，提高数据分析的精度和效率。

实时监控系统：开发实时监控系统，实现对农业生产过程的实时监控和管理，提供及时的决策支持。

4. 机器人技术

自主导航与定位技术：研发高精度的自主导航与定位技术，提高农业机器人在复杂环境下的作业能力和效率。

智能感知与决策系统：开发智能感知与决策系统，实现农业机器人对环境的智能感知和自主决策，提升机器人的自主作业能力。

多功能机械臂：设计和制造多功能机械臂，实现农业机器人在播种、收割、喷药等多种作业中的灵活应用，提高作业的精准度和效率。

（二）应用改进

通过技术突破，农业物联网和机器人技术在实际应用中将得到显著改进，主要体现在以下几个方面。

1. 提高生产效率

精准灌溉与施肥：通过传感器数据和大数据分析，实现精准灌溉与施肥，提高资源利用效率，减少水肥浪费，提升作物产量和质量。

自动化作业：农业机器人可以执行播种、收割、喷药等重复性和高强度的作业任务，降低人力成本，提高作业效率。

实时监控与管理：通过物联网技术，实现对农田环境和作物生长的实时监控，及时发现和处理问题，降低生产风险，提高管理效率。

2. 降低生产成本

减少劳动力依赖：通过农业机器人和自动化设备，减少对人工劳动力的依赖，降低劳动力成本。

优化资源使用：通过精准农业技术，优化水、肥、药等资源的使用，减少资源浪费，降低生产成本。

提高机械利用率：通过智能调度和管理系统，提高农业机械的利用率，减少闲置和重复投入，降低设备成本。

3. 提升产品质量

精细化管理：通过物联网和大数据技术，实现对作物生长全过程的精细化管理，提高作物的生长环境和条件，提升农产品的质量。

病虫害智能防控：通过智能监测和预警系统，及时发现和防控病虫害，减少农药使用，提高农产品的安全性和品质。

标准化生产：通过智能化和自动化技术，实现农业生产的标准化，提高农产品的统一性和市场竞争力。

（三）理论支持

农业物联网和机器人技术的研究还将为相关领域的发展提供坚实的理论支持，包括以下几个方面。

1. 技术理论创新

物联网架构理论：在农业物联网系统的设计和实施中，发展和完善物联网架构理论，为农业物联网系统的建设提供科学指导。

数据分析理论：在大数据和人工智能技术的应用中，发展和完善数据分析理论，提高数据处理和分析的科学性和准确性。

机器人控制理论：在农业机器人技术的研究中，发展和完善机器人控制理论，提高机器人在复杂环境下的控制能力和自主性。

2. 方法论创新

系统集成方法论：在农业物联网和机器人技术的应用中，发展和完善系统集成方法论，提高系统的整体性和协同性。

实验研究方法论：在技术验证和应用中，发展和完善实验研究方法论，提高实验设计和数据分析的科学性和严谨性。

评估方法论：在技术应用效果评估中，发展和完善评估方法论，提供科学的评估标准和方法，提高评估的客观性和准确性。

3. 模型创新

系统模型：建立和完善农业物联网和机器人系统模型，描述系统的行为和性能，为系统设计和优化提供理论依据。

仿真模型：开发和应用计算机仿真模型，对系统的行为和性能进行模拟和预测，提高技术开发和应用的效率和可靠性。

优化模型：建立和应用优化模型，优化农业生产过程中的资源配置和操作流程，提高生产效率和效益。

（四）社会效益

农业物联网和机器人技术的应用将带来显著的社会效益，包括以下几个方面。

1. 提高农业生产力

现代化生产方式：通过技术创新和应用，推动农业生产方式的现代化，提高农业生产力和竞争力。

提升农民收入：通过提高生产效率和产品质量，增加农产品产量和附加值，提升农民收入，提高农民生活水平。

促进农村发展：通过技术应用和推广，带动农村经济的发展，提高农村基础设施和公共服务水平，促进城乡协调发展。

2. 增强社会保障

保障粮食安全：通过提高农业生产效率和产品质量，增加粮食产量和储备，保障国家粮食安全。

减轻劳动强度：通过自动化和智能化技术，减轻农民的劳动强度，改善劳动条件，提高劳动安全性。

推动教育培训：通过技术培训和教育，提升农民和农业从业者的技能水平，促进农村人力资源的开发和利用。

3. 促进科技进步

推动科技创新：通过农业物联网和机器人技术的研究和应用，推动相关科技领域的创新和发展，提升国家科技实力。

促进产业升级：通过技术创新和应用，推动农业产业链的升级和转型，提高农业产业的附加值和竞争力。

加强国际合作：通过技术交流和合作，提升国际科技合作水平，推动全球农业科技进步和发展。

（五）环境效益

农业物联网和机器人技术的应用还将带来显著的环境效益，包括以下几个方面。

1. 资源利用效率提高

节约水资源：通过精准灌溉技术，提高水资源的利用效率，减少水资源浪费，保护水环境。

优化肥料使用：通过精准施肥技术，优化肥料的使用，提高肥料利用率，减少肥料流失和环境污染。

减少农药使用：通过病虫害智能防控技术，减少农药使用量，降低农药残留和环境污染。

2. 生态环境保护

减少污染排放：通过优化农业生产过程，减少废水、废气和废弃物的排放，降低农业生产对环境的污染。

保护生物多样性：通过科学管理和绿色生产方式，保护农田生态系统和生物多样性，促进生态环境的可持续发展。

提升土壤健康：通过合理的土壤管理和保护措施，提高土壤肥力和健康水平，防止土壤退化和沙漠化。

3. 应对气候变化

降低碳足迹：通过提高农业生产效率和资源利用效率，减少农业生产过程中的能源消耗和温室气体排放，降低碳足迹。

增强农业抗风险能力：通过技术应用和管理优化，提高农业生产的稳定性和抗风险能力，增强对气候变化的适应能力。

推动绿色发展：通过技术创新和绿色生产方式，推动农业的绿色发展，实现经济效益、社会效益和环境效益的协调统一。

第二章　农业物联网技术基础

第一节　农业物联网概述

一、物联网定义与特点

物联网是现代信息技术的一个重要分支。它通过传感器、软件、网络连接等技术手段，使得物理设备能够相互连接，实现信息通信和交换。在这个基础上，物联网的概念逐渐拓展，涵盖了从简单的家用电器到复杂的工业机器，乃至整个城市的基础设施等各种物理对象。物联网的核心优势在于其能够使得物理世界与数字世界无缝对接，通过智能化的集成，推动自动化和智能化的发展，为人类社会带来前所未有的便利和效率。

物联网的主要特点可以归纳为以下几点。

（一）广泛的互联性

物联网的主要特点之一就是广泛的互联性，这一特性是其发展的核心驱动力。物联网技术突破了传统设备连接的局限，实现了跨地域、跨平台、跨行业的全方位连接。具体来说，这种广泛的互联性不仅可以让设备与设备之间进行交流，还能够使设备与人、设备与服务平台之间实现无缝对接，从而构建一个全球性的智能网络。

首先，从跨地域的角度来看，物联网技术使得地理上的距离不再是设备互联的障碍。传统的设备连接方式往往受到地理位置的限制，设备在不同地点之间的连接需要依赖繁琐的硬件设置和复杂的网络配置。然而，物联网利用无线通信技术，如 Wi-Fi、蜂窝网络、LoRa 等，使得设备可以在全球范围内实现无缝连接。例如，在农业领域，物联网传感器可以分布在不同的农田中，通过无线通信技术将土壤湿度、温度等数据实时传输到中央控制系统，无需人工干预，从而实现对农田的远程监控和管理。跨地域的互联性不仅提高了系统的灵活性和响应速度，还极大地拓展了物联网应用的范围和深度。

其次，跨平台的互联性是物联网实现广泛连接的另一个重要方面。现代社会中，设备和系统种类繁多，操作系统和平台各异，不同设备之间的协议和接口也存在差异。物联网通过标准化的通信协议和数据格式，实现了跨平台的无缝对接。例如，智能家居系统中，各种品牌的智能设备可以通过统一的协议，如 Zigbee、ZWave 等，进行互联互通。这意味着，无论是智能灯泡、智能插座还是智能音箱，都可以在同一个平台上协同工作，用户可以通过一个应用程序来控制家中的所有智能设备。这不仅简化了用户的操作流程，提高了使用体验，还促进了不同厂商之间的合作与生态系统的形成。

再者，跨行业的互联性是物联网技术的另一个显著特点。物联网不仅在单一行业中发挥作用，还能够跨越不同的行业，形成多行业协同效应。比如，在智能交通领域，物联网技术可以将交通信号灯、车辆、行人、交通管理系统等多个元素进行互联，实现交通流量的智能控制和优化。同时，这些数据还可以与城市管理系统、环境监测系统等其他行业的系统进行交互，从而实现城市的综合治理和智慧管理。跨行业的互联性不仅提升了系统的整体效能，还开创了许多新的商业模式和应用场景，推动了各行业的数字化转型和升级。

此外，设备与设备之间的交流是物联网广泛互联性的基础。通过传感器、执行器和嵌入式系统，物联网设备可以自主地收集、传输和处理数据。例如，在智能制造中，生产线上的各种设备可以通过传感器实时监测生产状态，并将数据传输到中央控制系统。中央系统根据这些数据进行分析和决策，调整生产参数，提高生产效率和产品质量。设备之间的互联不仅实现了自动化和智能化，还增强了系统的自适应能力和故障诊断能力，降低了维护成本和停机时间。

除了设备与设备之间的互联，设备与人的互联也是物联网的重要特性之一。通过智能终端和移动设备，用户可以随时随地访问和控制物联网设备。例如，智能手环可以实时监测用户的心率、步数、睡眠质量等健康数据，并通过手机应用程序向用户反馈健康建议。智能家居系统可以通过语音助手，如 AmazonAlexa、GoogleAssistant 等，接受用户的语音指令，控制家中的灯光、温度、安全系统等。设备与人的互联不仅提高了用户的生活质量和便利性，还促使用户更加主动地参与到系统的管理和优化中。

另一方面，设备与服务平台之间的无缝对接是物联网实现智能化服务的关键。物联网设备通过云平台进行数据存储、处理和分析、路径优化、运输风险预警等服务。设备与服务平台的对接不仅提高了系统的灵活性和可扩展性，还促进了数据的共享和价值挖掘，为用户带来了更高效、更智能的服务体验。

最后，物联网的广泛互联性构建了一个全球性的智能网络。通过各种通信技术和协议，物联网设备可以在全球范围内实现互联互通，形成一个庞大的网络体系。例如，智能城市建设中，各种物联网设备如智能交通灯、环境传感器、能源管理系统等，通过物联网技术互联，形成一个统一的城市管理网络。这个网络不仅提高了城市的运行效率和管理水平，还为城市居民提供了更加便捷和智能的服务。全球性的智能网络不仅促进了信息的流通和共享，还推动了全球经济的融合和发展。

（二）智能化的自主控制

物联网设备内置的高级数据分析工具和人工智能算法，能使其具备自我学习和自我适应环境的能力。在此基础上，物联网设备可以依据环境的变化和用户的需求，自动调整工作模式，进行智能化的自主控制和决策。

随着科技的迅猛发展，物联网（IoT）技术已经逐渐渗透到我们生活的各个角落。智能家居、智慧城市、智能医疗、智慧交通等领域，无不有物联网技术的身影。而物联网设备之所以能够如此智能和高效，关键在于其内置的高级数据分析工具和人工智能算法，这些工具和算法赋予了设备自我学习和自我适应环境的能力，使其能够在复杂多变的环境中实现智能化的自主控制和决策。

首先，我们需要理解物联网设备的自我学习能力。自我学习是指设备通过不断收集和分析自身运行和外部环境的数据，逐渐优化自身的工作模式，以达到更高的效率和更好的用户体验。举一个简单的例子，智能家居中的温控系统可以通过传感器实时监测室内外的温度变化，并结合用户的使用习惯，自动调整空调或暖气的工作模式。这种自我学习能力不仅提高了设备的智能化水平，还能显著降低能源消耗，节约成本。

其次，物联网设备的自我适应环境能力也是其智能化自主控制的重要组成部分。自我适应环境是指设备能够根据外部环境的变化，灵活调整自身的运行状态，以保持最佳的工作效率。例如，智能灯光系统可以根据房间内的光线强度和人的活动情况，自动调节灯光的亮度和颜色，从而营造出最舒适的照明环境。而在农业领域，智能灌溉系统可以通过土壤湿度传感器和气象数据，自动判断何时需要浇水，以及浇水的量，从而实现精准农业，提升农作物的产量和质量。

在自我学习和自我适应环境的基础上，物联网设备具备了进行智能化自主控制和决策的能力。这意味着设备不仅能够按照预设的程序和规则进行操作，还能根据实时数据和环境变化，动态调整自身的工作模式，做出最优的决策。以智能交通系统为例，通过对道路交通流量、气象条件、事故信息等数据的实时分析，系统可以自动调整交通信号灯的配时方案，优化交通流，减少拥堵，提高通行效率。同时，智能交通系统还能根据车辆的行驶轨迹和驾驶行为，预测可能出现的交通事故，并提前发出预警，保障行车安全。

除了在单一设备中的应用，智能化自主控制还可以通过设备之间的协同作用，形成更加复杂和智能的系统。例如，在智慧城市中，各种物联网设备通过互联互通，形成一个庞大的智能网络。这个网络中的每一个设备都能够通过数据共享和协同工作，实现全局优化。智能垃圾桶可以根据垃圾量和垃圾车的行驶路线，自动发送清运请求，优化垃圾清运路线和频率；智能停车系统可以通过实时监测停车位的使用情况，引导车辆到最近的空闲停车位，减少寻找停车位的时间和油耗；智能公共设施可以根据人流量和使用情况，自动调节服务模式，提高公共资源的利用效率。

智能化自主控制的另一个重要应用领域是智能医疗。通过物联网技术，医疗设备可以实现远程监测和诊断，提供个性化的医疗服务。例如，智能健康监测设备可以实时监测患者的心率、血压、血糖等生理指标，并通过数据分析，提供健康预警和指导。同时，智能医疗系统可以根据患者的病情变化，自动调整治疗方案，提高治疗效果。在传染病防控中，智能化自主控制也发挥了重要作用，通过对疫情数据的实时分析和预测，制定科学的防控措施，遏制疫情的传播。

智能化自主控制不仅在技术层面带来了巨大的进步，也对社会和经济产生了深远的影响。首先，智能化自主控制提高了生产和生活的效率，降低了能源消耗和成本。通过智能化的能源管理系统，企业和家庭可以实现用电的精细化管理，减少能源浪费，降低电费支出。智能制造系统可以根据生产线的实时状态，自动调整生产计划，提高生产效率，降低生产成本。其次，智能化自主控制提升了用户的体验和满意度。通过对用户行为和偏好的分析，智能设备可以提供更加个性化和贴心的服务，满足用户的多样化需求。

然而，智能化自主控制的实现也面临着一些挑战和问题。首先是数据隐私和安全的问题。物联网设备在收集和分析数据的过程中，涉及到大量的个人隐私和敏感信息。如果这些数据被不法分子窃取或滥用，将会对用户和规范的问题。物联网设备种类繁多，不同设备之间的通信协议和数据格式各异，导致设备之间的互联互通和协同工作存在障碍。如何制定统一的技术标准和规范，促进物联网设备的互联互通，是实现智能化自主控制的关键。

此外，智能化自主控制还需要面对伦理和法律的问题。随着物联网设备的智能化水平不断提高，其自主决策的范围和权限也在不断扩大。这就引发了一系列的伦理和法律问题。例如，智能交通系统在面对紧急情况时，如何权衡乘客和行人的安全；智能医疗系统在自动调整治疗方案时，如何保障患者的知情同意权；智能家居系统在提供个性化服务时，如何避免对用户生活的过度干预。这些问题的解决，需要相关法律法规的完善和伦理规范的制定。

总体而言，智能化自主控制是物联网技术发展的重要方向和趋势。通过内置的高级数据分析工具和人工智能算法，物联网设备具备了自我学习和自我适应环境的能力，能够依据环境的变化和用户的需求，自动调整工作模式，进行智能化的自主控制和决策。这不仅提高了设备的智能化水平和工作效率，也为社会和经济的发展带来了新的机遇和挑战。

（三）云端数据处理

物联网设备产生的海量数据可以通过云计算平台进行高效地存储、分析和管理。

这不仅极大地提升了数据处理的效率，还为后续的数据挖掘和应用开辟了新的道路，为用户带来更多的价值。

在当今信息时代，物联网（IoT）技术已经深深融入了我们的日常生活和工作环境中。从智能家居设备到工业自动化系统，物联网设备无时无刻不在生成大量的数据。这些数据不仅种类繁多，而且数量庞大，传统的数据处理方式已经无法满足其需求。幸运的是，云计算技术的出现为这一问题提供了一个高效且经济的解决方案。

首先，云计算平台在数据存储方面展现了其卓越的能力。与传统的数据中心相比，云计算平台能够提供几乎无限的存储空间。无论是结构化数据还是非结构化数据，云平台都能轻松应对。此外，云计算平台支持按需扩展，这意味着用户只需支付实际使用的存储空间费用，大大降低了数据存储的成本。更重要的是，云计算平台还提供了高可用性和数据冗余机制，确保数据在任何时候都能被可靠地存取。

其次，云计算平台在数据分析方面也是一把好手。物联网设备产生的数据往往是海量的、实时的，这对数据分析的及时性和准确性提出了更高的要求。云计算平台通过其强大的计算能力和先进的数据分析工具，可以对海量数据进行实时处理和分析。无论是数据预处理、数据清洗、特征提取还是复杂的机器学习模型训练，云计算平台都能高效地完成。此外，云平台还支持多种编程语言和框架，开发者可以根据需要选择最适合的工具进行数据分析。

再次，云计算平台在数据管理方面也表现出色。物联网设备产生的数据不仅数量庞大，而且更新频繁，对数据管理提出了严峻的挑战。云计算平台通过自动化的数据管理工具，可以实现数据的高效管理。例如，云平台可以自动进行数据备份和恢复，确保数据的安全性和完整性；可以自动进行数据分区和索引，提升数据查询的效率；还可以通过数据生命周期管理，自动清理过期和无用的数据，释放存储空间。

云端数据处理不仅提升了数据处理的效率，还为后续的数据挖掘和应用开辟了新的道路。通过云计算平台对物联网数据进行高效地存储、分析和管理，可以挖掘出数据中隐藏的有价值的信息。这些信息可以用于多种应用场景，为用户带来更多的价值。

在智慧城市建设中，物联网设备生成的数据可以通过云计算平台进行分析，帮助城市管理者实时了解城市运行状况，优化资源配置，提高城市管理效率。例如，通过分析交通流量数据，可以优化交通信号灯的设置，减少交通拥堵；通过分析环境监测数据，可以预测和预防环境污染事件；通过分析能源消耗数据，可以优化能源使用，提高能源利用效率。

在工业 4.0 背景下，物联网设备生成的数据可以通过云计算平台进行分析，帮助企业实现生产过程的智能化和自动化。例如，通过分析生产设备的运行数据，可以预测设备故障，进行预防性维护，减少设备停机时间；通过分析生产线的数据，可以优化生产流程，提高生产效率；通过分析供应链数据，可以优化库存管理，减少库存成本。

在智慧农业中，物联网设备生成的数据可以通过云计算平台进行分析，帮助农民实现精准农业。例如，通过分析土壤湿度和气象数据，可以优化灌溉方案，提高水资源利用效率；通过分析作物生长数据，可以优化施肥方案，提高作物产量和质量；通过分析病虫害监测数据，可以及时发现和预防病虫害，减少农药使用量。

在医疗健康领域，物联网设备生成的数据可以通过云计算平台进行分析，帮助医生和患者实现个性化医疗。例如，通过分析患者的生理数据，可以实时监测患者的健康状况，及时发现和预防疾病；通过分析患者的医疗记录，可以优化治疗方案，提高治疗效果；通过分析健康监测设备的数据，可以帮助患者养成健康的生活习惯，提高生活质量。

此外，云端数据处理还为新兴技术的发展提供了坚实的基础。例如，人工智能（AI）和深度学习（DL）技术的发展离不开海量数据的支持。通过云计算平台对物联网数据进行高效地存储、分析和管理，可以为 AI 和 DL 模型的训练提供丰富的数据资源，加速技术的发展和应用。

总之，云端数据处理在物联网时代展现了其巨大的潜力和价值。通过云计算平台对物联网设备产生的海量数据进行高效地存储、分析和管理，不仅极大地提升了数据处理的效率，还为后续的数据挖掘和应用开辟了新的道路，为用户带，云端数据处理都发挥着不可替代的作用。随着物联网技术和云计算技术的不断发展和完善，云端数据处理将在更多的应用场景中展现其独特的优势，为我们的生活和工作带来更多的便利和创新。

（四）系统的实时性和动态性

物联网系统（IoT）的实时性和动态性是其最为重要的特性之一。这些特性使得物联网在各种应用场景中展现出极高的适应性和灵活性，能够迅速响应和处理各种突发状况和环境变化，从而保证系统的稳定性和效率。要深入理解物联网系统的实时性和动态性，我们需要从多个方面展开论述，包括数据采集、传输、处理、反馈机制以及实际应用场景等。

1. 数据采集的实时性

首先，物联网系统的实时性体现在数据采集的过程。通过各种传感器，物联网设备可以实时监控物理环境中的变化。这些传感器可以是温度传感器、湿度传感器、压力传感器、加速度传感器等，甚至包括摄像头和麦克风。这些传感器能够在毫秒级的时间内采集到环境中的变化信息，并将这些数据即时发送到系统的中央处理单元。

例如，在农业物联网应用中，土壤湿度传感器可以实时监测土壤的湿度情况。一旦检测到土壤湿度低于设定的阈值，系统就会立即触发灌溉设备进行浇水，从而保证农作物的正常生长。同样，在智能城市的应用中，空气质量传感器可以实时监测空气中的污染物浓度，一旦检测到污染物超标，系统就会立即通知相关部门采取措施，如启动空气净化设备或发布预警信息。

2. 数据传输的实时性

在数据采集完成后，物联网系统需要将这些数据迅速传输到中央处理单元进行处理。数据传输的实时性是保证系统整体实时性的关键环节。在物联网系统中，数据传输通常通过无线通信技术实现，如 Wi-Fi、蜂窝网络、蓝牙、Zigbee 等。这些技术能够支持高速的数据传输，确保数据能够在最短的时间内传输到目标位置。

例如，在智能交通系统中，车辆和交通信号灯之间需要实时通信，以实现交通流量的优化和事故的快速响应。通过车载通信设备，车辆可以将自身的速度、位置、方向等信息实时发送到交通管理中心，管理中心根据这些数据进行综合分析，实时调整交通信号灯的状态，从而优化交通流量，减少交通拥堵和事故发生率。

3. 数据处理的实时性

数据传输到中央处理单元后，系统需要对这些数据进行实时处理和分析。物联网系统通常采用分布式计算和云计算技术，以支持大规模数据的实时处理。通过先进的数据处理算法和机器学习模型，物联网系统可以从海量数据中快速提取出有价值的信息，并做出智能决策。

例如，在工业物联网应用中，生产设备上的传感器可以实时监测设备的运行状态，包括温度、振动、压力等参数。一旦检测到异常数据，系统就会立即分析并判断是否需要停机检修，从而避免设备故障导致的生产中断和经济损失。同样，在智能家居应用中，系统可以根据用户的行为习惯和环境变化，实时调整空调、照明、安防等设备的状态，为用户提供舒适、安全的生活环境。

4. 反馈机制的动态性

物联网系统不仅需要实时处理数据，还需要能够即时反馈和执行决策。这种反馈机制的动态性是保证系统能够快速响应环境变化的关键。在物联网系统中，反馈机制通常通过执行器实现，如电动机、开关、阀门等。这些执行器能够根据系统的指令，实时调整设备的状态，从而实现对物理环境的控制。

例如，在智能电网应用中，系统可以实时监测电力需求和供给情况，根据负载平衡策略，动态调整发电机组的输出功率，确保电网的稳定运行。同样，在智能物流应用中，系统可以根据实时监测的货物位置和运输状态，动态调整运输路线和方式，提高物流效率，降低运输成本。

5. 实际应用场景中的实时性和动态性

物联网系统的实时性和动态性在各行各业中都有广泛的应用。在医疗健康领域，物联网设备可以实时监测患者的生理参数，如心率、血压、血糖等。一旦检测到异常数据，系统会立即通知医生或护士，采取必要的医疗措施，从而提高医疗服务的及时性和准确性。

在环境保护领域，物联网系统可以实时监测空气、水质、噪音等环境参数。一旦检测到污染物超标，系统会立即启动应急预案，通知相关部门进行处理，从而减少环境污染对人类健康和生态系统的危害。

在智能家居领域，物联网系统可以根据用户的日常作息和环境变化，实时调整家居设备的状态，如自动调节空调温度、开启或关闭照明、启动安防系统等，从而提高家居生活的舒适性和安全性。

在智能制造领域，物联网系统可以实时监控生产设备的运行状态和产品质量，通过数据分析的实时性和动态性将进一步提高。5G 通信技术的普及将大幅提升数据传输的速度和稳定性，为物联网系统提供更高的带宽和更低的延迟。人工智能和机器学习技术的进步将增强物联网系统的数据处理能力，使其能够更快、更准确地分析和处理海量数据，从而做出更加智能化的决策。

此外，边缘计算技术的应用将进一步提升物联网系统的实时性和动态性。通过在数据源附近进行数据处理和分析，边缘计算可以减少数据传输的延迟，提高系统的响应速度和处理效率。在某些关键应用场景中，如自动驾驶、智能制造等，边缘计算将发挥重要作用，保证系统的实时性和动态性。

综上所述，物联网系统的实时性和动态性是其最为核心的特性之一。通过实时采集、传输、处理和反馈数据，物联网系统能够迅速适应各种环境变化，确保系统的稳定性和效率。这些特性在各行各业中都有广泛的应用，为提高生产效率、优化资源配置、提高生活质量提供了强有力的支持。随着技术的不断进步，物联网系统的实时性和动态性将进一步增强，推动各行各业向更加智能化、自动化的方向发展。

在农业领域，物联网技术的应用被统称为"农业物联网"。随着科技的不断进步和农业产业的转型升级，农业物联网逐渐成为现代农业发展的重要推动力。它通过对农业生产环境的实时监控、精准管理和智能决策，极大提高了农业生产的效率和产品的品质，同时也为农业的可持续发展提供了强有力的技术支撑。农业物联网的应用不仅覆盖了种植、养殖、农机作业、农产品加工等多个生产环节，还促进了农业管理的现代化，推动了农业向智慧化、精准化方向发展，开创了一个全新的智慧农业时代。

随着 5G 通信技术的普及和大数据分析能力的提升，农业物联网的应用将更加广泛和深入。未来，我们可以预见，农业物联网将继续为提高农业生产力、保障食品安全和促进农村经济发展做出更大的贡献。

二、农业物联网的组成与应用

（一）农业物联网简介

1. 农业物联网的定义

农业物联网是指利用物联网技术和传感器等设备，实现对农业生产环节的实时监测、数据采集和智能分析，从而优化农业生产过程，提高生产效率和质量的一种技术应用。通过农业物联网，农民可以实时监测土壤湿度、温度、光照等环境参数，及时掌握作物生长情况，调整施肥、灌溉等措施，以最大程度地提高农作物的产量和质量。农业物联网还可以帮助农民实现精准农业管理，减少资源浪费，降低生产成本，提高农产品的市场竞争力。总的来说，农业物联网的应用可以为农业生产带来全新的发展机遇，推动农业产业实现数字化、智能化转型，助力农业现代化建设的进程。

2. 农业物联网的重要性

近年来，农业物联网作为一种新兴技术，正在逐渐改变传统农业的面貌。农业物联网的重要性主要体现在提高农业生产效率、减少资源浪费、保护环境和提升农产品质量等方面。通过将传感器、无线通信技术、数据分析和云计算等现代信息技术应用于农业生产过程，农业物联网能够实现对农业生产环节的全面监控和智能管理，从而提高了农业生产的精确度和效率。

首先，农业物联网能够显著提高农业生产效率。通过传感器和无线通信技术，农业物联网可以实时监测土壤湿度、温度、光照强度、气象条件等环境参数，并将这些数据传输到云端进行分析处理。农民可以根据数据分析结果，及时调整灌溉、施肥和病虫害防治等措施，从而减少了资源浪费，提高了生产效率。

其次，农业物联网有助于减少资源浪费。传统农业生产中，农民往往依靠经验来判断灌溉、施肥和用药量，容易造成资源浪费和环境污染。而农业物联网通过精确监测和数据分析，可以根据实际需要进行精确施肥、灌溉和病虫害防治，从而有效减少了资源浪费和环境污染。

此外，农业物联网还能够保护环境和提升农产品质量。通过精确控制农药和化肥的使用量，农业物联网不仅能够减少对土壤和水源的污染，还可以降低农产品中的农药残留量，提升农产品的安全性和质量。同时，农业物联网还可以通过智能监控和管理，减少农业生产过程中的碳排放，推动农业的绿色发展。

综上所述，农业物联网在提高农业生产效率、减少资源浪费、保护环境和提升农产品质量等方面具有重要意义。随着科技的不断进步，农业物联网将会在未来农业生产中发挥越来越重要的作用。

3. 农业物联网的发展背景

农业物联网的发展背景可以追溯到科技进步对农业的深远影响和全球农业面临的多重挑战。随着信息技术和通信技术的飞速发展，农业物联网作为一种新兴技术应运而生，并迅速在全球范围内得到推广和应用。

4. 科技进步对农业的影响

科技进步对农业的影响是农业物联网发展的重要背景之一。随着传感器技术、无线通信技术、大数据分析和云计算等现代信息技术的不断发展和成熟，农业生产方式也在不断发生变革。传统农业生产方式主要依赖于人力和经验，而现代农业生产则越来越依赖于科学技术的支持。

传感器技术的进步使得农业生产中的土壤湿度、温度、光照强度、气象条件等环境参数可以被实时监测和记录。无线通信技术的发展使得这些数据可以通过无线网络传输到云端进行存储和分析。大数据分析和云计算技术的应用使得海量的农业数据可以被快速处理和分析，从而为农业生产提供科学决策依据。

科技进步不仅提高了农业生产的精确度和效率，还推动了农业生产方式的转型升级。通过农业物联网技术，农民可以实现对农业生产过程的全面监控和智能管理，从而提高了农业生产的效益和可持续性。

5. 全球农业面临的挑战

全球农业面临的多重挑战也是农业物联网快速发展的重要背景之一。随着全球人口的不断增加，粮食需求量持续增长，而耕地资源却日益减少。气候变化、环境污染和水资源短缺等问题也对农业生产提出了严峻挑战。

首先，全球人口的迅速增长给粮食生产带来了巨大压力。根据联合国粮农组织的预测，到 2050 年，全球人口将达到约 97 亿，粮食需求量将比目前增加 70% 以上。然而，全球可耕地面积有限，粮食生产面临着资源约束和环境压力。

其次，气候变化对农业生产的影响日益显著。气候变化导致极端天气事件频发，如干旱、洪涝、高温等，对农业生产造成严重威胁。气候变化还影响了作物的生长周期和产量，增加了农业生产的不确定性和风险。

此外，环境污染和水资源短缺问题也对农业生产构成了巨大挑战。农业生产过程中大量使用化肥和农药，导致土壤和水源污染问题严重。水资源短缺问题在许多地区日益突出，严重影响了农业灌溉的挑战。

综上所述，农业物联网的发展背景包括科技进步对农业的深远影响和全球农业面临的多重挑战。随着信息技术和通信技术的不断发展，农业物联网作为一种新兴技术，为现代农业生产提供了新的解决方案，推动了农业生产方式的转型升级。面对全球农业面临的多重挑战，农业物联网技术的应用显得尤为重要，将在未来农业生产中发挥越来越重要的作用。

（二）农业物联网的组成

农业物联网正在逐渐改变传统农业模式，通过先进的技术手段实现农业生产的智能化和精细化管理。农业物联网的组成部分主要包括感知层、网络层、处理层和应用层。本文将重点探讨农业物联网的感知层，特别是各类传感器的作用，以及其中的土壤湿度传感器、气候传感器和作物生长监控传感器，如图 2-1 所示。

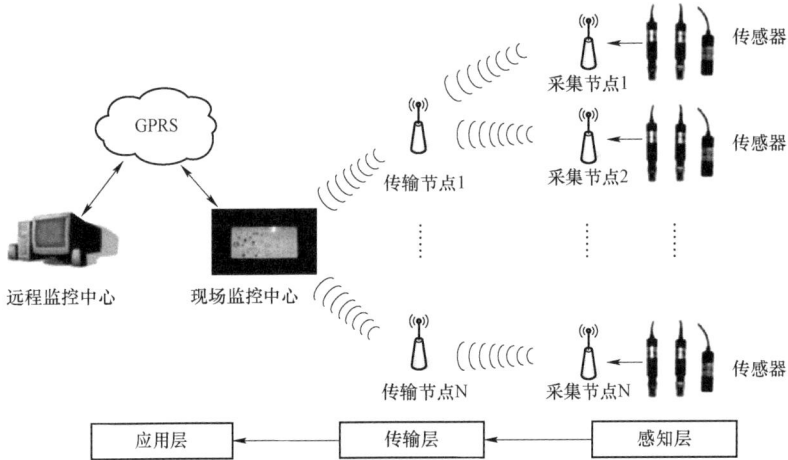

图 2-1 物联网农业的结构

1. 感知层

感知层是农业物联网的基础，它主要负责采集农业生产环境中的各种数据。这些数据通过传感器和智能设备实时收集，并传输到网络层和处理层进行分析和处理，从而为农业生产提供科学依据。感知层的核心组成部分包括各类传感器，它们在农业生产中扮演着至关重要的角色。

（1）各类传感器的作用

传感器是感知层的核心组件，它们能够感知和监测各种环境参数，如温度、湿度、光照、土壤养分等。这些传感器的作用主要包括以下几个方面：

实时监测：现代传感器技术能够持续实时地监测农业生产环境中的各种关键参数，例如土壤湿度、气温、光照强度等。这种实时数据使农民能够即时掌握作物的生长状况以及环境变化，从而快速做出调整，优化作物生长条件。

数据采集：传感器所收集的数据不仅提供了关于农业环境的详细信息，还为后续的数据分析和决策制定提供了科学依据。这种数据驱动的方法使得农民能够实施精准农业，通过准确的信息来指导施肥、灌溉等农业管理措施，从而提高生产效率和作物产量。

自动化控制：依托传感器所提供的数据，农业物联网系统能够实现高度的自动化控制。例如，通过自动化灌溉系统，传感器可以根据土壤湿度自动调节水量，或者在适当的时候自动施肥。这种自动化控制不仅节省了人力成本，还大大提高了农业生产的效率和管理水平。

预警功能：传感器还具备强大的预警功能，能够监测异常的环境条件，如极端气候变化或病虫害的发生。当系统检测到这些异常情况时，会立即发出预警，帮助农民及时采取相应的措施，从而有效减少潜在的损失，保护作物的健康和产量。

（2）土壤湿度传感器

土壤湿度传感器是农业物联网中重要的传感器之一。它主要用于监测土壤中的水分含量，为农田灌溉提供科学依据。土壤湿度传感器的作用包括：

实时监测土壤水分：土壤湿度传感器能够实时跟踪土壤中的水分含量。这种技术帮助农民准确了解土壤的湿润状况，从而根据实际需求合理安排灌溉。这不仅提高了对土壤水分的掌控，还避免了人为估计的误差，使得灌溉更加科学高效。

节水灌溉：依靠土壤湿度传感器提供的实时监测数据，农业物联网系统可以实现精准灌溉。这种智能化的灌溉系统能够有效防止过度灌溉，减少水资源的浪费，并确保水资源的利用效率最大化。通过精准控制灌溉量，可以显著降低水资源的消耗和成本。

提高作物产量：通过科学管理土壤湿度，作物的生长环境得到了优化。这种优化的环境不仅能够促进作物的健康生长，还能提高作物的产量和质量。精准的土壤湿度控制帮助作物获得适宜的水分供应，从而提升整体农作物的表现。

减少病害：土壤湿度过高容易导致病害的发生。借助土壤湿度传感器的实时监测，农民可以根据土壤的实际湿度情况及时调整灌溉量，从而减少因过湿引发的病害风险。这种主动的管理方式帮助维持土壤的适宜湿度，降低病害发生的可能性。

（3）气候传感器

气候传感器用于监测农业生产环境中的气候参数，如温度、湿度、光照、风速等。这些气候参数对作物生长有着重要影响，气候传感器的作用主要包括：

监测气候变化：气候传感器能够实时监测环境中的各种气候变化参数，例如温度、湿度、风速和降雨量等。这些数据帮助农民及时了解当前和未来的天气状况，从而能够科学地安排农业生产活动，如播种、收割和防护措施等，以最大限度地利用有利的天气条件并规避不利影响。

优化农业操作：通过气候传感器提供的精准数据，农民可以对种植、施肥和灌溉等操作进行优化管理。实时的气候信息使农民能够在最合适的时间进行农业操作，从而提高农业生产效率，减少资源浪费，提升作物产量和质量。

预防灾害：气候传感器还具有预警功能，能够对极端天气事件，如霜冻、干旱、暴雨等，进行提前预警。通过这些预警，农民可以及时采取相应的防范措施，如加盖保护膜、调整灌溉计划等，减少因气候灾害带来的损失，保障农业生产的稳定性和持续性。

提高作物质量：合理的气候管理对作物的生长至关重要。通过气候传感器提供的实时数据，农民可以调控作物的生长环境，使其始终处于最佳状态，从而提升作物的质量和产量。这不仅提高了农作物的市场竞争力，还增加了农民的经济收益。

（4）作物生长监控传感器

作物生长监控传感器用于监测作物的生长状况，如叶片面积、茎干直径、果实大小等。这些传感器的作用主要包括：

实时监测作物生长：作物生长监控传感器能够实时记录和监测作物的生长状况，包括高度、叶面积指数和色泽变化等指标。这些数据帮助农民全面了解作物的生长进程，使他们能够准确判断生长阶段，从而合理安排施肥、灌溉等农业操作。

精准管理作物：通过作物生长监控传感器收集的数据，农民可以实施精准管理策略。例如，基于作物的生长情况合理调整施肥和灌溉方案，确保作物获得所需的养分和水分。这种精准管理不仅提升了作物的生长效率，还节约了资源，减少了不必要的投入。

病虫害预警：作物生长监控传感器还可以监测到作物生长中的异常情况，例如叶片黄化、果实变形等，这些可能是病虫害的初期症状。通过及时的预警，农民能够迅速识别和诊断病虫害问题，采取有效的防治措施，减少病虫害对作物的危害。

提高作物产量和质量：通过科学的作物生长监控，农民能够优化作物的生长环境，确保作物在最佳条件下生长。这种优化不仅有助于提高作物的产量，还能提升作物的质量，使其更具市场竞争力，增加农民的收入和经济效益。

综上所述，感知层作为农业物联网的重要组成部分，通过各类传感器的监测和数据采集，实现化管理。土壤湿度传感器、气候传感器和作物生长监控传感器在农业生产中发挥着重要作用，它们不仅帮助农民实时了解农业生产环境和作物生长状况，还为农业生产提供了科学依据，提高了农业生产效率和作物质量。

2. 网络层

在现代信息技术的飞速发展中，网络层作为一个至关重要的组成部分，承担着数据传输、无线通信以及卫星定位等多项关键任务。它不仅是互联网等信息系统的基础构件，还为诸如物联网、智能交通系统和移动通信等多种应用提供了技术支持。下面将从数据传输技术、无线通信技术（如 LoRa、NB-IoT）和卫星定位技术三个方面详细探讨网络层的应用和发展。

（1）数据传输技术

数据传输技术是网络层的核心内容之一。随着信息量的不断增加和传输速度需求的提升，数据传输技术也在不断演进和优化。

1）有线传输技术：有线传输技术主要包括以太网、光纤通信等。以太网是最为常见的局域网技术，具有高带宽、低延迟和高可靠性的特点。近年来，千兆以太网和万兆以太网的普及，使得数据传输速度大幅提升，满足了企业和数据中心对高速网络的需求。光纤通信则因其超高带宽和远距离传输能力，成为骨干网络的主要传输方式。现代光纤通信技术通过波分复用（WDM）等手段，有效提升了单根光纤的传输容量，进一步推动了超高速网络的实现。

2）无线传输技术：无线传输技术则主要包括 Wi-Fi、蜂窝移动通信等。Wi-Fi 技术发展迅速，从最初的 802.11b 标准到如今的 802.11ax（Wi-Fi6），传输速率和覆盖范

40

围都有了显著提升。Wi-Fi6 的高并发、低延迟和高效能为智能家居、智慧城市等应用提供了坚实的基础。蜂窝移动通信技术则经历了从 1G 到 5G 的演进。5G 技术的商用标志着移动通信进入了一个全新的时代。5G 网络不仅具备超高速率、低延迟、大连接等优势，还具备切片技术，使得网络资源可以根据应用需求灵活分配，进一步提升了网络层的效率和灵活性。

（2）无线通信技术

无线通信技术在网络层中的作用越来越重要，特别是在物联网（IoT）领域。LoRa 和 NB-IoT 作为低功耗广域网（LPWAN）的代表性技术，在物联网的广泛应用中发挥了重要作用。

1）LoRa 技术：LoRa（Long Range）是一种基于扩频技术的低功耗无线通信技术。LoRa 技术的最大特点是远距离传输和低功耗，非常适合需要长时间运行且电池供电的物联网设备。LoRa 网络由终端设备、网关和网络服务器组成，终端设备通过无线信号将数据发送到网关，再由网关传输到网络服务器进行数据处理。LoRa 技术广泛应用于智慧城市、农业监控、环境监测等领域。例如，在智慧城市中，LoRa 可以用于智能路灯控制、停车管理和垃圾处理等；在农业监控中，LoRa 可以实现对土壤湿度、温度等参数的实时监测，从而提高农业生产效率。

2）NB-IoT 技术（Narrow Band Internet of Things，NB-IoT）是由 3GPP 标准化的窄带物联网技术。与 LoRa 相比，NB-IoT 具有更高的网络安全性和可靠性，同时也具备广覆盖、低功耗和大连接的特点。NB-IoT 通过使用现有的蜂窝网络基础设施，能够快速部署并实现大规模物联网应用。NB-IoT 在智慧城市、智能抄表、智能物流等领域有着广泛应用。例如，智能抄表系统可以利用 NB-IoT 技术实现水、电、气表数据的实时采集和传输，从而提高管理效率和降低运营成本；在智能物流中，NB-IoT 可以用于货物跟踪和环境监测，确保物流过程的安全和高效。

（3）卫星定位技术的应用

卫星定位技术是网络层中的另一重要组成部分。全球定位系统（GPS）、伽利略定位系统（Galileo）、北斗卫星导航系统（BDS）等卫星定位技术在现代社会中有着广泛的应用。

1）全球定位系统（GPS）：GPS 是由美国国防部开发和维护的全球卫星导航系统。GPS 系统通过卫星信号实现对地球表面各点的精确定位，广泛应用于地理信息系统（GIS）、精确农业等领域。在智能交通系统中，GPS 技术可以提供精确的车辆定位和导航服务，提升交通管理效率和出行体验。

2）伽利略定位系统（Galileo）：Galileo 是由欧盟开发的全球卫星导航系统。Galileo 系统的设计目标是提供高精度、高可靠性的定位服务，并与其他卫星导航系统互操作。Galileo 技术在智能交通、航空航天、海洋监测等领域有着广泛应用。例如，在航空领域，Galileo 系统可以为飞机提供精确的导航和定位服务，提升飞行安全性和效率。

3）北斗卫星导航系统（BDS）：北斗卫星导航系统是由中国自主研发的全球卫星导航系统。北斗系统具备全球覆盖、高精度定位、短报文通信等特点。北斗技术在国防、交通、农业、渔业等领域有着广泛应用。在渔业领域，北斗系统可以为远洋渔船提供精确的定位和通信服务，保障渔船的安全和生产。

（4）网络层的未来发展趋势

随着信息技术的不断进步，网络层也将迎来更多的创新和发展。未来，网络层将更加注重智能化、集成化和安全性。

1）智能化：人工智能（AI）技术的快速发展将推动网络层的智能化。通过引入AI 算法，网络层可以实现自我优化、自我修复和自我保护，提高网络的效率和可靠性。例如，智能路由技术可以根据网络流量和拓扑结构的变化，动态调整路由策略，优化数据传输路径。

2）集成化：未来的网络层将更加注重集成化，融合多种通信技术和应用场景，实现网络的无缝覆盖和高效运行。例如，5G 与 LoRa、NB-IoT 等技术的融合可以实现广域覆盖和低功耗通信的统一，满足不同应用场景的需求。

3）安全性：网络安全问题日益受到关注，未来的网络层将更加注重安全性。通过引入区块链、量子通信等新技术，可以提升网络的安全性和抗攻击能力，保障数据的隐私和完整性。

总之，网络层在现代信息技术中扮演着至关重要的角色。数据传输技术、无线通信技术（如 LoRa、NB-IoT）和卫星定位技术是网络层的核心内容，它们在各种应用场景中发挥着重要作用。

3．应用层

应用层在现代信息系统中的角色愈加重要，尤其是在数据处理和分析、智能管理系统以及决策支持系统这三个关键领域。这些领域不仅推动了技术进步，还对各行各业的运营模式产生了深远影响。本文将深入探讨这三个领域的重要性、核心技术及其应用实例，全面展示它们在当今信息化社会中的不可替代地位。

（1）数据处理和分析

1）数据采集与清洗：在数据处理和分析的应用层中，数据采集与清洗是最基础的环节。数据采集涉及从各种来源获取数据，包括传感器、数据库、互联网、社交媒体等。然而，原始数据往往存在不完整、不一致和噪声等问题，这就需要进行数据清洗。数据清洗通过去重、填补缺失值、纠正错误数据等方法，确保数据的准确性和一致性。

2）数据存储与管理：数据存储是数据处理和分析的关键环节。随着数据量的爆炸式增长，传统的关系型数据库已无法满足需求，分布式存储和云存储成为主流选择。例如，Hadoop 和 Spark 等大数据处理框架，通过分布式计算和存储技术，能够有效处理海量数据。数据管理则涉及对数据进行组织、分类和索引，以便于后续的查询和分析。

3）数据分析与挖掘：数据分析是从大量数据中提取有价值信息的过程。数据分析方法包括描述性分析、诊断性分析、预测性分析和规范性分析等。描述性分析用于描述数据的基本特征，诊断性分析则用于查明数据背后的原因。预测性分析通过历史数据预测未来趋势，而规范性分析则为决策提供优化建议。数据挖掘是数据分析的高级阶段，涉及机器学习、模式识别和统计分析等技术，从数据中挖掘出隐含的模式和知识。

（2）智能管理系统

1）智能管理系统概述：智能管理系统利用先进的信息技术和智能算法，对复杂的管理问题进行高效处理和优化。这类系统集合了传感器技术、物联网、云计算和人工智能等多种技术手段，能够实现对资源、流程和人员的全面管理和优化。

2）智能管理系统的关键技术：智能管理系统的核心技术包括传感器、物联网、云计算和人工智能等。传感器技术用于实时监控和采集环境、设备和人员的状态数据。物联网通过网络将各类设备和系统连接起来，实现数据的互通和共享。云计算提供了强大的数据存储和处理能力，能够支持大规模数据的实时分析。人工智能则通过机器学习、深度学习等算法，对数据进行智能分析和决策。

3）智能管理系统的应用领域：智能管理系统在各个领域都有广泛应用。在工业制造领域，智能管理系统可以实现设备的实时监控和预测性维护，提高生产效率和设备利用率。在交通运输领域，智能管理系统可以优化交通流量和公共交通调度，减少交通拥堵和能源消耗。在能源管理领域，智能管理系统可以优化能源生产和消费，减少碳排放，提高能源效率。在物流和供应链管理领域，智能管理系统可以优化物流路径和库存管理，降低运营成本，提高服务质量。

（3）决策支持系统

1）决策支持系统概述：决策支持系统（Decision Support System，DSS）是一种基于数据和模型的计算机信息系统，旨在辅助管理者进行复杂的决策。决策支持系统通过数据的收集、处理和分析，提供直观的报告和建议，帮助管理者在面对不确定性和复杂性的情况下做出更科学、更有效的决策。

2）决策支持系统的组成部分：决策支持系统通常由数据库、模型库和用户界面三个主要部分组成。数据库用于存储和管理与决策相关的数据。模型库包含各种数学模型和算法，用于对数据进行分析和模拟。用户界面则提供与用户交互的途径，使用户能够方便地查询和分析数据，获取决策支持信息。

3）决策支持系统的关键技术：决策支持系统的关键技术包括数据仓库、数据挖掘、人工智能和优化算法等。数据仓库用于存储和管理大量历史数据，支持多维数据分析。数据挖掘技术通过对数据进行深度挖掘，发现潜在的模式和规律。人工智能技术则通过机器学习和专家系统等方法，提供智能化的决策支持。优化算法用于在多种决策方案中找到最优解，提升决策的科学性和有效性。

4）决策支持系统的应用领域：决策支持系统在各行各业都有广泛应用。在商业领域，决策支持系统可以帮助企业进行市场分析、客户细分和销售预测，优化营销策略和资源配置。在金融领域，决策支持系统可以帮助银行和投资机构进行风险管理、投资组合优化和信用评估，提高金融决策的准确性和效益。在医疗领域，决策支持系统可以帮助医生进行疾病诊断和治疗方案选择，提高医疗服务质量和效率。在政府管理领域，决策支持系统可以帮助政府进行社会经济发展规划、公共资源配置和应急管理，提高政府决策的科学性和透明度。

总之，应用层中的数据处理和分析、智能管理系统以及决策支持系统是现代信息系统的重要组成部分。数据处理和分析通过对海量数据的采集、存储、处理和分析，提供有价值的信息和知识，支持各类业务决策和优化。智能管理系统通过传感器、物联网、云计算和人工智能等技术，实现对资源、流程和人员的全面管理和优化，提高系统的运行效率和服务质量。决策支持系统通过数据仓库、数据挖掘、人工智能和优化算法等技术，为管理者提供科学、有效的决策支持，提高决策的准确性和效益。随着技术的不断发展，这些系统将在更多领域得到应用，并不断推动社会的进步和发展。未来，我们可以期待这些系统在智能化、自动化和用户体验方面取得更大的突破，为各行各业的发展提供更强大的支持和保障。

第二节 农业物联网的应用实例

随着科技的迅速发展，物联网技术在农业领域的应用日益广泛，不仅提高了农业生产的效率，还促进了农业的可持续发展。在这一章中，我们将详细探讨农业物联网的应用实例，其中智能灌溉系统是一个重要的组成部分。智能灌溉系统通过自动化灌溉和水资源管理优化，展示了物联网技术在农业中的巨大潜力和实际效果。

一、智能灌溉系统

智能灌溉系统是农业物联网技术的一个重要应用。它利用传感器、控制系统和数据分析工具，实现对农田灌溉过程的自动化管理和优化。智能灌溉系统不仅能够提高灌溉的效率，节约水资源，还能促进作物的健康生长，增加农业产量。

（一）自动化灌溉的原理

自动化灌溉系统通过集成传感器网络、数据传输与处理、智能控制系统和数据分析等多个关键组成部分，实现了对土壤湿度、天气条件和作物生长状态的实时监测，并根据这些数据自动调整灌溉方案。

首先，传感器网络是智能灌溉系统的基础。各种传感器，如土壤湿度传感器、温度传感器和光照传感器，被布置在农田中，用于实时采集土壤和环境数据。例如，土壤湿度传感器能够精确测量土壤中的水分含量，而温度传感器则可以监测环境温度的变化。这些数据为灌溉决策提供了基础信息。

接下来，数据通过无线通信技术传输到中央控制系统。物联网技术支持多种数据传输方式，如 LoRa、NB-IoT、Zigbee 等，这些技术保证了数据传输的稳定性和实时性。中央控制系统接收到传感器数据后，会进行处理和分析，生成相应的灌溉决策。

智能控制系统则是执行灌溉操作的核心。根据传感器数据和预设的灌溉策略，系统自动控制灌溉设备的开关和水量调节。例如，当土壤湿度低于设定值时，系统会自动开启灌溉设备进行适量灌溉；当土壤湿度达到预定水平时，系统会自动关闭设备，避免过度灌溉。这种自动化的控制过程无需人工干预，实现了灌溉的精准化和自动化。

最后，数据分析系统通过对历史数据和实时数据的分析，提供决策支持。例如，通过分析不同季节、不同气候条件下的灌溉效果，农民可以优化灌溉策略，提高灌溉效率。此外，数据分析还可以帮助农民预测未来的灌溉需求，提前做好准备。

综上所述，智能灌溉系统的自动化原理不仅简化了灌溉操作，还大大提高了灌溉的精准度和效率。通过实时监测和自动调节，系统能够精确控制灌溉量，避免传统灌溉方式中常见的水资源浪费问题。

（二）水资源管理的优化

水资源是农业生产的重要资源，合理利用和管理水资源对于农业的可持续发展至关重要。智能灌溉系统在水资源管理方面发挥了重要作用，通过优化灌溉策略，实现了水资源的高效利用。

首先，智能灌溉系统能够根据不同作物的需水特性和土壤条件，制定精准的灌溉方案。例如，对于耐旱性较强的作物，系统会适当减少灌溉频率和灌溉量；对于需水量较大的作物，系统则会增加灌溉频率和灌溉量。通过精准灌溉，能够最大限度地满足作物的需水需求，避免过度灌溉和水资源浪费。

其次，智能灌溉系统通过传感器实时监测土壤湿度和环境条件，及时反馈灌溉效果。例如，当系统检测到某一区域的土壤湿度过低时，会立即进行灌溉；当检测到土壤湿度过高时，会立即停止灌溉。通过实时监测和反馈，系统能够快速响应环境变化，确保灌溉效果和水资源利用效率。

智能灌溉系统依靠大量的数据进行决策，通过对历史数据和实时数据的分析，优化灌溉策略。例如，通过分析不同季节、不同气候条件下的灌溉效果，系统可以制定最优的灌溉方案，避免盲目灌溉和水资源浪费。此外，数据分析还可以帮助农民预测未来的天气变化和灌溉需求，提前做好准备，确保水资源的合理利用。

智能灌溉系统采用了多种节水技术，如滴灌、微喷灌等。这些技术能够将水分直接输送到作物根部，减少水分蒸发和渗漏，提高灌溉效率。例如，滴灌技术通过管道将水分精确输送到作物根部，避免了传统灌溉方式中水分蒸发和渗漏的现象，实现了水资源的高效利用。

此外，智能灌溉系统通过自动化控制和智能调控，实现了灌溉过程的精细化管理。系统能够根据不同作物的生长阶段和需水特性，自动调整灌溉策略。例如，在作物生长初期，系统会增加灌溉频率和灌溉量；在作物成熟期，系统则会适当减少灌溉频率和灌溉量。通过智能调控与管理，系统能够最大限度地满足作物的需水需求，避免过度灌溉和水资源浪费。

最后，智能灌溉系统的应用不仅提高了灌溉效率，节约了水资源，还促进了农业的环境友好和可持续发展。传统灌溉方式中，过度灌溉和水资源浪费常常导致土壤盐碱化和环境污染问题。而智能灌溉系统通过精准灌溉和节水技术，减少了土壤盐碱化和环境污染的风险，促进了农业的可持续发展。

二、病虫害预警系统

（一）早期预警的重要性

在农业生产中，病虫害是影响作物产量和质量的主要因素之一。早期预警系统在防治病虫害中具有至关重要的作用。首先，早期预警系统能够在病虫害暴发初期及时发现问题，防止病虫害大面积扩散。病虫害一旦大规模暴发，将会给农作物造成不可估量的损失，甚至可能导致绝收。通过早期预警系统，农业生产者可以在病虫害尚处于萌芽阶段时采取有效措施，遏制其蔓延，减少经济损失。

其次，早期预警系统有助于提高防治病虫害的效率和效果。传统的病虫害防治往往依赖于人工观察和经验判断，存在较大的主观性和滞后性。而早期预警系统则通过科学的数据分析和智能化的监测手段，实现对病虫害的精准预测。这不仅能够提高防治措施的针对性，还能减少农药的使用量，降低环境污染，保护生态环境。

此外，早期预警系统还可以为农业决策者提供科学依据，指导农作物的种植和管理。通过对历史数据的分析和预测，农业决策者可以提前了解可能发生的病虫害风险，合理安排种植计划，优化资源配置，从而提高农业生产的稳定性和可持续性。

总之，早期预警系统在病虫害防治中具有重要意义。它不仅能够及时发现和遏制病虫害的蔓延，提高防治效果，还可以为农业生产提供科学指导，保障农业可持续发展。随着科技的进步和信息化的发展，早期预警系统在农业中的应用将会越来越广泛，其重要性也将日益凸显。

（二）病虫害数据的采集与分析

病虫害数据的采集与分析是构建早期预警系统的核心环节。高效、准确的数据采集和科学、系统的数据分析，是实现精准预警的基础。

首先，数据采集是预警系统的首要步骤。传统的病虫害监测方式主要依靠人工观察和记录，存在效率低、准确性差等问题。随着科技的发展，现代化的监测设备和技术逐渐应用于病虫害数据的采集。例如，自动化气象站可以实时监测气温、湿度、降水量等环境因素，这些因素与病虫害的发生有密切关系。无人机和遥感技术可以对大面积农田进行高效监测，快速获取作物生长状态和病虫害分布情况。此外，地面传感器和智能陷阱设备也可以对特定区域的病虫害进行精准监测，实时采集数据。这些现代化设备和技术不仅提高了数据采集的效率和准确性，还能够实现全天候、全方位的监测，为病虫害预警提供可靠的数据支持。

其次，数据分析是预警系统的关键环节。病虫害数据的分析需要综合考虑多种因素，包括气候条件、作物种类、种植密度、土壤性质等。通过对历史数据的分析，可以发现病虫害发生的规律和趋势，建立数学模型进行预测。此外，数据分析还可以利用大数据和人工智能技术，对海量数据进行深度挖掘和分析。例如，机器学习算法可以从数据中自动提取特征，识别病虫害的发生模式，预测病虫害的发展趋势。数据分析的结果可以为预警系统提供科学依据，指导防治措施的制定和实施。

在数据采集和分析过程中，数据的质量和准确性至关重要。为了保证数据的质量，需要对数据进行严格的筛选和处理，剔除噪声和异常数据，确保数据的可靠性和准确性。此外，还需要建立健全的数据管理制度，规范数据的采集、存储、传输和共享，确保数据的安全和保密。

总之，病虫害数据的采集与分析是构建早期预警系统的基础和关键。通过现代化的监测设备和技术，高效、准确地采集数据，并利用大数据和人工智能技术进行科学、系统的数据分析，可以实现对病虫害的精准预测和预警。数据采集影响预警系统的效果和可靠性，因此需要引起高度重视。

综上所述，病虫害预警系统在现代农业中的作用不可忽视。通过早期预警系统，农业生产者可以及时发现病虫害问题，采取有效防治措施，减少经济损失，提高农业生产的效率和可持续性。而病虫害数据的采集与分析作为预警系统的核心环节，对预警系统的效果和可靠性起着至关重要的作用。随着科技的不断进步和信息化的发展，早期预警系统和病虫害数据的采集与分析技术将会不断完善和提升，为农业生产提供更加科学、精准的指导和服务。

三、作物生长监控

作物生长监控是现代农业中至关重要的一环，它不仅直接关系到农作物的健康生长和最终产量，还影响到农业资源的合理利用与环境保护。下面将从生长周期监控与产量预测和优化两大方面，对如何进行作物生长监控进行深入探讨。

（一）生长周期监控

生长周期监控是指通过对作物从种植到收获的整个生命周期进行系统化、科学化的监控和管理，以确保作物在最佳的生长条件下生长。生长周期监控主要包括以下几个方面：

1. 种植前准备

在种植作物之前，必须进行详尽的土地评估和准备。这包括土壤检测、肥力分析、水源评估等。通过先进的土壤传感器和地理信息系统（GIS），可以准确测定土壤中的养分含量、pH 值和湿度等关键参数，从而为后续的施肥和灌溉提供科学依据。

2. 播种期监控

播种期是作物生长的第一步，也是最关键的一步。在这一阶段，需要确保种子的质量和播种深度的精确性。通过使用高精度的播种设备和 GPS 技术，可以实现种子的均匀分布和适宜深度，从而为作物的健康生长打下坚实基础。

3. 生长期监控

在作物的生长过程中，监控的重点是环境条件、病虫害防治和营养管理。通过安装气象站、温湿度传感器和病虫害监测设备，可以实时获取环境数据，如温度、湿度、光照强度和降雨量等。这些数据可以通过物联网技术实现自动采集和传输，并在云端进行分析处理，从而为农民提供精准的管理建议。

4. 生长阶段预测

通过对作物生长阶段的监控和数据分析，可以预测作物的生长状态和发育速度。例如，利用遥感技术和无人机拍摄的高分辨率图像，结合机器学习算法，可以准确识别作物的叶面积指数、氮素含量和生长势，从而预测作物的生长阶段。这不仅有助于及时调整管理措施，还可以提高作物的产量和品质。

5. 灌溉与施肥管理

灌溉和施肥是作物生长过程中至关重要的环节。通过土壤湿度传感器和智能灌溉系统，可以根据土壤湿度和作物需水量自动调节灌溉量，避免过量浇水或缺水现象的发生。同时，利用无人机和遥感技术，可以实时监测作物的营养状况，及时发现营养缺乏或过剩的问题，并通过精准施肥技术进行科学管理。

6. 病虫害监控

病虫害是影响作物生长和产量的主要威胁之一。通过安装病虫害监测设备和使用人工智能技术，可以实时监测作物的健康状况，及时发现病虫害并采取有效的防治措施。例如，利用图像识别技术，可以自动识别病虫害的种类和程度，并根据历史气象条件预测病虫害的发生趋势，从而提前采取防治措施，减少病虫害对作物的危害。

（二）产量预测和优化

产量预测和优化是作物生长监控的最终目标，通过科学的预测和管理措施，可以提高作物的产量和品质，增加农民的收益。产量预测和优化主要包括以下几个方面：

1. 数据收集与分析

通过物联网技术和大数据分析，可以收集和分析大量的作物生长数据，包括气象数据、土壤数据、作物生长数据和病虫害数据等。这些数据可以通过云计算平台进行存储和处理，形成作物生长的全生命周期数据模型，从而为产量预测和优化提供科学依据。

2. 预测模型建立

基于大数据和机器学习算法，可以建立作物产量预测模型。通过对历史数据的分析和训练，可以预测不同环境条件下作物的产量和品质。例如，利用回归分析、神经网络和支持向量机等算法，可以建立高精度的产量预测模型，从而为农民提供科学的决策支持。

3. 优化管理措施

根据产量预测结果，可以制定优化的管理措施，提高作物的产量和品质。例如，通过调整播种密度、优化施肥和灌溉方案、及时防治病虫害等，可以最大限度地利用土地和资源，提高作物的产量和品质。同时，通过合理的轮作和间作，可以减少土壤养分的耗竭和病虫害的发生，保持土壤的肥力和健康。

4. 实时监控与调整

作物生长过程中，环境条件和作物需求是动态变化的，因此需要进行实时监控和调整。通过物联网技术和智能化设备，可以实时监测作物的生长状态和环境条件，并根据监测数据及时调整管理措施。例如，根据土壤湿度和气象数据，可以自动调整灌溉量；根据作物的营养状况，可以精准施肥，从而提高作物的产量和品质。

5. 未来展望

随着科技的不断进步，作物生长监控技术也在不断发展和完善。未来，随着人工智能、物联网、大数据和区块链等技术的进一步应用，作物生长监控将变得更加智能化和精确化。例如，利用区块链技术，可以实现作物生长数据的透明化和可追溯性，提高农产品的安全性和品质；利用无人机和自动化设备，可以实现全自动的播种、施肥、灌溉和收割，提高农业生产的效率和质量。

四、温室环境控制

温室环境控制的意义在于提高作物生长环境的稳定性、提升资源利用效率和作物产量。通过现代化和自动化技术，温室能够实现温度、湿度和光照的精确调控，从而提供最适宜的生长条件，提高作物产量和品质，并有效利用资源。

（一）温度、湿度、光照的自动调控

1. 温度调控

温度调控是温室环境控制的核心部分之一。适宜的温度对作物的生长和发育至关重要。温度调控通过一系列技术手段，确保温室内部的温度保持在作物最适宜的范围内，无论是寒冷的冬季还是炎热的夏季，都能为作物提供稳定的温度环境。

（1）基本原理

温度调控的重要性在于维持作物生长所需的最佳温度范围。过高或过低的温度都会影响作物的生长速度、光合作用效率以及产量和品质。通过加热和冷却系统，可以精确调节温室内的温度，避免极端温度对作物造成的不利影响。

（2）技术实现

温度传感器：温度传感器是温室温度调控系统的关键组件。它们能够实时监测温室内外的温度变化，并将数据传输到中央控制系统进行处理。常见的温度传感器包括电阻温度计、热电偶和半导体温度传感器等。这些传感器具有高精度和快速响应的特点，能够提供准确的温度数据。

1）加热系统：在温度较低时，温室需要通过加热系统来提高内部温度。常见的加热系统包括暖气片、热水器和地热加热等。暖气片通过循环热水来提供热量，适用于较小规模的温室；热水器可以通过燃气、电力或太阳能等方式加热水，然后通过管道输送到温室内；地热加热利用地下的热量，通过地热管道将热量传递到温室内，适用于较大规模的温室。

2）冷却系统：在温度较高时，温室需要冷却系统来降低内部温度。常见的冷却系统包括通风系统和蒸发冷却系统等。通风系统通过排风扇将热空气排出温室，并引入冷空气；蒸发冷却系统通过水蒸发吸热的原理，降低空气温度。蒸发冷却系统适用于干燥气候区域，能够有效降低温室内的温度。

（3）案例分析

在某温室中，采用了先进的温度调控系统。该系统配备了高精度的温度传感器，能够实时监测温室内外的温度变化。当温度传感器检测到温度低于设定值时，加热系统会自动启动，通过暖气片或热水器加热温室内的空气。当温度传感器检测到温度高于设定值时，冷却系统会自动启动，通过通风系统或蒸发冷却系统降低温室内的温度。通过这种方式，温室内的温度始终保持在作物生长的最佳范围内，确保作物健康生长，提升产量和品质。

2. 湿度调控

湿度调控也是温室环境控制的关键组成部分。适宜的湿度水平对于作物的生长、病害防治以及水分管理都至关重要。通过自动化的湿度调控系统，可以确保温室内的湿度保持在最适宜的范围内，提高作物的健康和产量。

（1）基本原理

湿度调控的重要性在于维持温室内空气的适宜湿度水平。过高的湿度可能导致病害的发生，而过低的湿度则会影响作物的蒸腾作用和水分吸收。通过加湿和除湿系统，温室内的湿度可以被精确调节，避免极端湿度对作物造成的负面影响。

（2）技术实现

湿度传感器：湿度传感器用于实时监测温室内的空气湿度。常见的湿度传感器包括电容式湿度传感器和电阻式湿度传感器。这些传感器能够提供高精度和快速响应的湿度数据，并将数据传输到中央控制系统进行处理。

加湿系统：在湿度较低时，温室需要通过加湿系统来增加空气湿度。常见的加湿系统包括喷雾加湿器和蒸汽加湿器等。喷雾加湿器通过喷出细小的水雾增加空气湿度，适用于较大规模的温室；蒸汽加湿器通过加热水产生蒸汽，提高空气湿度，适用于较小规模的温室。

除湿系统：在湿度较高时，温室需要通过除湿系统来降低空气湿度。常见的除湿系统包括排风扇和除湿机等。排风扇通过排出湿空气并引入干空气降低湿度；除湿机通过冷凝原理将空气中的水分凝结成水滴，从而降低空气湿度。

（3）案例分析

某温室采用了先进的湿度调控系统。该系统配备了高精度的湿度传感器，能够实时监测温室内的空气湿度。当湿度传感器检测到湿度低于设定值时，加湿系统会自动启动，通过喷雾加湿器或蒸汽加湿器增加空气湿度。当湿度传感器检测到湿度高于设定值时，除湿系统会自动启动，通过排风扇或除湿机降低空气湿度。通过这种方式，温室内的湿度始终保持在作物生长的最佳范围内，确保作物健康生长，防止病害发生，提高产量和品质。

3. 光照调控

光照调控是温室环境控制的另一个重要方面。适宜的光照强度和持续时间对作物的光合作用和生长发育至关重要。通过自动化的光照调控系统，可以确保温室内的光照条件满足作物的需求，提高作物的光合作用效率和产量。

（1）基本原理

光照调控的重要性在于提供作物所需的适宜光照条件。不同作物对光照强度和持续时间有不同的要求，通过补光和遮光系统，可以精确调节温室内的光照条件，确保作物在最佳光照环境下生长。

（2）技术实现

光照传感器：光照传感器用于实时监测温室内的光照强度和持续时间。常见的光照传感器包括光电二极管传感器和光敏电阻传感器。这些传感器能够提供高精度和快速响应的光照数据，并将数据传输到中央控制系统进行处理。

补光系统：在光照不足时，温室需要通过补光系统来增加光照强度。常见的补光系统包括 LED 补光灯和荧光灯等。LED 补光灯具有能耗低、寿命长和光效高的特点，适用于各种规模的温室；荧光灯具有光谱范围广和光效高的特点，也适用于温室补光。

遮光系统：在光照过强时，温室需要通过遮光系统来减少光照强度。常见的遮光系统包括自动遮阳帘和遮光网等。自动遮阳帘通过电动控制系统，根据光照传感器的数据自动调节遮阳帘的开合程度，适用于大规模温室；遮光网则通过物理遮挡方式减少光照强度，适用于小规模温室。

（3）案例分析

某温室采用了先进的光照调控系统。该系统配备了高精度的光照传感器，能够实时监测温室内的光照强度和持续时间。当光照传感器检测到光照强度低于设定值时，补光系统会自动启动，通过 LED 补光灯或荧光灯增加光照强度。当光照传感器检测到光照强度高于设定值时，遮光系统会自动启动，通过自动遮阳帘或遮光网减少光照强度。通过这种方式，温室内的光照条件始终保持在作物生长的最佳范围内，确保作物健康生长，提高光合作用效率和产量。

（二）资源利用效率的提升

1. 水资源利用效率

水资源是温室种植中至关重要的因素之一。有效的水资源管理不仅能够节约水资源，还能提高作物的生长效率和产量。通过一系列技术手段，可以显著提升温室的水资源利用效率。

（1）技术实现

精准灌溉系统：精准灌溉系统包括滴灌和微喷灌等技术。滴灌系统通过在作物根部直接提供水分，减少了水分蒸发和流失，提高了水资源利用效率；微喷灌系统则通过微小的喷嘴将水均匀地喷洒在作物周围，确保水分能够被作物充分吸收。

水循环利用：水循环利用技术包括收集和处理温室排水，并进行再利用。通过收集温室内的排水，经过过滤和处理后，可以再次用于灌溉，减少了水资源的浪费，提高了水资源的利用率。

（2）案例分析

某温室采用了先进的水资源管理系统，包括精准灌溉和水循环利用技术。该系统配备了滴灌系统，通过在作物根部直接提供水分，减少了水分的蒸发和流失，提高了水资源的利用效率。此外，温室还配备了水循环利用系统，收集温室内的排水，经过过滤和处理后再次用于灌溉。通过这种方式，温室的水资源利用效率显著提高，水资源浪费减少，作物生长状况良好，产量和品质得到提升。

2. 能源利用效率

能源是温室环境控制的重要组成部分。通过合理的能源管理和利用可再生能源，可以显著提升温室的能源利用效率，降低能源消耗，减少温室气体排放。

（1）技术实现

能源管理系统：能源管理系统通过实时监测和调控温室内的能源使用情况，优化能源利用效率。该系统可以通过传感器和控制器，自动调节温室内的供暖、降温和照明等设备，确保能源的高效利用。

可再生能源利用：温室可以利用太阳能和风能等可再生能源，减少对传统能源的依赖。太阳能系统包括太阳能电池板和太阳能热水器等，能够将太阳能转化为电能和热能；风能系统则通过风力发电机，将风能转化为电能。

（2）案例分析

某温室在能源管理方面采取了多种措施。该温室配备了先进的能源管理系统，能够实时监测和调控温室内的能源使用情况，确保能源的高效利用。此外，该温室还利用太阳能和风能等可再生能源，减少了对传统能源的依赖，降低了能源消耗和温室气体排放。通过这些措施，该温室的能源利用效率显著提升，运营成本降低，环境影响减少。

3. 肥料利用效率

肥料是作物生长过程中不可或缺的营养来源。合理的施肥管理不仅可以提高肥料的利用效率，还能减少环境污染，促进可持续农业发展。

（1）技术实现

智能施肥系统：智能施肥系统能够根据作物的生长需求，自动调整肥料的配比和施用量，确保作物获得最佳的营养供应。该系统通常通过传感器和控制器，实现对肥料的精准施用。

废弃物处理与再利用：温室内的植物残渣和其他有机废弃物可以经过处理，转化为有机肥料，再次用于作物的施肥。这种方法不仅提高了肥料的利用效率，还减少了废弃物的处理成本和环境污染。

（2）案例分析

某温室采用了智能施肥系统和废弃物处理与再利用技术。该温室配备了先进的智能施肥系统，能够根据作物的生长需求，自动调整肥料的配比和施用量，确保作物获得最佳的营养供应。此外，温室内的植物残渣经过处理，转化为有机肥料，再次用于作物的施肥。通过这些措施，该温室的肥料利用效率显著提升，环境污染减少，作物生长状况良好，产量和品质得到提升。

五、农业物联网的优势与挑战

（一）农业物联网的优势

农业技术创新的长篇文章可以从多种角度展开，下面将具体探讨农业技术创新的四大优势：提高生产效率、降低资源消耗、提高农产品质量以及增强农场管理的精确性。这些优势不仅在理论上可以提升农业生产的效能，同时在实践中也已经显示出显著的成效。以下是对这些优势的详细讨论。

农业技术创新在提高生产效率方面具有显著优势。现代农业技术的应用，如自动化机械、精准农业工具和生物技术，极大地提高了农作物的产量和生产效率。例如，自动化机械可以在短时间内完成大面积的耕作、播种和收割工作，减少了人工劳动的需求，提高了工作效率。精准农业工具，如无人机和传感器技术，可以实时监测土壤和作物的状况，提供精确的数据支持，从而使农民能够根据实际情况进行精准施肥、灌溉和病虫害防治。这种技术手段不仅减少了资源浪费，还能在最大程度上提升作物的产量和品质。此外，生物技术的应用，如转基因技术和基因编辑技术，不仅提高了作物的抗病虫害能力，还增强了其适应不同环境条件的能力，从而实现了更高的生产效率。

农业技术创新在降低资源消耗方面也发挥了重要作用。传统农业生产方式往往需要大量的水、肥料和农药，这不仅增加了生产成本，还对环境造成了严重的污染。通过引入先进的农业技术，农民可以大幅减少这些资源的消耗。例如，滴灌技术是一种高效的灌溉方式，可以将水直接输送到作物根部，减少了水资源的浪费。与传统的漫灌方式相比，滴灌技术可以节约高达 50%的水资源，同时还能提高作物的产量。此外，精准施肥技术可以根据土壤和作物的实际需求，科学合理地施用肥料，避免了肥料的过量使用和流失，减少了对环境的污染。农药的使用也可以通过精准农业技术得到有效控制，减少了农药的用量和残留，从而保护了生态环境和人类健康。

农业技术创新在提高农产品质量方面也具有显著的优势。现代农业技术不仅提高了作物的产量，还提升了其品质。例如，生物技术可以通过基因改良，培育出具有更高营养价值和更好口感的作物品种。这些改良品种不仅更加符合市场需求，还能为消费者提供更健康的食品选择。与此同时，精准农业技术的应用可以确保作物在生长过程中得到充分的养分和水分供应，避免了因资源不足或过量使用导致的品质下降。此外，智能化的农产品储存和运输技术可以在整个供应链过程中保持农产品的新鲜度和品质，减少了损耗和浪费，从而保证了消费者能够获得高质量的农产品。

农业技术创新在增强农场管理的精确性方面也发挥了重要作用。现代农业管理系统可以通过大数据、物联网和人工智能技术，实现对农场各个环节的全面监控和精细管理。例如，农场主可以通过物联网设备实时监测土壤、水分、气候等环境参数，及时调整生产策略，确保作物在最佳条件下生长。大数据分析技术可以对农场的生产数据进行深入分析，发现潜在的问题和优化空间，提供科学的决策支持。此外，人工智能技术可以通过智能算法和模型预测作物的生长情况、病虫害风险和市场需求变化，为农场主提供精准的管理方案。这些技术手段不仅提高了农场管理的效率，还减少了人为因素的干扰和误差，从而实现了精确、高效的农业生产。

总体来说，农业技术创新在提高生产效率、降低资源消耗、提高农产品质量以及增强农场管理的精确性方面具有显著的优势。这些优势不仅提升了农业生产的效益和可持续性，还为农民和消费者带来了实实在在的好处。未来，随着科技的不断进步和应用的深入，农业技术创新将继续在全球农业发展中扮演重要角色，推动农业生产向更加高效、环保和智能化的方向发展。通过不断探索和实践，我们有理由相信，农业技术创新将为全球粮食安全和生态环境保护作出更大的贡献。

（二）农业物联网的挑战

尽管农业技术的发展带来了诸多优势，但在实际应用过程中也面临着一些挑战。这些挑战主要包括技术成本、数据隐私与安全以及农民技术素养的提升等方面。

1. 技术成本

农业技术的应用需要投入大量的资金，技术成本是农业技术推广应用的主要障碍之一。现代农业技术设备和系统的价格较高，尤其是对中小农户而言，购置和维护这些设备的成本较高，难以承受。例如，无人机、自动化设备等技术设备的价格较高，而中小农户的经济实力有限，难以负担这些设备的购置和维护成本。此外，农业技术的应用还需要进行技术培训和人员培养，这也增加了技术成本。

为降低技术成本，可以采取以下措施。

1）政府支持：政府可以通过提供财政补贴、低息贷款等方式，降低农户购置和应用农业技术的成本，促进农业技术的推广应用。

2）合作模式：鼓励农户之间的合作，共同购置和使用农业技术设备，降低单个农户的技术成本。例如，可以建立农业合作社，共同购置和使用无人机、自动化设备等技术设备，分摊购置和维护成本。

3）技术创新：加强农业技术的创新研发，提高技术设备的性能和性价比，降低技术成本。例如，通过研发新的无人机技术，提高无人机的效率和耐用性，降低无人机的使用成本。

2. 数据隐私与安全

农业技术的发展依赖于大量的数据收集和分析，数据隐私与安全问题成为农业技术应用中的重要挑战。农业技术应用过程中，需要收集和处理大量的农田环境、作物生长、农产品生产等数据，这些数据涉及到农户的生产经营隐私，存在数据泄露和滥用的风险。

为保障数据隐私与安全，可以采取以下措施。

1）法律法规：制定和完善数据隐私与安全相关的法律法规，明确数据收集、存储、使用等环节的责任和义务，保障数据隐私与安全。例如，可以制定《农业数据隐私保护法》，明确农业数据的收集、存储、使用等环节的规范和要求，保障农户的生产经营隐私。

2）技术保障：采用先进的数据加密、身份认证等技术手段，保障数据传输和存储的安全。例如，可以采用数据加密技术对农田环境、作物生长等数据进行加密处理，防止数据泄露和篡改。还可以采用身份认证技术，确保只有授权人员才能访问和使用农业数据，保障数据的安全性。

3）数据管理：建立健全的数据管理制度，规范数据的收集、存储、使用等环节，防止数据滥用和泄露。例如，可以建立农业数据管理平台，对农田环境、作物生长等数据进行集中管理，规范数据的收集、存储和使用，保障数据的安全性和隐私性。

3．农民技术素养的提升

农业技术的应用需要农民具备一定的技术素养，而提升农民的技术素养是农业技术推广应用的关键挑战之一。现代农业技术涉及到自动化设备、物联网、无人机等多种高科技技术，农民需要掌握这些技术的操作和应用方法，才能充分发挥农业技术的优势。然而，许多农民的技术素养相对较低，难以掌握和应用现代农业技术。

为提升农民的技术素养，可以采取以下措施。

1）技术培训：开展农业技术培训，提高农民的技术素养和应用能力。例如，可以通过农业技术推广站、农业合作社等机构，开展农业技术培训班，教授农民无人机操作、物联网应用等技术，提高农民的技术素养和应用能力。

2）科技示范：通过科技示范项目，展示农业技术的应用效果，激发农民的学习兴趣和应用积极性。例如，可以在农业技术推广站、农业合作社等机构，开展农业技术示范项目，展示无人机、自动化设备等技术在农田管理、作物生产中的应用效果，激发农民的学习兴趣和应用积极性。

3）科技服务：提供农业技术咨询和服务，帮助农民解决技术应用中的问题。例如，可以建立农业技术服务平台，提供无人机操作、物联网应用等技术咨询和服务，帮助农民解决技术应用中的问题，提高农民的技术素养和应用能力。

第三节　农业物联网关键技术

一、传感器技术

农业物联网作为现代智慧农业的重要组成部分，通过高新技术的融合应用，实现了农业生产的精准化管理和智能化操作。传感器技术在农业物联网中扮演着至关重要的角色，它是连接物理世界与数字世界的桥梁，能够实时监测和采集农业生产中的各种关键数据。

（一）传感器技术的优势

传感器技术的优势主要体现在以下几个方面。

精度：现代传感器技术能够提供极高的测量精度，这对于精准农业而言至关重要。例如，土壤湿度传感器能够精确监测土壤水分含量，为灌溉提供决策支持。

稳定性：传感器在恶劣的农业环境下需要长时间稳定运行，现代传感器具有良好的环境适应性和稳定性，能够保证数据的连续性和可靠性。

耐用性：农业生产环境复杂多变，传感器需要具备良好的耐用性才能在高温、高湿、高腐蚀等环境中长期工作。

成本效益：随着技术的进步，传感器的成本正在降低，而功能却在不断增强，使得农业物联网技术的应用更具成本效益。

（二）传感器技术的应用

传感器技术在农业物联网中的应用十分广泛，包括但不限于以下几个方面。

土壤监测：通过土壤传感器监测土壤温度、湿度、pH 值、电导率等参数，为农作物的种植提供科学依据。

作物生长监测：利用植物生长监测传感器，可以实时跟踪作物的生长状态，如叶绿素含量、茎干直径、叶面积指数等。

环境监测：环境传感器能够监测空气温度、湿度、光照强度、CO_2 浓度等，为作物生长提供适宜的环境条件。

病虫害预警：通过病虫害监测传感器，可以及时发现并预防病虫害的发生，减少农药的使用，实现绿色防控。

（三）传感器技术的挑战及发展方向

尽管传感器技术在农业物联网中具有显著优势，但仍面临一些能耗问题：传感器通常需要长期在田间工作，如何降低能耗、延长电池寿命是一个需要解决的问题。

数据处理与分析：大量的传感器数据需要有效的处理与分析方法，以提取有用信息并为决策提供支持。

网络连接与兼容性：在农业物联网中，传感器需要与其他设备和系统无缝连接，这要求传感器具备良好的网络连接能力和兼容性。

未来，传感器技术将继续向着低功耗、高性能、多功能和网络化的方向发展。同时，与人工智能、云计算等技术的结合，将使得传感器技术在农业物联网中发挥更加重要的作用，为实现智慧农业和可持续发展贡献力量。

二、无线通信技术

随着科技的飞速发展，无线通信技术在现代社会中扮演着越来越重要的角色。它不仅是连接传感器和数据处理中心的纽带，更是信息化时代的催化剂，极大地推动了人类社会的进步和发展。本文将深入探讨无线通信技术的种类、优势、应用场景以及未来的发展趋势，全方位解读这项技术如何改变我们的生活和工作。

（一）无线通信技术的种类

无线通信技术按照其工作范围可以大致分为两类：短距离通信技术和长距离通信技术。短距离通信技术包括蓝牙、ZigBee、NFC（近场通信）等，而长距离通信技术则包括 Wi-Fi、4G/5G 网络、卫星通信等。

1. 短距离通信技术

蓝牙技术是最常见的短距离无线通信技术之一。它以低功耗、低成本和易于使用的特点被广泛应用于各种电子设备中，如智能手机、耳机、手表等。ZigBee 则以其低功耗、低数据传输速率和长距离传输的特点，在智能家居、工业控制等领域中有着广泛的应用。

2. 长距离通信技术

Wi-Fi 技术几乎无人不知，无人不晓，它为用户提供了方便快捷的网络连接方式，极大地满足了用户对于高速互联网的需求。4G/5G 网络是移动通信技术的新一代标准，它们不仅提供了更高的数据传输速率，而且具有更低的延迟和更强的网络容量。卫星通信则能够实现全球范围内的通信覆盖，对于偏远地区和海洋等无法铺设有线网络的地方尤为重要。

（二）无线通信技术的优势

无线通信技术的优势是多方面的。首先，它提供了极大的灵活性和便利性。用户可以在没有物理连接的情况下实现设备间的通信，这极大地提高了移动性和使用的舒适度。其次，无线通信技术的部署成本相对较低，特别是在难以布线的地区，无线技术几乎是唯一可行的解决方案。此外，无线通信技术还能够实现快速部署和扩展，为用户提供即时的网络接入能力。

（三）无线通信技术的应用场景

无线通信技术的应用场景极其广泛。在生活领域，智能家居系统通过蓝牙、ZigBee等技术实现家电的智能控制，为用户带来了更加便捷舒适的生活体验。在医疗健康领域，无线通信技术使得远程医疗和健康监测成为可能，为患者提供了更好的服务和关怀。在工业制造领域，无线传感器网络的应用极大地提升了生产效率和安全性。在交通管理领域，无线通信技术的应用有助于实现智能交通系统，提高道路的运输效率和安全性。

（四）无线通信技术的未来发展趋势

随着物联网技术的发展，未来的无线通信技术将更加重视能源效率和网络的智能化。低功耗广域网（LPWAN）技术将在连接大量低功耗设备方面发挥重要作用。5G网络和未来的 6G 网络预计将为用户带来更高速度、更低延迟和更广覆盖的通信服务。此外，随着人工智能（AI）的融合，未来的无线通信网络将能够实现自我优化和自我修复，提供更加稳定可靠的服务。

无线通信技术是当今世界不可或缺的一部分，它不断地推动着社会的发展和进步。从短距离的蓝牙、ZigBee 到长距离的 4G/5G 网络和卫星通信，无线技术的每一次进步都在为我们带来更加便捷、高效的通信体验。未来，随着新技术的不断涌现，无线通信技术将在更多的领域展现其独特的魅力，继续为人类社会的发展贡献自己的力量。

三、数据处理与分析技术

在现代农业发展的宏伟蓝图中，数据处理与分析技术无疑成为了支撑这一进程的重要柱石。随着物联网技术的飞速发展与广泛应用，农业物联网便携着创新的使命，如一股不可阻挡的力量，推动着农业逐渐迈向智能化、精准化的新时代。在这场由数据驱动的革新中，数据处理与分析技术的作用尤为关键，它直接关系到农业生产的效率和质量，成为提升农业竞争力和实现可持续发展的核心。

为了充分阐释数据处理与分析技术在现代农业中的重要性及其带来的诸多优势，我们将从以下几个方面进行深入探讨。

首先，数据清洗技术作为确保数据质量的重要步骤，在农业物联网中占据着基础且不可忽视的地位。在众多农业传感器和设备的帮助下，我们能够从土壤、作物、气象等多个维度收集到大量原始数据。然而，这些数据往往掺杂了噪声、错误或不一致性，影响了数据的真实性和可用性数据清洗，我们能有效清除这些杂质，剔除异常值，纠正错误，从而为后续的数据分析奠定坚实的基础，确保决策的准确性和可靠性。

紧随其后的是数据整合技术，它是实现数据价值最大化，构建全面数据视图的基石。农业物联网中涉及的数据源极为复杂多变，我们需要一个强大的数据整合系统，将这些分散的、格式各异的数据汇聚在一起，形成一个统一的、标准化的数据模型。这不仅有助于实现信息的全面共享，还能够提供更加全面细致的数据支持，为农业生产的各个环节提供精确的决策依据。

在数据整合的基础之上，模式识别技术的应用则进一步挖掘了数据背后深层次的规律和联系。通过对海量历史数据的分析，可以识别出作物生长的规律、疾病的发生模式，以及气候变化的趋势等关键信息。这些信息对于预测和规划农业生产具有重要意义。例如，农业生产者可以根据气候模式预测来年的降雨和温度变化，据此制定更为科学合理的种，以适应不断变化的自然环境。

最终，机器学习技术的运用，使得农业物联网的智能化水平得以大幅提升。考虑到农业生产的复杂性和多变性，机器学习技术能够从大数据中提取决策规则，自动化地为农业生产提供科学的指导。利用机器学习算法，我们不仅能够精准预测作物病虫害的发生，还能够优化水肥管理，实现精准农业的目标，以此来节约资源、提高产量。

综合上述分析，我们不难发现数据处理与分析技术为农业物联网带来的优势是多方面的。这些技术的应用不仅能大幅提升农业生产的效率，降低生产成本，还能够提升作物的质量和产量，增强农业的可持续性和环境友好性。展望未来，随着技术的不断创新与深化应用，数据处理与分析技术将在促进农业物联网智能化的道路上发挥更加重要的作用，为实现农业现代化贡献更大的力量。

第四节　农业物联网在农业生产中的应用

农业物联网是指通过传感器、通信网络、大数据分析等技术，将农业生产要素进行数字化、网络化和智能化管理的一种现代农业模式。农业物联网的核心在于通过实时数据采集和分析，为农民提供科学的决策支持，从而提高农业生产效率和产量。随着全球人口的不断增长，粮食需求日益增加，传统农业生产方式面临着资源浪费、环境污染、生产效率低下等诸多挑战。在此背景下，农业物联网技术作为一种全新的解决方案，展现出了巨大的潜力。

农业生产过程中，农民不仅需要应对气候变化、病虫害、土壤劣化等自然环境的挑战，还需面对劳动力短缺、生产成本上升等经济压力。物联网技术通过精准监测和智能控制，可以有效应对这些挑战。例如，通过土壤湿度传感器和气象站数据，农民可以实时掌握田间环境，合理安排灌溉和施肥；通过智能温室系统，农民可以控制温度、湿度和光照，提高作物生长环境的稳定性；在畜牧养殖中，物联网技术可以监测动物健康状况，优化饲养管理。

本书旨在探讨农业物联网在精准农业、智能温室和畜牧养殖中的具体应用。具体而言，研究将分析物联网技术如何在这些领域中提高农业生产效率和产量。通过对不同应用场景的详细探讨，研究还将揭示物联网技术在农业生产中的潜在优势和挑战，为未来的技术推广和应用提供参考。

一、精准农业

（一）精准农业概述

精准农业是一种利用先进的技术和信息管理系统，根据农田的不同地理位置、土壤状况、作物需求等因素，精确施肥、灌溉、植保等农业生产活动的方法。其基本原理是通过精确的数据收集和分析，实现对农田的精准管理，从而提高农业生产效率、降低成本、减少对环境的影响。

精准农业的关键技术包括全球定位系统（GPS）、地理信息系统（GIS）、遥感技术、无人机等，通过这些技术可以实时监测农田的状况，精确测量土壤养分含量、作物生长情况等数据，为农业生产提供科学依据。同时，精准农业还可以通过智能化设备和自动化系统实现对农业操作的精准控制，提高生产效率和质量。

总的来说，精准农业致力于实现农业生产的精准化、高效化和可持续发展，为农业生产提供科学、可持续的解决方案。

1. 精准农业的发展历程和现状

精准农业，也称为精准农作，是一种利用信息技术和数据分析来优化农业生产的管理方法。它强调在正确的时间、正确的地点，对作物和土壤进行正确的管理，以提高产量、优化资源利用，并减少对环境的影响。

精准农业的发展可以追溯到 20 世纪 80 年代，经历了从概念提出到技术应用和推广的几个阶段见表 2-1 所示。

表 2-1 精准农业发展历程

阶段	时间跨度	主要特点	关键技术	应用
萌芽阶段	20 世纪 80 年代——90 年代初	概念提出和初步技术探索	全球定位系统（GPS）、地理信息系统（GIS）	精确定位、农田数据管理与分析（土壤肥力图、产量图）
发展阶段	20 世纪 90 年代中期——21 世纪初	关键技术的突破和应用	传感器技术、遥感技术（RS）、变量作业技术（VRT）	产量监测、土壤养分监测、病虫害监测
成熟阶段	21 世纪初至今	技术的集成和应用的普及	物联网、云计算、大数据、人工智能	智能化、自动化精准农业，应用范围扩展至设施农业、畜牧业、水产养殖等领域

（1）全球发展现状

全球范围内，精准农业技术和应用发展迅速，尤其在欧美发达国家和一些发展中国家。

美国、加拿大、巴西等农业大国在精准农业领域处于领先地位，拥有成熟的技术体系和广泛的应用基础。

欧洲国家在精准农业政策、标准制定等方面走在前列，推动了精准农业的可持续发展。

（2）中国发展现状

中国政府高度重视精准农业发展，将其列入国家战略性新兴产业发展规划，并出台了一系列扶持政策。

中国精准农业起步较晚，但发展迅速，已初步形成了涵盖技术研发、装备制造、应用推广的完整产业链。

遥感监测、无人机植保、变量施肥等技术已在部分地区得到推广应用，取得了良好的经济效益和生态效益。

2. 精准农业的应用案例

（1）基于无人机的精准植保

利用无人机搭载多光谱相机或高光谱相机对农田进行遥感监测，获取作物生长信息。通过数据分析，识别病虫害、杂草等问题，并生成精准的喷洒方案。利用无人机进行变量喷洒，实现对症下药，减少农药使用量，降低环境污染。

（2）基于传感器的精准灌溉

在土壤中安装传感器，实时监测土壤水分、温度、盐度等指标。根据作物需水规律和土壤墒情，自动调整灌溉时间和灌溉量。实现水肥一体化管理，提高水肥利用效率，减少水资源浪费。

（3）基于大数据的精准施肥

收集土壤养分、作物长势、气象环境等数据，建立作物生长模型。根据作物生长需求和土壤养分状况，制定精准的施肥方案。实现变量施肥，提高肥料利用率，减少肥料投入成本。

3. 精准农业的未来发展趋势

智能化：人工智能、机器学习等技术将进一步应用于精准农业，实现农业生产的智能决策和自动控制。

数据化：农业大数据平台将得到发展，实现农业数据的互联互通和共享共用，为精准农业提供数据支撑。

生态化：精准农业将更加注重资源节约和环境保护，发展绿色、低碳、可持续的农业生产方式。

（二）精准农业中的物联网技术

1. 传感器网络

精准农业的核心是利用技术手段获取和分析数据，从而针对性地优化农业生产的各个环节。物联网技术，特别是传感器网络，在精准农业中扮演着至关重要的角色，为农业决策提供数据支持。

以下是几种常见的传感器网络及其在精准农业中的应用：

（1）土壤传感器应用与功能

土壤传感器在现代农业中扮演着至关重要的角色，其主要功能是监测土壤的湿度、温度、pH 值以及养分含量（如氮、磷、钾）等关键参数。首先，在精准灌溉方面，土壤传感器能够通过监测土壤湿度数据，实时提供土壤的含水量信息。农民可以根据这些数据调整灌溉时间和水量，避免过度灌溉或缺水现象的发生，从而节约水资源并提高作物的产量。例如，当土壤湿度低于设定阈值时，系统会自动开启灌溉；当湿度达到要求时，系统则会停止灌溉。

其次，在精准施肥方面，土壤传感器可以监测土壤中的养分含量，包括氮、磷、钾等关键元素。根据传感器提供的养分含量数据，农民能够制定精准的施肥方案，按需供应作物所需的养分，避免肥料的浪费和环境污染。这不仅提高了作物的营养吸收效率，还减少了化肥的使用量，对环境更加友好。

最后，土壤健康监测也是土壤传感器的重要应用之一。土壤传感器可以长期监测土壤参数的变化，提供持续的土壤健康状况数据。通过长期数据积累和分析，农民可以全面了解土壤的健康状况，及时发现问题并采取改进措施。例如，当传感器检测到土壤 pH 值过高或过低时，可以及时调整土壤酸碱度，提高土壤质量，保障作物的健康生长。

综上所述，土壤传感器的应用不仅提升了农业生产的效率和精确度，还为可持续农业发展提供了坚实的技术支持。通过实时监测和数据分析，农民能够更加科学地管理土壤和水资源，实现高效生产和环境保护的双重目标。

（2）气象传感器的应用与功能

气象传感器在农业中发挥着重要作用，其主要功能是监测气温、湿度、光照强度、降雨量、风速和风向等气象参数。这些传感器的数据对农业生产管理有着广泛的应用。首先，在病虫害预警方面，气象传感器能够结合气象数据和作物生长模型，预测病虫害的发生概率。通过提前采取预防措施，农民可以有效减少病虫害对作物的损失。其次，在精准喷洒方面，气象传感器提供的风速和风向数据可以帮助农民调整农药喷洒的方向和剂量，从而提高喷洒效率，减少农药使用量和环境污染。此外，气象传感器在灾害预警中也发挥着关键作用。通过监测极端天气事件，如暴雨、冰雹和干旱等，气象传感器能够及时向农民发出预警信息，帮助农民采取必要的应对措施，减少自然灾害对农业生产的影响。

总体而言，气象传感器的应用不仅提高了农业生产的精确度和效率，还为农民提供了重要的预警信息，帮助他们更好地应对各种农业生产中的挑战。这些传感器的数据使得农业管理更加科学和智能，为实现可持续农业发展提供了有力支持。

（3）作物健康监测传感器的应用与功能

作物健康监测传感器在现代农业中扮演着重要角色，其主要功能包括利用图像识别和光谱分析等技术,监测作物的生长状况、叶绿素含量以及病虫害感染情况。这些功能使得农民能够更精确地管理农作物,优化生产流程。

首先,在生长监测方面,作物健康监测传感器能够实时监测作物的生长情况,及时发现生长异常,例如营养不良或病虫害侵染。通过这些传感器的数据,农民可以迅速采取针对性措施,例如调整施肥方案或进行病虫害防治,从而保障作物健康生长。

其次,作物健康监测传感器在产量预测中也发挥着关键作用。通过收集作物的生长数据,这些传感器可以建立产量预测模型,帮助农民预估作物的产量。这一功能使得农民能够更好地制定销售计划,提高市场竞争力,减少因产量不确定带来的经济损失。

此外,作物健康监测传感器还能够利用图像识别技术,自动识别作物的病虫害种类和感染程度。这一功能可以指导农民精准施药,减少农药的使用量,从而降低环境污染和生产成本。例如,当传感器检测到作物叶片上的病斑时,可以识别出具体的病虫害种类,并提供相应的防治建议。

(4)传感器网络带来的优势

传感器网络在现代农业中发挥着重要作用,带来了诸多优势。首先,它能够实时采集农业生产中的各种数据,比如土壤湿度、气象条件和作物健康状况等。这些数据帮助农民及时掌握生产情况,做出科学的管理决策。举例来说,当土壤湿度传感器检测到土壤水分不足时,农民可以立即进行灌溉,避免作物因为缺水而减产。

其次,传感器网络提供的精准数据使得农民在灌溉、施肥和喷药等操作中更加科学,从而提高了资源利用效率,降低了生产成本。这种精准管理方式不仅优化了作物的生长条件,还显著提高了产量。通过分析土壤和气象传感器的数据,农民可以确定最佳的施肥时间和施肥量,避免过度施肥或不足施肥,进一步优化农业生产流程。

此外,传感器网络支持的精准农业技术显著减少了水资源、肥料和农药的使用,降低了农业生产对环境的负面影响。例如,利用土壤传感器的数据,农民可以合理安排灌溉时间和水量,避免浪费水资源。而作物健康监测传感器能够精确识别病虫害的位置和程度,指导农民精准施药,减少农药使用量,降低环境污染。精准施肥技术的应用也有助于防止化肥过量使用,保护土壤和水体环境。

总体而言,传感器网络在农业中的应用,通过实时数据采集、提高生产效率和改善环境质量,为现代农业的发展提供了强有力的技术支持。这些技术不仅让农业生产更加科学和环保,也实现了高效和可持续的发展目标。

(5)未来发展趋势

未来农业的发展趋势主要体现在传感器技术的不断进步和数据分析能力的提升两个方面。

首先,传感器技术将会不断发展,未来会有更多种类、更高精度、更低成本的传感器问世。这些先进的传感器将为精准农业提供更加丰富和详细的数据支持。例如，未来可能会出现能够检测更多种类土壤养分的传感器，或是更加灵敏的气象传感器，这些都将大大提升农业数据的准确性和全面性，帮助农民更好地了解和管理农田情况。

其次，数据分析能力的不断提升也将对农业产生深远影响。人工智能和大数据技术将被广泛应用于农业数据分析领域，这将带来快速发展的农业数据处理能力和智能化管理水平。通过对大量农业数据进行深入分析，人工智能可以帮助农民预测作物生长趋势、识别病虫害、优化资源分配等，从而提高生产效率、降低生产成本。此外，智能数据分析还能够为农民提供个性化的农业管理建议，进一步推动精准农业的发展。

总体来看，传感器技术和数据分析能力的进步将为农业生产带来革命性的变化。这些技术不仅能够提高生产效率，降低生产成本，还能改善环境质量，促进农业的可持续发展。未来，随着科技的不断进步，农业将变得更加智能化和高效化，为全球粮食安全和环境保护做出更大贡献。

2．无线通信技术

技术：Zigbee、LoRa、NB-IoT 这三种都是低功耗广域网（LPWAN）技术，适用于物联网（IoT）应用。它们各有优缺点，选择哪种技术取决于具体应用场景的需求，见表 2-2 所示。

表 2-2　Zigbee、LoRa、NB-IoT 优缺点

特性	Zigbee	LoRa	NB-IoT
频率范围	2.4 GHz，868 MHz，915 MHz	Sub-GHz（433 MHz，868 MHz，915 MHz）	授权蜂窝频段
数据速率	250 kbps（2.4 GHz），40 kbps（915 MHz）	0.3-50 kbps	上行：最高达 250 kbps，下行：最高达 20 kbps
覆盖范围	室内：最高达 100 m，室外：最高达 1 km	城市：最高达 15 km，农村：最高达 50 km	城市：最高达 10 km
功耗	低	极低	低
成本	低	中低	中高
安全性	128 位 AES 加密	AES-128 加密	继承蜂窝网络的高安全性
网络拓扑	网状，星形，树形	星形	蜂窝
应用场景	家庭自动化，智能照明，工业监控	智能农业，智能城市，资产跟踪	智能计量，环境监测，工业自动化

（1）Zigbee

Zigbee 是一种常用于物联网和传感器网络的无线通信技术，具有诸多优点。首先，Zigbee 技术成熟，拥有庞大的生态系统和丰富的应用案例，可靠性高。其次，Zigbee 设备的功耗非常低，因此电池寿命长，适合长时间运行的应用场景。此外，Zigbee 支持网状网络拓扑结构，设备间可以自组织和数据中继，从而扩大网络覆盖范围，提

高网络的灵活性和可靠性。再者，Zigbee 的数据传输速率适中，适用于传输少量数据的应用，如传感器数据和控制命令的传输。

然而，Zigbee 也存在一些缺点。首先，其通信距离较短，一般在 10～100 m 之间，覆盖范围有限，可能需要中继设备来扩展覆盖范围。其次，尽管 Zigbee 网络最多可以支持 65 000 个节点，但在实际应用中，网络规模通常受限于网络管理和性能问题。最后，Zigbee 的传输速率相对较低，不适用于需要传输大量数据的应用，如视频流和大文件传输。因此，尽管 Zigbee 在低功耗和中小规模网络中具有优势，但在需要长距离、大规模或高传输速率的应用中，其表现可能受到限制。

典型应用：Zigbee 技术作为一种低功耗、近距离无线通信协议，在智能家居、工业自动化和智能农业等领域得到了广泛的应用。

在智能家居方面，通过 Zigbee 技术，可以实现灯泡、插座和传感器等设备之间的智能互联，实现远程控制和自动化操作。用户可以通过手机或者智能终端对家中的设备进行监控和控制，实现智能化的家居体验。例如，飞利浦的 Hue 智能灯泡系统就采用了 Zigbee 技术，通过手机应用，用户可以远程控制灯光的开关、亮度和颜色，营造出不同的家庭氛围。

在工业自动化领域，Zigbee 技术可以用于传感器数据采集和设备控制。通过部署 Zigbee 传感器网络，可以实现对工业生产环境的实时监测和数据采集，帮助企业实现生产过程的智能化管理。同时，Zigbee 技术也可以用于设备之间的无线通信和控制，提高工业生产效率和安全性。例如，西门子在其工业自动化解决方案中应用了 Zigbee 技术，通过无线传感器网络，实时监测设备运行状态和环境参数，提高了生产线的自动化水平和运行效率。

在智能农业方面，Zigbee 技术可被应用于环境监测和灌溉控制。农民可以通过部署 Zigbee 传感器网络，实时监测土壤湿度、温度和光照等环境参数，帮助农作物的生长和生产。同时，通过 Zigbee 技术实现灌溉系统的智能化控制，可以根据土壤湿度和作物需水量进行精准的灌溉，提高农业生产效率和节约水资源。例如，AgriHouse 公司开发的智能农业系统中，使用了 Zigbee 传感器来监测土壤和环境条件，并根据监测结果自动调节灌溉系统，实现了精准农业的目标。

（2）LoRa

LoRa 是一种低功耗、广域网通信技术，广泛应用于物联网领域，具有许多优点和一些缺点。首先，LoRa 的主要优点在于其超远距离通信能力，能够实现数公里甚至数十公里的通信，适用于大范围的覆盖需求。此外，LoRa 设备的功耗非常低，电池寿命可以达到数年，适合长时间运行的应用场景。LoRa 还支持星型网络拓扑，易于部署和管理，适合广域覆盖的应用。同时，LoRa 设备和网络部署的成本相对较低，适合大规模应用。

然而，LoRa 也存在一些缺点。其数据传输速率较低，仅适用于传输少量数据的应用，不适合高数据量的传输需求。此外，LoRa 不支持实时双向通信，只适用于单向数据传输或低频率的双向通信，无法满足需要即时反馈的应用场景。最后，LoRa 的抗干扰能力相对较弱，在干扰较多的环境中性能可能受到影响。因此，尽管 LoRa 在远距离、低功耗和低成本的应用场景中表现出色，但在数据传输速率和实时通信方面存在局限。

LoRa 的典型应用：LoRa 技术作为一种低功耗广域网络（LPWAN）的代表，在现代物联网应用中发挥着重要作用。其远程数据传输能力和低功耗特性，使其在多个领域得到了广泛应用和认可。

首先，远程抄表是 LoRa 技术最典型的应用之一。通过在水表、电表和气表等设备中嵌入 LoRa 模块，能够实现实时、精准的数据采集和传输，避免了人工抄表的繁琐和误差，提高了效率和准确性。例如，法国的恩吉（Engie）集团已经在多个城市部署了 LoRaWAN 网络，用于智能抄表，实现了远程读取用户用水、用电等数据，极大地提高了管理效率。

其次，在环境监测领域，LoRa 技术同样展现出其强大的优势。无论是空气质量监测，还是水质监测，LoRa 传感器都能够长时间稳定运行，并将数据传输到云端进行分析处理，为环境保护和治理提供了科学依据。比如，印度浦那市利用 LoRa 技术建立了一个大气质量监测网络，实时监测和分析空气中的污染物浓度，为城市环境管理提供了重要的数据支持。

此外，资产跟踪也是 LoRa 技术的重要应用场景之一。在货物跟踪和车辆定位中，LoRa 设备通过其广域覆盖和低功耗特性，能够实现对货物和车辆的实时监控和位置追踪，确保物流运输的安全和高效。例如，荷兰的 KPN 公司利用 LoRa 技术为荷兰皇家邮政（PostNL）提供包裹跟踪服务，客户可以实时查询包裹的位置和状态，提高了客户满意度和物流效率。

（3）NB-IoT

NB-IoT 是一种基于蜂窝网络的低功耗广域网通信技术，广泛应用于物联网领域，具有许多优点和一些缺点。首先，NB-IoT 的主要优点在于其基于蜂窝网络的特性，覆盖范围广，信号穿透力强，能够在室内和地下等信号较弱的区域提供良好的通信服务。此外，NB-IoT 设备的功耗非常低，电池寿命可以达到数年，适合长时间运行的应用场景。NB-IoT 还支持双向通信，可以实现实时数据传输，满足需要即时反馈的应用需求。其安全性也非常高，采用 SIM 卡认证和数据加密，确保通信过程中的数据安全。

然而，NB-IoT 也存在一些缺点。其数据传输速率相对较低，不适用于需要传输大量数据的应用。此外，尽管 NB-IoT 的网络覆盖范围广，但其设备和网络部署的成本相对较高，可能对某些应用场景的经济性造成影响。最后，NB-IoT 对移动设备的支持有限，主要适用于固定或低速移动的物联网设备。因此，尽管 NB-IoT 在覆盖范围、低功耗和安全性方面表现出色，但在数据传输速率和成本方面存在局限。

NB-IoT 的典型应用：窄带物联网（NB-IoT）作为一种新兴的低功耗广域网技术，正在快速拓展其应用领域，主要是在远程抄表、环境监测和资产跟踪等方面。

NB-IoT 技术在远程抄表、环境监测和资产跟踪等方面展现了广泛的应用前景。在远程抄表方面，中国移动在浙江省宁波市部署了 NB-IoT 智能水表项目。传统的人工抄表方式耗时耗力且容易出错，而通过 NB-IoT 技术，水表的数据可以通过内置的 NB-IoT 通信模块实时传输到数据中心，数据中心接收并处理这些数据，从而实现抄表的自动化和智能化。具体数据表明，宁波市的水表抄读率提高了 95%以上，抄表错误率几乎为零，运维成本显著降低。

在环境监测方面，德国 Fraunhofer 研究所利用 NB-IoT 技术建立了一个城市空气质量监测系统。该系统通过安装在城市各处的 NB-IoT 传感器实时收集空气污染物数据，如 PM2.5 和 CO_2 浓度，并通过 NB-IoT 网络上传至云端平台。管理人员可以通过数据分析及时了解环境变化情况，采取相应措施保障环境安全。这一系统能够在几分钟内完成数据上传和分析，极大提高了环境监测的效率，使得管理部门能够迅速应对空气污染问题。

在资产跟踪方面，意大利 TIM 公司与物流企业合作，利用 NB-IoT 技术为货物提供全程跟踪服务。货物上的 NB-IoT 设备通过蜂窝网络实时传输位置信息和状态信息，一旦出现异常情况，如货物丢失或运输延误，系统会及时报警。这一应用显著降低了货物丢失率，提高了物流运输的透明度和安全性。同时，深圳市交通运输局通过在公交车上安装 NB-IoT 设备，实现了对全市公交车的实时定位和调度管理，大幅提升了公共交通系统的运行效率。

总之，NB-IoT 技术通过其低功耗、广覆盖和高安全性的特点，有效提高了远程抄表、环境监测和资产跟踪等领域的工作效率和管理水平，并为更多物联网应用场景提供了技术支持。

3. 数据采集与分析

（1）数据采集与云计算平台在精准农业中的应用

在精准农业中，数据采集与云计算平台起着至关重要的作用。精准农业依赖于各种传感器和设备来采集海量数据，以确保作物的健康和高效生产。这些数据包括环境数据、作物数据和设备数据。通过传感器实时采集土壤湿度、温度、光照、降雨量等环境数据，农民可以了解田地的微气候条件，从而做出合理的灌溉和施肥决策。同时，采集作物的生长阶段、叶面积指数、产量等信息，帮助农民监控作物生长情况，预防病虫害，优化种植计划。此外，通过 GPS 和传感器采集农机的位置、作业状态、燃料消耗等数据，这些信息用于优化农机的使用，提高作业效率，降低运营成本。

云平台（如阿里云、腾讯云、AWS 等）为农业数据提供了安全、可靠、可扩展的存储和管理方案。农民可以将大量的数据上传到云平台，避免了本地存储设备的局限性和数据丢失的风险。云平台采用多层次的安全措施，确保数据在传输和存储过程中的安全性，同时提供高可用性的存储服务，保证数据的可靠访问和恢复能力。随着农业数据量的增加，云平台可以灵活扩展存储和计算资源，满足不断增长的数据处理需求。

此外，云平台的另一个重要功能是实现数据在不同利益相关者（如农民、农业专家、农资企业）之间的实时共享，促进协作。农业数据可以在农民、农业专家、农资企业之间共享，农民可以获得专家的建议，专家可以基于实时数据进行研究，农资企业可以优化产品和服务。云平台还提供协作工具，使不同利益相关者能够在同一个平台上进行沟通和合作。例如，农民可以与农业专家实时讨论作物的生长问题，农资企业可以根据农民的反馈调整产品供应链。

（2）大数据分析在精准农业中的应用

在精准农业中，大数据分析技术发挥着重要作用。通过对海量农业数据的深入分析，可以实现精准化管理、病虫害预警和产量预测等功能，大幅提升农业生产的效率和效益。通过对土壤和环境数据的分析，农民可以制定出精准的灌溉和施肥方案。例如，分析土壤湿度、温度和养分含量的数据，可以帮助农民确定最佳的灌溉时间和施肥量，从而提高资源利用率，减少浪费，并降低环境污染。这种精准化管理不仅有助于提高作物产量和质量，还能保护生态环境，实现可持续农业发展。

大数据分析还可以用于病虫害的早期预警。通过分析作物的生长数据和环境数据，农民可以及早发现病虫害的迹象。例如，通过分析叶片颜色变化、作物生长速度和气象条件，系统可以识别出可能的病虫害问题，并及时向农民发出预警。这样，农民可以迅速采取精准防治措施，减少病虫害带来的损失，提高作物的健康水平。

此外，通过对历史数据和实时数据的分析，还可以实现对作物产量的预测。利用大数据分析技术，农民可以结合气象数据、土壤数据和作物生长数据，建立产量预测模型。这些模型可以预测不同作物的产量，为农业生产规划和市场销售提供科学的决策依据。例如，根据预测结果，农民可以合理安排播种和收割时间，优化库存管理，最大限度地提高经济效益。

（3）人工智能算法在精准农业中的应用

人工智能算法在精准农业中的应用日益广泛，显著提升了农业生产的效率和效益。基于计算机视觉和深度学习技术，智能农业机器人成为现代农业的重要工具。这些机器人可以自动进行播种、除草、喷洒农药等作业，不仅提高了工作效率，还大幅降低了劳动成本。例如，智能机器人能够精准识别杂草，并进行定点除草，避免了对作物的损害。

智能决策支持系统是人工智能在农业中的另一重要应用。通过利用机器学习算法，这些系统可以结合气象数据、土壤数据和作物生长模型等，为农民提供个性化的种植建议和风险预警。例如，当预测到未来几天将有强降雨时，系统会建议农民提前做好排水准备，减少农作物的损失。这样的智能决策支持系统帮助农民做出更科学、更高效的农业管理决策，提升了整体生产效益。

在农作物病虫害识别方面，人工智能同样展现了强大的能力。基于图像识别和深度学习技术，系统可以快速识别农作物的病虫害类型，并提供相应的防治方案。例如，通过分析叶片的图像，系统能够准确判断病害类型，并建议农民采取合适的农药和防治措施。这样的技术不仅提高了病虫害防治的准确性，还减少了农药的滥用，保护了生态环境。

（三）遥感影像分析在精准农业中的应用

1. 实时监测

（1）遥感影像分析：精准农业的强大引擎

遥感影像分析技术作为精准农业的核心技术之一，正以其强大的实时监测和预警功能，为农业生产效率和质量的提升注入强劲动力。

在实时监测方面，遥感影像如同为农田装上了"千里眼"。通过多光谱和热红外影像，农作物的生长状况一览无余。农民可以清晰地了解农作物的健康状况、生长速度、叶面积指数等关键指标，以及这些指标在不同生长期的变化特征。基于这些信息，农民可以针对性地调整田间管理措施，例如精准施肥、合理灌溉等，真正做到"缺什么补什么"，避免资源浪费，实现节本增效。不仅如此，遥感技术还能监测土壤湿度和养分含量。高光谱成像技术能够实时获取土壤中的水分和各种养分的分布情况，为制订精准的灌溉和施肥计划提供科学依据，确保农作物始终处于最适宜的生长环境。

除了实时监测，遥感影像分析技术还扮演着农业生产"守护者"的角色，其强大的预警功能为农业生产保驾护航。首先，遥感影像能够及时发现农作物感染病虫害的蛛丝马迹，实现病虫害的早期预警。通过分析遥感影像中植被的光谱特征变化，可以识别出肉眼难以察觉的病虫害早期症状，从而为及时采取防治措施赢得宝贵时间，最大程度减少损失。其次，遥感技术还能对气候变化进行预警。通过对大气和地表的监测，农民可以提前了解干旱、洪涝、高温等气候异常变化，并做好相应的应对措施，例如调整播种时间、采取抗旱措施等，将气候变化对农业生产的不利影响降到最低。此外，遥感影像还能用于土壤劣化预警。通过长时间的影像监测，可以发现土壤有机质减少、盐碱化、土壤侵蚀等问题，提醒农民及时采取土壤改良措施，例如增施有机肥、种植绿肥等，防止土壤退化，维护土壤健康，实现农业可持续发展。

遥感技术的发展日新月异，不断推动着精准农业迈向更高水平。随着遥感影像分辨率和精度的不断提高，农民能够获取更加精细、准确的农田信息，为精准农业管理提供更强大的数据支撑。同时，数据分析处理速度的加快，使得遥感影像能够实时提供农业生产所需的信息，极大地提高了农业生产的效率和科学性。

综上所述，遥感影像分析技术在精准农业中的应用，不仅提升了农业生产的精度和效率，更重要的是，它为实现农业可持续发展提供了有力支持，为保障粮食安全、促进农业增效和农民增收开辟了广阔的前景。

（2）预警功能

在现代农业生产与环境监测领域，预警功能的开发与应用已成为一项至关重要的技术进步，它不仅能够为农业生产带来革命性的改变，也是环境保护与可持续发展的重要支撑。首先，病虫害预警系统通过对农作物生长环境和病虫害发生规律的深入研究，结合现代信息技术，对病虫害进行实时监控和数据分析。这些系统能够在病虫害发生之前提供预警信息，帮助农民采取及时的防治措施，减少农药的过量使用，保障农作物的健康生长，同时也有利于生态环境的保护。

其次，气候变化预警系统则是对地球气候系统长期变化趋势的监测与模型预测的产物。通过对全球气温、降水量、海平面、冰川融化等多种气候指标的长期观测，科学家们能够预测未来气候变化的趋势，为政府和指导农业生产，调整种植结构和种植方式，还能为城市规划、灾害防控等多个领域提供科学依据，尤其在应对极端气候事件（如洪水、干旱、热浪等）方面发挥关键作用。

最后，土壤劣化预警系统则专注于土壤健康状态的监测与评估。通过分析土壤的物理结构、化学成分以及生物活性等方面的指标，预警系统可以及时发现土壤酸化、盐渍化、重金属污染、有机质流失等土壤劣化现象。这些信息有助于农业生产者及时调整土壤管理策略，采取合理的施肥、灌溉、轮作和覆盖等措施，以维持土壤的生态平衡和肥力水平。对于城市规划和土地资源管理部门来说，土壤劣化预警信息同样不可或缺，它们是进行土地利用规划和制定土地利用政策的科学依据，对于防止土地沙化、荒漠化和土壤侵蚀等重大生态问题具有重要的指导意义。

（3）遥感技术的发展对农业生产的促进作用

遥感技术作为现代信息技术的重要分支，自诞生之日起便与农业生产紧密相连。随着科学技术的飞速发展，遥感技术在分辨率与精度上的大幅提升，以及数据分析处理速度的显著加快，为农业生产带来了革命性的促进作用。

提高的分辨率和精度，使得遥感技术能够更为精细地捕捉到地表的微小变化，对作物生长环境的监测更加敏锐和精确。这种高分辨率的遥感监测不仅可以实现对农田单元的精准识别，还能够详细反映作物生长的各个阶段。通过分析作物的长势，农业生产者可以及时了解作物是否健康生长进而迅速采取防治措施，减少损失。

同时，随着数据处理算法的不断优化和计算能力的提升，遥感数据的处理速度得到了极大的加快，实时性大幅提升。这意味着农业生产者能够在第一时间获取作物生长信息和环境变化情况，及时调整农业生产策略，如灌溉、施肥、病虫害控制等，以适应环境条件的变化，降低风险，提升农作物产量和品质。快速的数据处理也促进了精准农业的发展，通过精确的数据分析，农业生产变得更加科学化、精细化，从而大大提升了农业生产的效率和经济效益。

综上所述，遥感技术的发展不仅提高了农业监测的分辨率和精度，而且加快了数据分析处理的速度，为农业生产带来了深远影响。这些技术进步为精准农业打下了坚实的基础，推动了农业生产方式的现代化，随着遥感技术的不断创新和应用深度的增加，其在农业生产中的促进作用将会更加显著，未来的农业将更加智能化、高效化。

（四）案例分析

1. 中国精准农业应用案例

（1）中化农业的智慧农场

中化农业在中国多个地区建设了智慧农场，通过 NB-IoT 技术实现土壤湿度、温度、光照等环境数据的实时监测。农民可以通过手机 App 实时查看农田环境数据，并根据数据自动调节灌溉、施肥等农业操作，提高了农作物的产量和品质。通过精确的数据管理，减少了水资源浪费和化肥使用，提升了农业的可持续性。

（2）江苏盐城的大棚蔬菜种植

在江苏省盐城市的多家大棚蔬菜种植基地，采用 NB-IoT 传感器监测温室内的温度、湿度、光照强度等环境参数。系统根据监测数据自动调控大棚内的温度和湿度，并通过手机 App 向农户发送实时预警信息，指导农户进行精准管理，提高了蔬菜的产量和质量。

2. 国外精准农业应用案例

（1）美国的 Climate Corporation

Climate Corporation 是美国领先的农业科技公司之一，利用 NB-IoT 技术和大数据分析为农民提供精准农业服务。通过在农田中部署传感器，实时监测土壤湿度、温度、降雨量等数据，并结合气象数据进行分析，为农民提供种植建议，优化灌溉和施肥方案。该技术帮助农民提高了农作物产量，同时减少了资源浪费。

（2）荷兰的 Precision Agriculture 2.0

荷兰是世界上农业科技最先进的国家之一。荷兰的 Precision Agriculture 2.0 项目通过 NB-IoT 技术实现农田环境的全面监控。农场主可以通过智能手机或电脑实时查看农田的各项环境数据，并根据数据进行精准管理。该项目还利用无人机和卫星遥感技术对农田进行高精度监测，进一步提高了农业生产效率和环境保护水平。

3. 成功经验

（1）技术融合与创新

将 NB-IoT 技术与大数据、人工智能、无人机等先进技术相结合，实现农业生产的智能化和精细化管理，大幅提升了农业生产效率和资源利用率。

（2）数据驱动决策

通过实时监测和数据分析，农民能够基于科学数据进行决策，优化灌溉、施肥和病虫害防治方案，提高农作物的产量和质量。

（3）成本效益

通过精准农业技术的应用，农民能够显著减少水、肥料和农药的使用，降低生产成本，同时减少对环境的负面影响，推动农业的可持续发展。

4. 失败教训

（1）技术推广与接受度

尽管精准农业技术能够带来显著收益，但部分农民由于技术门槛和接受度问题，难以迅速采用和应用这些新技术。需要加强技术培训和推广，提升农民的技术接受度和应用能力。

（2）数据隐私与安全

在精准农业应用中，农田数据的采集和传输涉及数据隐私和安全问题。需要建立完善的数据保护机制，确保数据的安全性和农民的隐私权益。

（3）初期投资成本

精准农业技术的部署需要一定的初期投资，包括传感器、通信设备和数据分析平台等，对于一些小规模农户来说，初期投资成本较高。需要政府和相关机构提供支持和补贴，降低农民的初期投资压力。

总之，通过这些成功经验和教训，精准农业技术正在不断改进和完善，为全球农业的发展和变革提供了有力的支持。

二、智能温室

（一）智能温室概述

1. 智能温室的定义和特点

智能温室是指利用现代化技术手段，实现对温室内环境的自动监测、精准控制和智能管理，以期为作物创造最佳生长环境，提高产量和品质，并降低生产成本的现代化农业设施。

环境感知智能化：智能温室配备各种传感器，实时监测温度、湿度、光照、CO_2浓度、土壤水分、养分等环境参数，并将数据传输至控制系统。

调控决策智能化：基于收集的环境数据和作物生长模型，智能温室的控制系统能够自动调整通风、遮阳、灌溉、施肥等设备，实现对温室内环境的精准控制。

管理操作智能化：智能温室可以通过手机、电脑等终端设备远程操控，实现对温室环境的实时监控和远程管理，大大降低人工成本。

生产过程高效化：智能温室能够根据作物生长需求，精准调控环境参数，提高资源利用率，实现作物的高产、优质、高效生产。

生产方式生态化：智能温室可以减少农药和化肥的使用，降低农业生产对环境的污染，实现农业的可持续发展。

2. 智能温室的发展历史和现状

萌芽阶段（20世纪70年代以前）：这一阶段的温室主要依靠人工经验进行管理，自动化程度较低。

发展阶段（20世纪70至90年代）：随着传感器、计算机等技术的应用，温室开始出现自动化控制系统，能够实现对部分环境参数的自动调节。

快速发展阶段（20世纪90年代至今）：互联网、物联网、人工智能等新一代信息技术的快速发展，推动了智能温室的蓬勃发展。温室的智能化程度不断提高，环境感知更加精准，调控决策更加科学，管理操作更加便捷。

3. 智能温室的发展现状

应用范围不断扩大：智能温室已从最初的蔬菜、花卉种植，扩展到水果、药材、食用菌等多个领域。

技术水平不断提升：物联网、大数据、云计算、人工智能等新一代信息技术的应用，使得智能温室的环境感知更加精准、调控决策更加智能、管理操作更加便捷。

产业化进程不断加快：智能温室产业链逐步完善，涌现出一批专业的智能温室建设和运营企业，推动智能温室技术的推广和应用。

4. 智能温室的未来发展趋势

更加智能化：随着人工智能技术的不断发展，智能温室将更加智能化，能够根据作物生长状态和环境变化，自主学习和优化调控策略，实现无人化管理。

更加精准化：传感器技术和数据分析技术的进步，将使智能温室对环境参数的监测更加精准，实现对作物生长环境的精细化管理。

更加生态化：智能温室将更加注重节能减排和环境保护，通过精准控制水肥、减少农药使用等措施，实现农业的可持续发展。

更加集成化：智能温室将与其他农业技术，如植物工厂、垂直农业等深度融合，形成更加高效、生态的现代农业生产体系。

（二）智能温室中的物联网技术

随着农业技术的不断进步，智能温室作为现代农业的重要组成部分，正在迅速发展。物联网技术在智能温室中的应用，极大地提升了农作物的生产效率和质量。本文将探讨物联网技术在智能温室中的具体应用，主要包括传感器网络、自动控制系统以及数据采集与分析。

1. 应用技术

（1）感器网络

物联网技术的核心在于传感器网络，这些传感器能够实时监测温室内的各种环境参数。

（2）温度传感器

温度传感器能够实时监测温室内的温度变化，确保温度保持在适宜作物生长的范围内。当温度过高或过低时，系统自动触发相应的调控措施。

（3）湿度传感器

湿度传感器用于监测空气和土壤中的湿度水平。通过实时数据反馈，能够有效避免因湿度过高或过低导致的作物病害和生长问题。

（4）光照传感器

光照传感器记录温室内部的光照强度，以确保植物能够获得充足的光合作用所需的光线。当光照不足时，系统可以自动调节补光设备。

（5）CO_2浓度传感器

CO_2浓度传感器监测温室内的CO_2水平，确保其处于适宜植物光合作用的浓度范围内。过高或过低的CO_2浓度都可能对作物生长造成不利影响。

（6）自动控制系统

通过传感器网络收集的数据，自动控制系统能够实现对温室环境的精准调控。

（7）智能灌溉系统

智能灌溉系统根据湿度传感器的数据，自动调节灌溉量和时间，做到精准灌溉，节约水资源，提高水分利用率。

（8）智能通风系统

智能通风系统根据温度和湿度传感器的数据，自动调节温室的通风情况，确保空气流通，维持适宜的温湿度环境。

（9）智能遮阳系统

智能遮阳系统根据光照传感器的数据，自动调节遮阳网的开合，以控制进入温室的光照强度，防止强光灼伤植物或光照不足。

2. 数据采集与分析

物联网技术不仅可以实现实时监测和自动控制，还能通过数据采集与分析，为农业生产提供有力的决策支持。

（1）实时监测与反馈

传感器网络和自动控制系统共同作用，实现对温室环境的实时监测和反馈。通过实时调整，能够迅速应对环境变化，确保作物在最佳条件下生长。

（2）大数据分析与预测

通过对长时间内收集的数据进行大数据分析，可以发现温室环境与作物生长之间的规律和趋势。基于这些数据，系统可以进行预测，为种植者提供科学的种植建议，进一步提高产量和质量。

总之，物联网技术在智能温室中的应用，极大地提升了农业生产的智能化水平。通过传感器网络、自动控制系统以及数据采集与分析，智能温室能够实现高效、精准的环境控制，为作物提供最佳的生长条件。未来，随着技术的进一步发展，智能温室将会在农业生产中发挥更加重要的作用。

（三）智能温室的优势与挑战

1. 智能温室的优势与挑战

智能温室作为现代农业的一种重要发展方向，凭借其先进的技术和系统化的管理手段，正在逐渐改变传统农业的生产方式。智能温室不仅能够提高生产效率和产品质量，还能节约资源和减少环境污染。然而，智能温室的普及和推广也面临着技术和经济方面的挑战。本文将详细探讨智能温室的优势与挑战，并深入分析其具体的技术应用和未来发展方向。

2. 提高生产效率和质量

智能温室通过引入先进的自动化控制系统和数据分析技术，实现了对温室内部环境的精确调控。传统温室依赖人工管理，难以保证环境条件的稳定性和一致性，往往导致作物生长不均匀、质量参差不齐。而智能温室通过实时监测温度、湿度、光照、CO_2浓度等关键环境参数，能够根据作物的生长需求，自动调整灌溉、通风、遮阳等系统，从而为作物提供最优的生长环境。这不仅提高了作物的生长速度和产量，还显著提升了产品的质量和市场竞争力。

3. 节约资源和减少环境污染

智能温室在节约资源和减少环境污染方面表现尤为突出。传统农业中，水资源浪费和化肥、农药的过量使用是主要的环境问题。智能温室通过智能灌溉系统实现了精准灌溉，根据土壤湿度和作物生长阶段自动调节灌溉量，避免了水资源的浪费。同时，智能温室还可以通过大数据分析，精确计算作物所需的养分和药物，减少化肥和农药的使用量，从而降低环境污染。此外，智能温室的自动化控制系统还可以有效地管理能源消耗，通过智能遮阳系统和智能通风系统优化光照和空气流通，降低温室的能源消耗。

4. 面临的技术和经济挑战

尽管智能温室在提高生产效率、节约资源和减少环境污染方面具有显著的优势，但其推广和应用仍面临着诸多技术和经济挑战。

首先，智能温室需要高精度的传感器和复杂的自动控制系统。其中，CO_2浓度传感器作为监测温室内CO_2水平的关键设备，其精度和稳定性对作物的生长至关重要。然而，现有的CO_2浓度传感器在长时间使用过程中容易出现漂移和失准，影响监测数据的准确性。此外，传感器的高成本也是限制其广泛应用的一个重要因素。

其次，智能温室的自动控制系统包括智能灌溉系统、智能通风系统和智能遮阳系统等。这些系统的集成和协调运行需要复杂的算法和强大的计算能力。智能灌溉系统需要根据土壤湿度、天气预报等多种因素，实时调整灌溉方案；智能通风系统需要根据温室内外温度、湿度、风速等参数，自动调节通风口的开闭；智能遮阳系统则需要根据光照强度和作物需求，灵活调节遮阳帘的开合。这些系统的高效运行离不开先进的传感技术和精确的控制算法，而传统农业从业者在技术水平和操作经验方面可能存在不足，增加了智能温室的推广难度。

智能温室的另一个重要组成部分是数据采集与分析。通过实时监测与反馈系统，智能温室可以对作物的生长环境进行全方位、多维度的监控。这些数据不仅可以用于即时调整环境参数，还能通过大数据分析和预测，为长期生产规划提供科学依据。然而，数据的采集、传输和处理需要高效、稳定的网络支持和强大的计算能力，尤其是在大规模温室群体中，数据量巨大，对网络和计算资源的要求更高。同时，大数据分析和预测模型的建立也需要大量的历史数据和专业知识，增加了技术难度。

最后，经济成本也是智能温室推广面临的一个重要挑战。智能温室的建设和维护需要投入大量资金，包括传感器、控制系统、数据分析平台等设备和技术的采购，以及专业技术人员的培训和聘用。这对于资金有限的中小型农业企业和个体农户来说，无疑是一个巨大的经济负担。尽管智能温室在长期运行中可以通过提高产量和质量、节约资源等方式实现收益，但高昂的初始投入仍然是限制其普及的重要因素。

综上所述，智能温室在提高生产效率和质量、节约资源和减少环境污染方面具有显著优势，但其推广和应用仍面临着技术和经济方面的挑战。未来，随着传感技术、自动控制技术和数据分析技术的不断进步，智能温室的性能和可靠性将进一步提升。同时，通过政府政策扶持、技术培训和示范推广等措施，可以有效降低智能温室的建设和运营成本，促进其在更广范围内的应用。智能温室作为现代农业的重要发展方向，必将在未来农业生产中发挥越来越重要的作用。

（四）案例分析

1. 中国智能温室应用案例

（1）北京大兴区智能温室案例分析

北京大兴区的高科技智能温室利用物联网传感器网络，实时监测温室内的环境参数，如温度、湿度、光照和 CO_2 浓度。这些传感器收集的数据被传输到中央控制系统，该系统根据数据自动调节温室内的环境条件，如开启或关闭通风口、加热系统、灌溉系统等，以确保植物生长在最佳环境下。此外，智能温室还结合了大数据分析和人工智能技术，通过分析历史种植数据，为农民提供精准的种植建议。

智能温室的核心技术主要包括物联网传感器网络、自动控制系统和智能灌溉系统。温室内部署了温度传感器，实时监测温度变化，并将数据传输至中央控制系统。当温度降至 15 ℃以下时，系统自动启动加热器，将温度维持在 20 ℃左右。湿度传感器监测空气和土壤中的湿度水平，例如，当土壤湿度低于 30%时，系统自动开启灌溉，直到湿度达到 45%。光照传感器监测温室内的光照强度，当光照低于 3 000 lux 时，系统自动启动补光设备，确保植物进行正常的光合作用。CO_2 浓度传感器监测温室内的 CO_2 浓度，当浓度低于 350 ppm 时，系统启动 CO_2 补充设备，将 CO_2 水平维持在 400～600 ppm。系统通过实时收集和分析传感器数据，自动调节温室内的环境条件，例如，当温度超出设定范围时，系统自动调节加热或制冷设备，使温度波动减少了 20%。系统根据湿度传感器的数据，精确控制灌溉频率和量，节约了约 30% 的水资源。根据温湿度数据，系统自动开启或关闭通风口，确保空气流通，从而减少病害发生率并提高作物产量。智能灌溉系统根据湿度传感器的数据，自动调节灌溉时间和水量，实现精准灌溉。数据显示，智能灌溉系统有效降低了用水量，并提高了水分利用率，灌溉水量减少了 25%。

大兴区智能温室结合大数据分析和人工智能技术，通过收集和分析历史种植数据，为农民提供精准的种植建议。数据显示，该智能系统有效提高了作物产量和质量。温度调控方面，温室内温度波动范围减小了 20%，温度控制在 18 ℃～25 ℃之间；湿度管理方面，土壤湿度保持在 40%～60% 之间，灌溉水量减少了 25%；光照补充方面，光照强度保持在 3 000～5 000 lux 之间，植物光合作用效率提高了 15%；CO_2 浓度管理方面，CO_2 浓度维持在 400～600 ppm 范围内，植物生长速度加快了 10%。通过这些技术的应用，北京大兴区智能温室不仅提高了作物产量和质量，还显著节约了资源，提升了农业生产的效率和可持续性。这一案例为现代农业的智能化发展提供了宝贵的实践经验和技术参考。

（2）山东寿光智慧农业示范园

山东寿光是中国蔬菜之乡，当地的智慧农业示范园区采用了先进的智能温室技术。温室内配备了智能控制系统，能够实时监测和调节环境条件，如温度、湿度、光照和 CO_2 浓度。这些环境参数的实时监测由各种传感器完成，并通过中央控制系统进行自动调整，以确保蔬菜生长在最理想的环境下。

通过移动设备，农户可以远程查看温室内的实时数据，并进行相应的操作。例如，农户可以在手机或电脑上查看温室内的温度情况，若发现温度过高或过低，可以远程开启或关闭加热器、降温设备等。同时，湿度、光照和 CO_2 的调节也可以通过类似的方式进行。这样的远程控制不仅方便了农民的日常管理，还提高了管理的效率和准确性。

智能温室的应用不仅提高了蔬菜的产量和质量，还大幅降低了劳动强度和管理成本。数据显示，通过智能系统的精准控制，温室内的环境更为稳定，作物的生长速度加快，产量提高了 20% 左右。此外，智能系统减轻了农民的体力劳动，他们无需频繁进入温室进行手动操作，通过移动设备即可完成大部分管理任务。据统计，管理成本降低了约 30%。

2. 其他国家智能温室应用案例

（1）荷兰 Priva 智能温室

荷兰的 Priva 公司是全球领先的智能温室解决方案提供商，其智能温室系统集成了环境监控、气候控制、水资源管理和能源管理等多项功能。通过高精度传感器和先进的控制算法，Priva 智能温室可以实时监测和调节温室内的环境条件，确保作物生长在最优环境下。智能温室内部署了各种高精度传感器，这些传感器能够监测温度、湿度、光照、CO_2 浓度等环境参数，并将数据实时传输到中央控制系统。中央控制系统使用先进的控制算法，根据传感器数据自动调节温室内的各项环境条件。

在气候控制方面，Priva 智能温室能够精确控制温度和湿度。例如，当温度超出设定范围时，系统会自动启动加热或降温设备，确保温室内的温度维持在最适合作物生长的范围内。同样，湿度控制系统也会根据传感器数据，自动调节加湿或除湿设备，保持适宜的空气湿度。在水资源管理方面，Priva 智能温室采用了智能灌溉系统，根据土壤湿度传感器的数据，自动调节灌溉时间和水量，实现精准灌溉，避免了水资源的浪费。数据显示，通过智能灌溉系统，水资源利用效率提高了 30% 左右。

能源管理也是 Priva 智能温室的重要功能之一。系统会根据实时环境数据和能源价格，智能调节加热、降温等设备的运行时间和强度，从而实现能源的高效利用。据统计，Priva 智能温室的能源消耗比传统温室降低了约 25%。Priva 的智能温室系统已经在全球多个国家和地区得到了广泛应用，显著提高了农业生产效率和作物质量。通过这些技术的应用，Priva 不仅为农业生产提供了先进的解决方案，也为全球农业的可持续发展做出了重要贡献。

（2）美国 BrightFarms 智能温室

BrightFarms 是一家美国的农业科技公司，专注于在城市地区建设智能温室。其智能温室通过物联网传感器和数据分析系统，实时监测和调节温室内的环境条件，如温度、湿度、光照和 CO_2 浓度。这些传感器收集的数据被传输到中央控制系统，系统根据数据自动调节温室内的各种设备，以确保蔬菜生长在最佳环境下。

BrightFarms 的智能温室不仅实现了高效的蔬菜生产，还减少了食品运输过程中对环境的影响。通过智能温室，BrightFarms 能够在城市内部实现本地化种植，确保新鲜农产品的供应。这种本地化种植方式显著减少了长途运输的需求，降低了运输过程中的碳排放量和能源消耗。例如，通过在城市内部建设温室，BrightFarms 减少了运输过程中产生的温室气体排放，推动了更环保的食品供应链。

智能温室内的高效生产得益于先进的技术应用。温度传感器实时监测温室内的温度变化，并自动调节加热或降温设备，使温度维持在适宜蔬菜生长的范围内。湿度传感器监测空气中的湿度水平，自动控制加湿或除湿设备，确保空气湿度适中。光照传感器监测光照强度，当光照不足时，系统自动启动补光设备，确保植物进行正常的光合作用。CO_2 传感器监测温室内的 CO_2 浓度，自动调节 CO_2 补充设备，维持适宜的

CO_2 水平。

通过这些技术的应用，Bright Farms 的智能温室有效提高了蔬菜的产量和质量。例如，蔬菜的生长速度加快了 15%，产量提高了约 20%。同时，智能温室还大幅降低了管理成本和劳动强度，农民可以通过移动设备远程监控和管理温室内的环境条件，减少了人工干预的需要。数据分析显示，智能温室的管理成本降低了约 25%。

Bright Farms 智能温室的成功案例展示了现代农业科技在城市农业中的巨大潜力。通过物联网传感器和数据分析系统，Bright Farms 不仅实现了高效、环保的蔬菜生产，还为城市居民提供了新鲜、健康的农产品。

3. 成功经验与教训

在智能温室项目中，技术集成与自动化、远程监控与管理以及资源优化与可持续性是其成功的关键因素。成功的智能温室项目通常采用高精度传感器、物联网技术、大数据分析和人工智能等多项先进技术，实现温室环境的自动监控和调节。这些技术的深度集成不仅提升了温室的管理效率，还显著提高了作物的产量。例如，高精度传感器可以实时监测温度、湿度和光照等环境参数，物联网技术则实现了设备之间的数据共享和协同工作，大数据分析和人工智能能够根据历史和实时数据自动调整温室内的环境条件，确保作物在最佳环境中生长。此外，智能温室系统通常具备远程监控和管理功能，农户可以通过智能手机、平板电脑等移动设备随时随地查看温室内的环境数据并进行操作，这种远程管理不仅方便了农户的日常管理，还极大地提高了应对突发情况的能力。例如，当温室内的温度或湿度异常时，系统会自动发出警报，农户可以及时采取措施，避免损失。通过精确控制温室内的环境条件，智能温室还能优化水资源、能源和肥料的使用，减少浪费，推动农业的可持续发展。例如，智能灌溉系统可以根据土壤湿度和作物需求精确控制灌溉量，避免过度灌溉和水资源浪费，智能温控系统则可以根据外界环境变化合理调节温室内的温度，降低能源消耗，实现经济效益和环境效益的双赢。然而，智能温室的应用也面临一些挑战。首先，智能温室技术的应用需要一定的技术知识和操作能力，对于一些传统农户来说，技术门槛较高，接受和应用存在一定困难，许多农户对新技术的理解和操作能力有限，可能会影响智能温室的推广和应用效果。因此，需要加强技术培训和推广，提升农户的技术接受度和应用能力。其次，智能温室的建设和设备投入需要较高的初期投资，对于一些小规模农户来说，这种高成本可能会成为他们采用智能温室技术的障碍，初期投资不仅包括硬件设备的购买，还包括软件系统的安装和调试。因此，需要政府和相关机构提供支持和补贴，降低农户的初期投资压力，例如通过提供低息贷款、设备补贴等方式，帮助农户减轻经济负担，促进智能温室技术的推广应用。最后，在智能温室的应用中，环境数据的采集和传输涉及数据安全和隐私问题，由于智能温室需要实时采集和传输大量数据，这些数据可能包含农户的生产计划、经营信息等敏感信息，如果数据安全得不到保障，可能会对农户造成经济损失。因此，需要建立完善的数据保护机制，确保数据的安全性和农户的隐私权益，例如通过加密技术、访问控制等手段保护数据的安全，防止数据泄露和滥用，维护农户的合法权益。

三、畜牧养殖

（一）畜牧养殖概述

1. 畜牧养殖的定义

畜牧养殖是指通过人工管理和饲养，以经济效益为目的，对家畜、家禽等动物进行繁育、饲养和管理的农业活动。主要的养殖对象包括牛、羊、猪、鸡、鸭、鹅等。畜牧养殖不仅提供肉、奶、蛋等动物产品，还为农业生产提供肥料、皮革和劳动力。

2. 畜牧养殖的重要性

（1）食品供应

畜牧养殖是全球食品供应链的重要组成部分，提供了大量的肉类、奶制品和蛋类，满足人类日常生活中的基本营养需求。

（2）经济效益

畜牧业是许多国家和地区的重要经济支柱，特别是农村和偏远地区，通过畜牧养殖，农民可以获得稳定的收入来源，推动地方经济发展。

（3）生态环境

畜牧养殖对农业生态系统的维护有重要作用，通过粪肥还田可以提高土壤肥力，促进农业的可持续发展。

（4）社会文化

畜牧业在许多文化中具有重要地位，不同的养殖方式和习惯形成了独特的地方文化和传统，丰富了人类的文化多样性。

3. 畜牧养殖的发展历史

（1）早期畜牧业

畜牧业起源于新石器时代，当时人类开始驯养野生动物，用于获取食物、衣物和劳动力。最早驯养的动物包括绵羊、山羊、猪和牛等。

（2）古代畜牧业

在古代文明中，畜牧业逐渐发展成为重要的农业部门。古埃及、古希腊、古罗马等文明均有发达的畜牧业，提供了丰富的肉类和奶制品。

（3）中世纪和近代

中世纪的畜牧业在欧洲继续发展，牧场和农场逐渐成为农业生产的核心。随着地理大发现和殖民扩张，畜牧业技术和品种传播到世界各地，推动了全球畜牧业的发展。

（4）现代畜牧业

进入 20 世纪，随着科学技术的进步，畜牧业实现了现代化和集约化生产。人工繁育、饲料配制、疫病防控等技术的应用大大提高了畜牧业的生产效率和动物产品的质量。

4. 畜牧养殖的现状

（1）全球畜牧业

畜牧业在全球农业生产中占据重要地位。根据联合国粮食及农业组织（FAO）的数据，全球牲畜数量庞大，肉类、奶制品和蛋类的产量不断增加。畜牧业的发展对全球食品安全和营养供给具有重要意义。

（2）中国畜牧业

中国是世界上最大的畜牧业生产国之一，拥有庞大的牲畜养殖规模。近年来，中国畜牧业在生产方式、技术应用和管理模式上实现了显著的现代化转变。政府推动的农村改革和农业现代化政策促进了畜牧业的快速发展。

（3）技术创新

现代畜牧业中，信息技术、人工智能和生物技术等新技术的应用正在改变传统的养殖模式。智能养殖系统、精准饲养技术和基因编辑技术等创新手段正在提高生产效率，改善动物福利，推动畜牧业的可持续发展。

（4）挑战和机遇

畜牧业在快速发展的同时，也面临环境保护、资源利用和动物福利等挑战。全球对可持续和环保型畜牧业的需求不断增长，未来的畜牧业将更加注重绿色发展和生态平衡。

通过对畜牧养殖的定义和重要性，以及其发展历史和现状的概述，可以看出畜牧业在全球农业和经济体系中具有不可替代的地位和作用。未来，随着技术的进步和管理模式的创新，畜牧业将继续朝着高效、可持续和智能化的方向发展。

（二）畜牧养殖中的物联网技术

1. 畜牧养殖中的物联网技术

（1）牲畜健康监测传感器

牲畜健康监测传感器是畜牧养殖中物联网应用的重要组成部分。通过这些传感器，养殖场可以实时监测牲畜的健康状况，提高疾病预防和管理的效率。

可穿戴设备：利用佩戴在牲畜身上的传感器，如智能项圈、耳标或皮下植入芯片，实时监测牲畜的体温、心率、活动量等健康指标。

定位跟踪：GPS 或 RFID 技术可以实时跟踪牲畜的位置，帮助养殖者了解牲畜的活动范围和行为模式，及时发现异常情况。

（2）环境监测传感器

环境监测传感器用于监测畜牧场的环境参数，确保牲畜在适宜的环境中生长，减少疾病的发生，提高生产效率。

温湿度传感器：监测养殖场内的温度和湿度，确保环境条件适宜，避免过热或过冷引起的应激反应。

气体传感器：监测空气中的氨气、CO_2、硫化氢等有害气体浓度，及时通风，保持空气质量，防止呼吸道疾病。

光照传感器：监测光照强度，确保牲畜获得适当的光照，提高生产性能。

（3）智能饲料投放系统

智能饲料投放系统通过物联网技术，实现饲料的自动化精准投放，提高饲养效率，减少浪费。

定量投放：通过设定每次投放的饲料量，确保每只牲畜都能获得适量的营养，提高饲养效果。

定时投放：根据牲畜的生物钟和饲养需求，智能系统可以设定投放时间，避免过度喂养或饥饿。

饲料配方管理：智能系统可以根据不同阶段的营养需求，自动调整饲料配方，确保牲畜获得均衡的营养。

（4）水质监测与管理系统

水质监测与管理系统通过传感器实时监测水质参数，确保牲畜饮用水的安全和健康。

水质传感器：监测水中的 pH、溶解氧、浊度、温度等参数，及时发现水质问题，防止疾病传播。

自动清洁和消毒：系统可以定期自动清洁和消毒水槽，保持水源的清洁，减少病原微生物的传播。

2．数据采集与分析

（1）牲畜健康数据分析

通过对采集的牲畜健康数据进行分析，养殖场可以及时发现健康问题，采取相应的预防和治疗措施。

疾病预测与预防：通过分析牲畜的体温、心率、活动量等数据，及时发现健康异常，预测疾病风险，提前采取预防措施。

生长性能评估：通过数据分析，评估牲畜的生长速度和体重变化，优化饲养管理，提高生产效率。

（2）环境数据分析与优化

环境数据的采集和分析可以帮助养殖场优化环境管理，提高牲畜的生产性能和健康状况。

环境条件优化：通过分析温度、湿度、光照等环境数据，智能系统可以自动调节环境条件，确保最适宜的养殖环境。

节能降耗：通过对能耗数据的分析，发现并解决能源浪费问题，降低养殖场的运营成本，提高经济效益。

3．应用举例

（1）牲畜健康监测

在某些大型养殖场，如美国的奶牛场，通过安装在奶牛身上的智能项圈，可以实时监测奶牛的体温、心率和活动量。一旦系统检测到奶牛出现异常，管理人员会立即收到警报，并可以采取相应的措施。这种方法不仅提高了疾病发现的及时性，还减少了奶牛的患病率，提高了牛奶产量。

（2）环境监测

在荷兰的一些养猪场，采用了全方位的环境监测系统，通过温湿度传感器、气体传感器和光照传感器，实时监控猪舍的环境条件。系统根据监测数据自动调节通风、加热和光照，确保猪舍内始终处于最佳环境，提高了猪的生长速度和健康水平。

（3）智能饲料投放

在中国的一些现代化养鸡场，智能饲料投放系统已经广泛应用。通过精准控制饲料的投放量和时间，养鸡场不仅提高了饲料利用率，还显著改善了鸡的生长状况和产蛋率。配合智能水质监测系统，进一步保障了鸡群的健康。

（三）畜牧养殖的优势与挑战

1．提高牲畜健康和生产效率

（1）实时健康监测

物联网技术通过传感器实时监测牲畜的健康状况，及时发现疾病和异常，提高疾病防控的效率。通过早期干预和预防措施，可以减少牲畜的患病率，提高存活率。

（2）精准饲养管理

通过智能饲料投放系统和水质监测系统，养殖场可以根据牲畜的生长阶段和健康状况，精准控制饲料和水的供应，确保牲畜获得均衡的营养，提高生产效率。

（3）环境优化

环境监测传感器可以实时监控养殖场的温度、湿度、光照和空气质量等环境参数，自动调节环境条件，创造适宜的生长环境，减少应激反应，促进牲畜健康生长。

2．节约成本和优化资源利用

（1）降低饲料成本

通过智能饲料投放系统，精确控制饲料的用量，避免浪费，降低饲料成本。同时，通过优化饲料配方，提高饲料利用率，进一步降低养殖成本。

（2）节水节能

水质监测与管理系统可以优化水资源的利用，确保牲畜饮用水的质量，减少水资源浪费。通过智能环境控制系统，优化能耗，降低电力和能源成本。

（3）减少人工成本

自动化管理系统可以减少对人工的依赖，提高管理效率，降低人工成本。养殖场可以通过自动化设备实现饲料投放、环境控制和健康监测，减少人力投入。

3. 面临的技术和管理挑战

（1）技术维护与更新

物联网技术和设备需要定期维护和更新，确保系统的稳定运行。一旦设备出现故障，可能会对生产造成严重影响。养殖场需要具备技术维护能力，或依赖专业技术服务团队。

（2）数据管理与安全

在大量数据采集和传输过程中，数据管理和安全是重要问题。需要建立完善的数据保护机制，防止数据泄露和滥用。同时，养殖场需要具备数据分析能力，充分利用数据进行决策。

（3）技术接受度与培训

物联网技术的应用对农户的技术水平和接受度提出了更高的要求。部分传统农户可能面临技术操作的困难，需要接受专业的技术培训。政府和企业需要提供必要的培训和支持，帮助农户掌握新技术。

（4）初期投资成本

物联网设备和系统的初期投资成本较高，对于一些小规模养殖场来说，初期投入可能较大。需要政府和相关机构提供资金支持和补贴，降低养殖场的初期投资压力。

4. 综合分析

（1）提高牲畜健康和生产效率

通过物联网技术的应用，养殖场能够实时监测牲畜的健康状况和生长环境，及时发现并解决问题，减少疾病发生，提高生产效率。智能化管理系统可以精确控制饲料和水的供应，优化资源利用，提高牲畜的生长速度和产品质量。

（2）节约成本和优化资源利用

智能化管理系统可以显著降低饲料、水资源和能源的消耗，减少浪费，降低生产成本。通过自动化设备和系统的应用，减少了对人工的依赖，提高了管理效率和生产效益。

（3）面临的技术和管理挑战

物联网技术的应用需要一定的技术支持和维护，养殖场需要具备相关的技术能力或依赖专业服务团队。数据管理和安全是另一个重要挑战，养殖场需要建立完善的数据保护机制，确保数据的安全性。同时，传统农户在接受和应用新技术方面可能面临困难，需要政府和企业提供必要的培训和支持。初期投资成本较高也是一个需要解决的问题，通过政府补贴和资金支持，可以减轻养殖场的经济压力。

综上所述，物联网技术在畜牧养殖中的应用具有显著的优势，能够提高牲畜健康和生产效率，节约成本和优化资源利用。然而，养殖场在应用过程中也面临技术和管理上的挑战，需要通过技术维护、数据管理和农户培训等措施，克服这些困难，实现畜牧业的现代化和可持续发展。

（四）案例分析

1. 中国畜牧养殖应用案例

案例：浙江海宁智能化奶牛场

在浙江海宁的一家大型奶牛场，先进的物联网技术被广泛应用，成功打造了智能化养殖系统。该奶牛场使用智能项圈来实时监测奶牛的健康状况，包括体温、心率和活动量等数据，同时智能监控系统持续监测奶牛舍内的温度、湿度和光照等环境参数，并能够自动调节通风、加热和光照系统，以确保最佳的饲养环境。通过智能化管理，奶牛场显著提高了奶牛的健康水平和产奶量。具体来说，疾病发生率显著降低，奶牛的平均产奶量提高了约 20%。综合技术应用结合了健康监测、环境控制和自动化管理，实现了高效的综合管理体系。利用实时数据分析，及时调整管理策略，提高了奶牛的生产性能和健康水平。然而，初期成本高是一个挑战，物联网设备的初期投资较大，需要充足的资金支持。此外，技术维护也需专业团队进行设备维护和数据管理。为了克服这些挑战，奶牛场还积极寻求政府补贴和合作伙伴，以分摊高昂的初期成本，并组建了一支专业的技术团队来确保系统的正常运行和数据的有效管理。

2. 其他国家畜牧养殖应用案例

案例：荷兰智能养猪场

在荷兰的一些养猪场，智能饲喂系统和环境监控技术得到了广泛应用。通过传感器和智能算法，这些养猪场能够实时监测猪群的体重增长、进食量和健康状况，并根据数据自动调整饲料配方和环境控制系统。智能化的管理方式显著提高了饲料利用效率和猪肉品质，减少了疾病传播的风险，使猪群的生长速度和健康状况得到明显改善。荷兰智能养猪场的成功经验主要体现在精准饲喂和环境优化上。通过数据分析精准调整饲料配方，减少浪费，提升养殖效益；智能环境控制系统提供适宜的生长环境，提高了猪群的健康水平和生产性能。此外，这些养猪场还采用了先进的废物处理系统，将猪粪转化为有机肥料和能源，进一步提高了养殖场的可持续性。然而，技术依赖性高是一个需要注意的问题，过于依赖技术可能在设备故障或数据缺失时导致管理困难。此外，养殖人员需要接受相关技术培训，以确保能够正确操作和维护智能系统。为了应对这些挑战，荷兰的养猪场与技术公司合作，定期进行系统升级和维护，并通过培训和研讨会提高养殖人员的技术水平。这些案例展示了物联网技术在畜牧养殖中的广泛应用和显著成效，为全球畜牧业的智能化发展提供了宝贵的经验和借鉴。

案例：荷兰 Lely 智能奶牛场

荷兰 Lely 公司是全球领先的智能化农业设备供应商，其智能奶牛场项目在全球范围内广受欢迎。Lely 的智能奶牛场采用了自动挤奶机器人、健康监测系统、环境控制系统和智能饲养系统。通过这些系统，能够实时监测和管理奶牛的健康、生产和生活环境。Lely 智能奶牛场显著提高了奶牛的健康和生产效率，降低了人工成本，提升了整体经济效益。Lely 的成功经验包括通过自动化设备减少人工操作，提高了生产效率和管理水平，并且其智能奶牛场模式在全球范围内得到了广泛应用，证明了其成功性和可复制性。然而，过于依赖技术也是一大挑战，一旦系统出现故障，可能会对生产造成影响。另外，不同地区的养殖环境和条件不同，需要对系统进行适应性调整，以确保在不同环境下都能达到最佳效果。

3. 成功经验和教训

（1）成功经验

智能畜牧养殖的成功经验主要体现在综合技术应用、数据驱动决策和技术推广与培训上。将物联网技术与自动化设备、数据分析相结合，形成高效的综合管理系统，提高了牲畜的健康和生产效率。通过实时数据监测和分析，及时调整管理策略，优化生产过程，提高了经济效益。此外，成功的案例通常伴随着良好的技术推广和培训，确保农户能够掌握和应用新技术，这对于实现智能化养殖至关重要。

（2）教训

然而，智能畜牧养殖也面临一些挑战。首先，智能化设备和系统的初期投资较大，需要充足的资金支持，特别是对于中小型养殖场。其次，物联网技术的应用需要专业的技术维护和管理，同时要建立完善的数据保护机制，确保数据安全。最后，传统农户对新技术的接受度存在差异，需要加强培训和推广，提高农户的技术接受度和应用能力，以确保智能化系统能够得到有效应用和管理。

（五）结论及感想

1. 农业物联网对提升农业生产效率和产量的贡献

农业物联网技术在精准农业、智能温室和畜牧养殖中的应用，已经显现出显著的成效。这些技术的集成和应用，不仅大大提高了农业生产效率和产量，还推动了农业的现代化和可持续发展。

（1）精准农业

在精准农业中，物联网技术通过传感器网络和数据分析，实现了对土壤、气候和作物生长状况的实时监测和管理。通过精确控制灌溉、施肥和病虫害防治，农民能够优化资源利用，提高农作物的产量和品质。例如，中国一些地区采用的精准农业技术，显著提高了小麦和水稻的产量，同时减少了水肥资源的浪费。

（2）智能温室

智能温室利用物联网技术，实现了对温室内环境条件的自动监测和调节。通过温湿度传感器、光照传感器和气体传感器等设备，温室管理者可以实时了解温室内的环境变化，并通过自动化系统进行调整，确保作物生长在最优环境下。例如，荷兰的智能温室系统，通过精准的环境控制，大幅提高了蔬菜和花卉的产量和质量。

（3）畜牧养殖

在畜牧养殖中，物联网技术通过健康监测传感器和环境监测传感器，实时监测牲畜的健康状况和养殖环境。自动喂养系统和水质监测系统的应用，进一步提高了养殖效率和牲畜的健康水平。例如，美国的智能化养猪场，通过健康监测和自动喂养系统，显著降低了猪的患病率，提高了生长速度和饲料转化率。

2. 农业物联网未来的发展趋势

（1）更广泛的应用

农业物联网技术将会在更广泛的农业生产领域得到应用，从大田种植到园艺作物，从水产养殖到畜牧养殖，农业物联网技术的普及将推动整个农业生产体系的现代化。

（2）技术的进一步集成

农业物联网技术将与人工智能、大数据、区块链等新兴技术进一步集成，形成更加智能化和数据驱动的农业生产系统。通过 AI 和大数据分析，农民可以获得更加精准的种植和养殖建议，提高生产效率和产量。

3. 物联网技术与其他新兴技术的结合

（1）智能决策

人工智能技术将与物联网数据相结合，通过对大数据的分析和机器学习算法，提供智能化的决策支持。例如，通过分析土壤和气候数据，AI 可以预测作物的生长情况，提供精准的种植建议。

（2）预测与预警

大数据分析可以对环境和生产数据进行深度挖掘，预测潜在的风险和问题，例如病虫害的暴发、气候变化的影响等。通过实时预警系统，农民可以提前采取预防措施，减少损失。

（3）区块链技术

区块链技术可以为农业生产提供透明和可追溯的记录，确保农产品的质量和安全。通过区块链技术，消费者可以追溯农产品的生产过程，增强对产品的信任。

4. 政府和企业在推动农业物联网发展的角色和责任

（1）政府的角色和责任

政策支持：政府应制定和实施有利于农业物联网发展的政策和法规，提供资金和技术支持，推动农业物联网技术的普及和应用。

培训与教育：政府应加强对农民和农业企业的培训和教育，提升他们对物联网技术的理解和应用能力。

基础设施建设：政府应投资建设农业物联网基础设施，如通信网络、数据中心等，为农业物联网的发展提供坚实的基础。

（2）企业的角色和责任

技术研发与创新：企业应加大对农业物联网技术的研发投入，推动技术创新，开发适合不同农业场景的物联网解决方案。

市场推广与应用：企业应积极推广农业物联网技术，帮助农民和农业企业应用物联网技术，提高生产效率和收益。

合作与共赢：企业应与政府、科研机构和农民合作，形成良好的生态系统，共同推动农业物联网技术的发展和应用。

通过政府和企业的共同努力，农业物联网技术将在未来得到更广泛的应用，推动农业生产向智能化、精准化和可持续方向发展。农民将受益于技术的进步，提高生产效率和产量，同时减少资源浪费，实现农业的绿色发展。

第三章　农业机器人技术基础

　　随着全球人口的不断增长和城市化进程的加速，农业生产面临着前所未有的挑战。传统农业方式在提高生产效率、节约资源以及保护环境方面都存在诸多局限。为了应对这些挑战，现代农业正逐步转向智能化和自动化方向发展。农业机器人作为一种新兴技术，因其在提高生产效率、降低劳动强度、提升农产品质量等方面的显著优势，正越来越受到广泛关注和应用。

　　农业机器人是指应用于农业生产过程中的各类自动化设备和系统，其主要功能包括播种、施肥、喷药、收割、监测等。通过集成传感器、人工智能、机器视觉、导航系统等先进技术，农业机器人可以高效、精准地完成各种农业作业。这不仅有助于减少人力投入，还能够显著提高农业生产的精度和效率，推动农业向智能化、精准化方向发展。

　　在现代农业中，农业机器人的应用前景广阔。首先，在种植业中，农业机器人可以实现播种、施肥、喷药等作业的自动化，提高作业效率，降低劳动力成本。例如，自动播种机器人通过精确控制种子的深度和间距，可以确保作物的均匀生长，有效提高产量。其次，在设施农业中，农业机器人可以进行环境监测、植物健康监测等工作，帮助农民及时发现和处理问题，保障作物的健康生长。同时，农业机器人还可用于水果和蔬菜的采摘，通过机器视觉技术识别成熟果实，实现精准采摘，有效减少果实损伤。此外，在畜牧业中，农业机器人也有广泛的应用，如自动喂养、环境监测、健康监测等，有助于提高畜牧业的管理水平和生产效率。

　　尽管农业机器人在现代农业中具有广阔的应用前景，但其推广和应用也面临一些挑战。首先，农业机器人的研发成本较高，导致其市场价格较为昂贵，限制了其在中小型农场的普及。其次，农业机器人的应用环境复杂多变，不同作物、不同地形对机器人的适应性提出了更高的要求。此外，农业机器人的操作和维护需要专业的技术支持，农民需要接受相应的培训，以便能够熟练使用和维护这些设备。未来，随着技术的不断进步和成本的逐步降低，农业机器人有望在更大范围内得到应用，推动农业向智能化、精准化方向发展。

本章将首先详细介绍农业机器人的定义、分类及其主要功能，帮助读者全面了解这一新兴技术的基本概念和特点。其次，分析农业机器人在不同农业领域中的具体应用，包括种植业、设施农业和畜牧业等，通过具体案例和数据展示其在提高生产效率、降低成本、提升农产品质量等方面的显著优势。然后，探讨农业机器人在推广和应用过程中面临的主要挑战，如成本问题、技术适应性问题、操作和维护问题等，并提出相应的解决策略和未来发展方向。最后，对农业机器人在现代农业中的应用前景进行展望，结合当前的技术发展趋势和市场需求，预测农业机器人在未来农业生产中的重要地位和发展潜力。

第一节　农业机器人概述

一、农业机器人的特点与分类

（一）认识农业机器人

农业机器人作为现代农业技术的重要组成部分，其发展历程显示了从传统农业机械向智能化、自动化农业设备的演变。随着技术的不断进步，农业机器人在提高农业生产效率、降低劳动成本和提升农产品质量方面发挥着不可替代的作用，成为推动现代农业发展的重要力量。

（1）农业机器人概念的历史背景

农业机器人这一概念可以追溯到 20 世纪中期，随着自动化技术的发展而逐渐形成。早期的农业机械主要依赖于机械动力，如拖拉机、联合收割机等，它们极大地提高了农业生产的效率。然而，这些机械设备仍需要人工操作和监控，无法实现完全自动化。20 世纪 80 年代，随着计算机技术和传感技术的进步，自动化农业设备开始进入农田作业。这一时期的农业机器人主要用于简单的重复性任务，如喷洒农药和播种。进入 21 世纪，人工智能和机器学习技术的发展推动了农业机器人技术的进一步成熟，现代农业机器人开始具备更强的感知、决策和自主操作能力。

（2）农业机器人在现代农业中的重要性

在现代农业中，农业机器人扮演着越来越重要的角色。首先，农业机器人可以显著提高农业生产效率。通过自动化作业，农业机器人能够在较短的时间内完成大量的农业任务，如播种、施肥、除草和收割等。这不仅节省了人力成本，还减少了对季节和天气的依赖，使得农业生产更加稳定和高效。其次，农业机器人可以降低劳动成本。传统农业需要大量的人力，而现代农业劳动力成本不断上升，农业机器人通过自动化操作可以减少对人工的需求，从而降低生产成本。此外，农业机器人还能提升农产品质量。通过精确控制施肥和农药使用，农业机器人能够减少农药残留，提升农产品的品质和安全性。

（3）农业机器人与传统农业机械的区别

农业机器人与传统农业机械在技术特点、应用场景和功能上存在显著区别。首先，技术特点方面，传统农业机械主要依赖于机械动力，而农业机器人则结合了传感技术、人工智能和自动化控制等多种先进技术，具备更高的智能化和自动化水平。其次，应用场景方面，传统农业机械主要用于大规模的田间作业，而农业机器人不仅可以在田间作业，还能应用于温室、果园、畜牧养殖等多种环境中，适应性更强。最后，在功能上，传统农业机械多用于单一任务，如耕地、播种和收割，而农业机器人则能够完成多种复杂任务，包括导航定位、环境感知、实时决策和末端操作等，功能更加多样化和灵活化。

（二）农业机器人的特点

农业机器人的智能化和自动化、高效性和精确性、适应性和灵活性以及持续工作能力和环境适应能力，使其在现代农业中成为不可或缺的工具。这些特点不仅提高了农业生产的效率和质量，还减少了对人力的依赖，为农业可持续发展提供了有力的支持。随着技术的不断进步，农业机器人将进一步优化和完善，发挥更大的作用。

（1）智能化和自动化

农业机器人之所以能够在现代农业中发挥重要作用，主要归功于其智能化和自动化的特点。智能化是指农业机器人通过传感器、数据处理和人工智能技术，能够自主感知环境、进行决策并执行相应的任务。例如，农业机器人可以通过摄像头和其他传感器采集农作物和土壤的数据，然后利用机器学习算法分析这些数据，以确定最佳的施肥和浇水策略。自动化则意味着农业机器人能够在无人干预的情况下自主完成一系列复杂的农业任务，如自动导航、播种、施肥、除草和收割等。这些自动化操作不仅减少了对人力的依赖，还提高了作业效率和准确性。

（2）高效性和精确性

农业机器人的高效性和精确性是其另一个重要特点。高效性体现在农业机器人能够在较短的时间内完成大量的农业任务，从而显著提高农业生产效率。例如，自动收割机可以在几个小时内完成大面积农田的收割任务，而传统手工收割则需要数天甚至数周的时间。精确性则体现在农业机器人能够精确控制各种农业操作，如精准施肥和喷洒农药。这不仅减少了农药和化肥的使用量，降低了环境污染，还确保了农作物的健康和高产。此外，农业机器人通过 GPS 定位和视觉导航技术，能够精确导航到指定位置，避免重复作业和遗漏，提高了资源的利用效率。

（3）适应性和灵活性

农业机器人的适应性和灵活性使其能够在各种不同的作业环境和任务中表现出

色。适应性体现在农业机器人可以在田间、温室、果园和畜牧场等不同环境中进行作业。例如，田间作业机器人可以在泥泞的田地中正常工作，而温室机器人则能够在封闭的温室环境中进行精细操作。灵活性则指农业机器人能够执行多种不同的任务，并根据实际情况进行调整。例如，同一台农业机器人可以根据不同的农作物类型和生长阶段，调整播种、施肥和喷洒的参数，以满足不同的农业需求。此外，农业机器人还可以通过更换末端执行器，完成不同的操作任务，如机械臂可以安装不同的工具，实现多功能作业。

（4）持续工作能力和环境适应能力

农业机器人的持续工作能力和环境适应能力是其在实际应用中的重要优势。持续工作能力指农业机器人能够长时间连续工作，而不需要频繁的维护和休息。例如，自动化拖拉机可以在无人值守的情况下连续工作数小时甚至数天，极大地提高了作业效率。环境适应能力则指农业机器人能够在各种恶劣环境下正常工作，例如，高温、低温、湿度变化和灰尘等。为了实现这一点，农业机器人通常采用高防护等级的设计，配备耐用的传感器和执行器，能够在极端环境中保持稳定的性能。此外，农业机器人还具备自主避障功能，能够在复杂地形中自主导航，避免障碍物，提高作业的安全性和可靠性。

（三）按应用场景分类

1. 田间作业机器人

田间作业机器人作为现代农业技术的重要组成部分，正在推动农业生产向着高效、精准和可持续的方向发展。随着技术的不断进步和应用的不断推广，田间作业机器人将在未来农业生产中发挥越来越重要的作用，成为实现农业现代化的重要工具。

（1）田间作业机器人概述

田间作业机器人是专门设计用于农业生产过程中在田间进行各种作业的自动化设备。这些机器人可以自主执行多种田间作业任务，如播种、施肥、除草和收割等，极大地提高了农业生产的效率和精确度。随着科技的进步，田间作业机器人逐渐在农业领域中崭露头角，并且其重要性日益凸显。田间作业机器人的应用不仅减轻了农民的劳动负担，降低了人力成本，还提高了农作物的产量和质量，促进了农业的可持续发展。

（2）具体应用实例

田间作业机器人播种：田间作业机器人在播种环节中的应用非常广泛。传统的播种作业通常需要大量的人力和时间，而自动化播种机器人可以通过精确的导航系统和播种机械，快速而准确地将种子植入土壤中。例如，某些播种机器人可以根据预先设定的参数，控制播种的深度和间距，确保每颗种子都能获得最佳的生长条件。在实际案中，某农业公司使用自动播种机器人后，播种效率提高了 30%，种子的浪费率减少了 20%。

田间作业机器人施肥：施肥是农业生产中至关重要的一环，施肥量和施肥位置的精准控制对农作物的生长有着直接影响。田间作业机器人可以通过传感器实时检测土壤养分含量和作物生长情况，精确地控制施肥量和施肥位置。例如，某些施肥机器人能够根据土壤的实际情况，自动调整施肥策略，避免过度施肥或不足施肥，既节约了肥料成本，又保护了环境。在某实验农田中，使用施肥机器人后，肥料利用率提高了 25%，作物产量增加了 15%。

田间作业机器人除草：除草是农田管理中的重要任务，传统的除草方法往往依赖于人工或化学除草剂，不仅费时费力，还可能对环境造成污染。田间作业机器人通过视觉识别和机械臂等技术，可以自动识别和清除杂草。例如，某些除草机器人可以通过摄像头识别农田中的杂草，然后利用机械臂精准拔除或喷洒微量除草剂，避免对作物和土壤的伤害。在某生态农场中，使用除草机器人后，除草效率提高了 40%，农药使用量减少了 50%。

田间作业机器人收割：收割是农作物生产的最后一个环节，传统的收割方法需要大量的人工投入，而且效率较低。田间作业机器人通过先进的导航系统和机械收割装置，可以高效地完成收割任务。例如，某些收割机器人可以根据作物的成熟度和田间的实际情况，自动调整收割策略，确保每一颗作物都能得到最适宜的处理。在某大规模农场中，使用收割机器人后，收割效率提高了 35%，损失率降低了 10%。

（3）技术特点与优势

田间作业机器人的核心技术包括高精度导航系统、传感器技术、人工智能算法和机械操作装置。高精度导航系统，如 GPS 和 RTK，可以确保机器人在田间精确定位和移动。传感器技术包括各种环境传感器和作物传感器，可以实时监测田间环境和作物生长情况。人工智能算法则用于数据分析和决策，使机器人能够根据实际情况调整作业策略。机械操作装置则包括各种末端执行器，如播种器、施肥器、除草机械臂和收割装置等。田间作业机器人具有以下几个主要优势：

高效性：田间作业机器人能够连续工作，显著提高了农业生产的效率。例如，自动化播种和施肥可以在较短时间内覆盖大面积农田。

精确性：通过精确控制播种、施肥、除草和收割等作业，田间作业机器人能够减少资源浪费，优化农业生产。例如，精确施肥可以减少肥料使用量，保护环境。

灵活性：田间作业机器人能够适应不同作物和不同生长阶段的需求，灵活调整作业策略。例如，同一台机器人可以根据需要更换不同的末端执行器，完成不同的作业任务。

环保性：通过减少农药和化肥的使用，田间作业机器人有助于保护土壤和水源，促进可持续农业发展。例如，精确除草可以减少除草剂的使用量，降低环境污染。

（4）发展现状和前景

目前，田间作业机器人已经在一些发达国家的农业生产中得到广泛应用。例如，美国和欧洲的许多大规模农场都已经引入了自动化播种、施肥、除草和收割机器人。这些机器人不仅提高了农业生产的效率，还减少了对人力的依赖。然而，在发展中国家，田间作业机器人的应用还处于起步阶段，主要面临技术成本高、农民接受度低等挑战。

随着科技的不断进步，田间作业机器人的前景非常广阔。未来，田间作业机器人将更加智能化和自动化，能够更好地适应不同的农业生产需求。例如，利用大数据和人工智能技术，田间作业机器人可以实现更高水平的精准农业，进一步提高农作物的产量和质量。此外，随着生产成本的下降和技术的普及，田间作业机器人将在全球范围内得到更广泛的应用，为全球农业生产带来革命性的变化。

2. 温室机器人

温室机器人作为现代农业技术的重要组成部分，正在推动温室农业生产向着高效、精准和可持续的方向发展。随着技术的不断进步和应用的不断推广，温室机器人将在未来温室农业生产中发挥越来越重要的作用，成为实现农业现代化的重要工具。

（1）温室机器人概述

温室机器人是指专门用于温室农业中执行各种自动化任务的机器人系统。这些机器人通过高精度的传感器和控制系统，实现对温室环境的精确管理和作物的自动化生产。温室机器人的引入，显著提升了温室农业的生产效率和管理水平。温室农业作为一种高效、可控的农业生产方式，已经在全球范围内得到了广泛应用。温室机器人在其中发挥着关键作用，通过自动化操作和智能控制，帮助农民更好地管理温室环境，提高作物产量和品质，同时减少人力成本和资源浪费。

（2）应用举例

环境控制：温室机器人的一个重要应用领域是环境控制。温室中的环境因素，例如，温度、湿度、光照和 CO_2 浓度，对作物的生长有着直接影响。传统的环境控制依赖于人工调节，不仅耗时耗力，而且难以实现精确控制。温室机器人通过传感器实时监测温室内的各种环境参数，并通过自动控制系统进行调节。例如，温室机器人可以根据温度传感器的数据自动调节加热系统和通风系统，以维持适宜的温度。某温室农场引入环境控制机器人后，温度波动减少了30%，作物生长速度提高了20%。

植保：即植物保护，是温室农业中的另一个重要环节。温室环境封闭，易于病虫害滋生，传统的植保工作需要大量的人工和化学农药，既费时费力，又容易造成环境污染。温室机器人可以通过高精度的摄像头和其他传感器，实时监测作物的健康状况，及时发现病虫害。例如，某些植保机器人可以通过图像识别技术，自动识别出患病的作物，并进行局部喷洒农药，避免大面积使用化学药剂。在某智能温室中，植保机器人显著降低了农药使用量，病虫害发生率减少了40%。

采摘：温室机器人在采摘环节也有广泛应用。温室作物的采摘往往需要精细操作，尤其是水果和蔬菜，传统的人工采摘效率低且容易损坏作物。温室机器人通过机械臂和视觉识别技术，可以精确定位和采摘成熟的作物。例如，某些采摘机器人可以通过图像识别成熟果实的位置，然后利用机械臂进行精准采摘，确保果实不受损坏。在某温室果园中，采摘机器人实现了 24 小时连续工作，采摘效率提高了 50%，果实损坏率减少了 15%。

（3）技术特点与优势

温室机器人的核心技术包括高精度传感器、自动控制系统、人工智能算法和机械操作装置。高精度传感器用于实时监测温室内的环境参数和作物状况，自动控制系统根据传感器数据进行环境调节和作业控制。人工智能算法用于数据分析和决策，确保机器人能够根据实际情况调整作业策略。机械操作装置则包括各种末端执行器，如加热器、通风设备、喷洒器和机械臂等。温室机器人具有以下几个主要优势。

高效性：温室机器人能够连续工作，显著提高了温室农业的生产效率。例如，自动化环境控制和植保操作可以在较短时间内覆盖整个温室。

精确性：通过精确控制环境参数和作业操作，温室机器人能够减少资源浪费，优化农业生产。例如，精准控制温度和湿度可以为作物提供最佳生长条件。

灵活性：温室机器人能够适应不同作物和不同生长阶段的需求，灵活调整作业策略。例如，同一台机器人可以根据需要执行环境控制、植保和采摘等不同任务。

环保性：通过减少农药和化肥的使用，温室机器人有助于保护环境，促进可持续农业发展。例如，精准植保可以减少化学药剂的使用量，降低环境污染。

（4）发展现状和前景

温室机器人已经在一些发达国家的温室农业中得到广泛应用。例如，荷兰作为世界温室农业的领先国家，广泛使用自动化环境控制和植保机器人，提高了温室农业的生产效率和作物品质。在中国、美国和日本等国家，温室机器人也逐渐被引入，主要应用于高价值作物的生产，如蔬菜、水果和花卉。然而，在许多发展中国家，温室机器人的应用还处于起步阶段，主要面临技术成本高、农民接受度低等挑战。

随着科技的不断进步，温室机器人的前景非常广阔。未来，温室机器人将更加智能化和自动化，能够更好地适应不同的农业生产需求。例如，利用大数据和人工智能技术，温室机器人可以实现更高水平的精准农业，进一步提高作物的产量和质量。此外，随着生产成本的下降和技术的普及，温室机器人将在全球范围内得到更广泛的应用，为全球温室农业生产带来革命性的变化。

温室机器人作为现代农业技术的重要组成部分，正在推动温室农业生产向着高效、精准和可持续的方向发展。随着技术的不断进步和应用的不断推广，温室机器人将在未来温室农业生产中发挥越来越重要的作用，成为实现农业现代化的重要工具。

3. 畜牧养殖机器人

畜牧养殖机器人作为现代畜牧业技术的重要组成部分,正在推动畜牧业生产向着高效、精准和可持续的方向发展。随着技术的不断进步和应用的不断推广,畜牧养殖机器人将在未来畜牧业生产中发挥越来越重要的作用,成为实现畜牧业现代化的重要工具。

(1)畜牧养殖机器人概述

畜牧养殖机器人是专门设计用于畜牧业中执行各种自动化任务的机器人系统。随着全球对高效、环保和可持续畜牧业发展的需求日益增加,畜牧养殖机器人的应用变得愈加重要。这些机器人通过自动化和智能化技术,显著提高了畜牧业的生产效率和管理水平,减少了人力成本和资源浪费。同时,它们还能够提供精细的养殖管理,改善动物的福利和健康状况,推动畜牧业向现代化、智能化方向发展。

(2)应用举例

饲喂:饲喂是畜牧业中的基本环节,传统的饲喂方法通常需要大量的人力和时间。畜牧养殖机器人通过自动化饲喂系统,能够按时、按量地提供饲料,提高饲养效率和饲料利用率。例如,某些饲喂机器人可以根据预先设定的程序,定时向动物提供适量的饲料,并根据动物的食量和生长情况进行调整。在某大型养殖场中,使用自动饲喂机器人后,饲料利用率提高了20%,动物生长速度加快了15%。

清洁:清洁是畜牧业中的重要工作,传统的清洁方式不仅费时费力,而且容易造成环境污染。畜牧养殖机器人通过自动化清洁系统,可以高效地完成畜舍的清洁任务,保持环境卫生。例如,某些清洁机器人配备了自动刮粪装置和冲洗系统,可以定期清理畜舍内的粪便和污物,减少病菌滋生,保持动物的健康。在某现代化养猪场中,清洁机器人显著降低了人工清洁的工作量,提高了环境卫生水平,减少了猪群的疾病发生率。

健康监测:动物的健康状况是畜牧业管理中的关键,传统的健康监测方式往往依赖于人工观察,既不准确也不及时。畜牧养殖机器人通过传感器和数据分析技术,可以实时监测动物的健康状况,及时发现异常。例如,某些健康监测机器人可以通过体温传感器、心率监测仪等设备,实时采集动物的生理数据,并利用人工智能算法进行分析,及时预警疾病。在某奶牛养殖场中,健康监测机器人帮助养殖者及时发现和处理奶牛的健康问题,显著提高了奶牛的产奶量和质量。

(3)技术特点与优势

畜牧养殖机器人的核心技术包括高精度传感器、自动控制系统、人工智能算法和机械操作装置。高精度传感器用于实时监测动物的健康状况和环境参数,自动控制系统根据传感器数据进行操作控制。人工智能算法用于数据分析和决策,确保机器人能够根据实际情况调整养殖策略。机械操作装置则包括各种末端执行器,例如,饲喂器、清洁装置和健康监测设备等。

畜牧养殖机器人具有以下几个主要优势：

高效性：畜牧养殖机器人能够连续工作，显著提高了畜牧业的生产效率。例如，自动化饲喂和清洁可以在较短时间内覆盖大面积养殖场。

精确性：通过精确控制饲喂量、清洁频率和健康监测，畜牧养殖机器人能够减少资源浪费，优化养殖生产。例如，精准饲喂可以提高饲料利用率，减少浪费。

灵活性：畜牧养殖机器人能够适应不同动物和不同养殖阶段的需求，灵活调整养殖策略。例如，同一台机器人可以根据需要执行饲喂、清洁和健康监测等不同任务。

环保性：通过减少人工干预和资源浪费，畜牧养殖机器人有助于保护环境，促进可持续畜牧业发展。例如，精准清洁可以减少粪便堆积，降低环境污染。

（4）发展现状和前景

目前，畜牧养殖机器人已经在一些发达国家的畜牧业中得到广泛应用。例如，美国和欧洲的许多大规模养殖场都已经引入了自动化饲喂、清洁和健康监测机器人，提高了养殖生产的效率和动物的健康水平。在中国、澳大利亚和新西兰等国家，畜牧养殖机器人也逐渐被引入，主要应用于高价值动物的养殖，如奶牛、猪和鸡。然而，在许多发展中国家，畜牧养殖机器人的应用还处于起步阶段，主要面临技术成本高、农民接受度低等挑战。

随着科技的不断进步，畜牧养殖机器人的前景非常广阔。未来，畜牧养殖机器人将更加智能化和自动化，能够更好地适应不同的养殖需求。例如，利用大数据和人工智能技术，畜牧养殖机器人可以实现更高水平的精准养殖，进一步提高动物的产量和品质。此外，随着生产成本的下降和技术的普及，畜牧养殖机器人将在全球范围内得到更广泛的应用，为全球畜牧业生产带来革命性的变化。

（四）按功能分类

1. 导航定位

导航定位技术在农业机器人中的应用，大大提高了农业生产的效率和精度，推动了农业现代化和智能化的发展。随着技术的不断进步，导航定位技术将继续在农业机器人中发挥重要作用，为未来的农业生产带来更多的创新和变革。

（1）导航定位的定义与重要性

导航定位是指农业机器人在工作过程中，确定其在农田或其他作业环境中的位置和路径的技术。它包括确定机器人当前位置、路径规划、避障等功能，是农业机器人实现自动化作业的关键技术之一。

导航定位技术在农业机器人中的作用至关重要。首先，它保证了农业机器人能够准确地在农田中移动，完成播种、施肥、除草、收割等任务。精准的导航定位能够提高作业效率和精度，避免重复作业或遗漏区域，确保农田管理的全面性和精确性。其次，导航定位技术可以帮助机器人避开障碍物，减少设备损坏和事故发生，确保作业安全性。最后，导航定位技术还能够优化作业路径，减少能源消耗，提高农业生产的经济效益和环境效益。

（2）涉及的主要技术

GPS：全球定位系统（GPS）是最常用的导航定位技术之一。GPS 通过卫星信号，提供全球范围内的精确定位信息。农业机器人利用 GPS 可以实现大面积农田的自动导航，确保作业的覆盖率和均匀性。然而，GPS 在精度和信号稳定性方面存在一定局限，尤其是在有障碍物或恶劣天气条件下。

RTK：实时动态差分技术（RTK）是基于 GPS 的高精度定位技术。RTK 通过地面基站提供的差分信号，能够将定位精度提高到厘米级。RTK 广泛应用于需要高精度定位的农业机器人，如精细播种和精准施肥。RTK 技术的应用大大提高了农业机器人作业的精度和效率，减少了资源浪费和环境污染。

视觉导航：导航技术利用摄像头和图像处理算法，通过识别地面特征、作物行距和障碍物，实现机器人的导航和定位。视觉导航具有较强的环境适应性，尤其适用于复杂和动态的作业环境。视觉导航技术还可以与其他传感器结合，提高导航定位的可靠性和精度。例如，某些农业机器人利用立体视觉技术，可以实现对农田环境的三维建模和路径规划。

（3）导航定位的应用

精准播种：在精准播种中，导航定位技术发挥着重要作用。某些现代化播种机通过 RTK 技术实现高精度定位，确保种子在农田中的均匀分布，避免重播或漏播。例如，在某大型农场中，利用 RTK 技术的播种机器人将定位精度提高到 2 cm，显著提高了播种效率和作物产量。

自动施肥：自动施肥机器人通过导航定位技术，能够精确控制施肥位置和施肥量，避免过量施肥和化肥浪费。例如，某些施肥机器人利用 GPS 和 RTK 技术，结合作物生长数据和土壤检测数据，进行精准施肥，优化作物生长条件。在某农场的试验中，自动施肥机器人将化肥使用量减少了 30%，提高了作物质量和产量。

田间除草：田间除草机器人通过视觉导航技术，能够识别作物和杂草，精准除草，减少人工劳动和化学除草剂的使用。例如，某些除草机器人利用立体视觉技术和图像处理算法，自动识别并移除杂草，提高了除草效率和环保性。在某有机农场中，除草机器人实现了 100%的杂草清除率，有效保护了作物和环境。

2. 感知决策

感知决策技术在农业机器人中的应用，大大提高了农业生产的智能化水平，推动了精准农业的发展。随着传感器技术、数据处理技术和人工智能技术的不断进步，感知决策将在未来农业生产中发挥越来越重要的作用，为实现农业现代化提供强大的技术支撑。

（1）感知决策的定义与重要性

感知决策是指农业机器人通过各种传感器感知环境和作物信息，进行数据处理和分析，进而做出适当的决策并执行相应操作的过程。这一过程涉及从数据获取、信息处理到行动执行的完整链条，是实现农业机器人智能化操作的核心技术。

感知决策在农业机器人中具有重要作用。首先，它使农业机器人能够实时监测环境变化和作物状态，提高作业的精准度和适应性。其次，感知决策技术可以优化农业生产过程，通过智能分析和决策，确保各环节操作的高效和精确。最后，感知决策能够减少对人工经验的依赖，实现农业生产的自动化和智能化，从而降低人力成本，提高生产效率和农产品质量。

（2）感知决策涉及的主要技术

传感器：传感器是感知决策系统的基础，用于获取环境和作物的各种信息。常见的传感器包括温度传感器、湿度传感器、光照传感器、土壤湿度传感器和多光谱摄像头等。这些传感器可以实时监测温室内的温度、湿度、光照强度、土壤湿度和作物健康状况，为后续的数据处理和决策提供基础数据。例如，多光谱摄像头可以捕捉作物的生长状态，识别病虫害和营养不良的区域。

数据处理：数据处理是将传感器获取的原始数据进行过滤、整合、分析和建模的过程。数据处理技术包括数据清洗、特征提取、数据融合和数据分析等。通过对传感器数据的处理和分析，农业机器人可以获得环境和作物的准确信息，并为决策提供支持。例如，利用数据融合技术，可以将温度、湿度、光照和土壤湿度等多种传感器数据进行综合分析，形成全面的环境状态评估。

人工智能：人工智能（AI）是感知决策系统的核心技术，通过机器学习和深度学习算法，对大量数据进行训练和学习，形成智能决策模型。AI 技术可以自动识别作物的生长状态、病虫害状况和环境变化，并根据预设的决策规则或自主学习的决策模型，做出相应的操作决策。例如，利用深度学习算法，农业机器人可以识别作物的生长周期，预测最佳施肥和灌溉时间，优化农业生产过程。

（3）感知决策在农业中的应用

病虫害监测与防治：在病虫害监测与防治中，感知决策技术发挥了重要作用。农业机器人通过多光谱摄像头和图像识别技术，实时监测作物的健康状况，识别病虫害的发生区域，并结合 AI 算法分析病虫害的扩散趋势和严重程度。例如，在某果园中，病虫害监测机器人利用多光谱图像和深度学习模型，准确识别果树上的病虫害区域，并通过精准喷洒农药进行防治，有效减少了农药的使用量和环境污染，提高了果品质量。

精准灌溉：精准灌溉是感知决策技术在农业中的另一重要应用。农业机器人通过土壤湿度传感器和气象传感器，实时监测土壤水分和气候条件，并结合 AI 算法分析作物的需水量，制定最佳的灌溉计划。例如，在某大型农场中，精准灌溉机器人利用传感器数据和机器学习算法，实时调整灌溉策略，确保作物在不同生长阶段得到适量的水分供应，显著提高了水资源利用率和作物产量。

作物营养管理：感知决策技术还广泛应用于作物营养管理。农业机器人通过传感器监测作物的营养状况，结合 AI 算法分析营养需求，制定科学的施肥方案。例如，在某温室中，营养管理机器人利用多光谱摄像头和机器学习算法，实时监测作物叶片的颜色和形态，识别营养不良的区域，并自动调整施肥量和施肥时间，确保作物得到均衡的营养供应，提高了作物的品质和产量。

3. 末端操作

末端操作技术在农业机器人中的应用，大大提高了农业作业的自动化和智能化水平，推动了农业生产的现代化发展。随着机械臂和末端执行器技术的不断进步，农业机器人将在更多的作业场景中发挥重要作用，为未来的农业生产提供更高效和智能的解决方案。

（1）末端操作的定义与重要性

末端操作是指农业机器人在执行任务时，通过机械臂和末端执行器（如抓手、切割器、喷洒器等）完成具体的作业动作。这些动作包括抓取、切割、搬运、喷洒等，是农业机器人实际执行任务的关键环节。

末端操作在农业机器人中具有重要作用。首先，它直接影响机器人执行任务的效率和精度，决定了机器人能否完成复杂的农业作业。其次，末端操作的灵活性和适应性决定了机器人在多种作业场景中的应用广泛性。最后，末端操作的自动化和智能化水平对提高农业生产效率、降低劳动强度和成本具有关键意义。通过先进的末端操作技术，农业机器人能够完成大量重复性、劳动强度大的任务，解放了人力资源，提高了农业生产的整体效益。

（2）末端操作涉及的主要技术

机械臂：机械臂是末端操作的核心组件，负责实现各种复杂的操作动作。现代农业机器人使用的机械臂通常具有多自由度结构，能够在三维空间中进行灵活的运动。机械臂的设计需要考虑负载能力、运动精度和速度等因素，以满足不同农业作业的需求。例如，在果实采摘机器人中，机械臂需要具备足够的灵活性和精度，以避免损伤果实并确保高效采摘。

末端执行器：末端执行器是安装在机械臂末端的工作工具，根据不同的任务需求，可以是抓手、切割器、喷洒器等。抓手用于抓取和搬运物体，通常具有柔性设计，以适应不同形状和大小的物体。切割器用于修剪作物或切割农作物，例如，修剪葡萄树枝或切割蔬菜。喷洒器用于精确喷洒农药、肥料或水分，确保均匀覆盖目标区域。末端执行器的设计和选择直接影响农业机器人任务执行的效果和效率。

（3）末端操作在农业中的应用

果实采摘：在果实采摘中，末端操作技术发挥了重要作用。果实采摘机器人利用机械臂和柔性抓手，可以精确定位并轻柔地抓取果实，避免损伤。例如，某种苹果采摘机器人通过视觉传感器识别成熟的苹果，并利用多自由度机械臂和柔性抓手采摘，每小时可采摘上千个苹果，大大提高了采摘效率和果实完好率。

植保喷洒：植保机器人通过机械臂和喷洒器进行农药或肥料的喷洒作业，确保覆盖均匀且减少浪费。例如，某种植保机器人配备了高精度喷洒器和自动导航系统，可以根据作物生长状态和病虫害分布，精确控制喷洒量和喷洒区域，提高了农药利用率，减少了环境污染。在某试验田中，使用植保机器人进行喷洒作业后，农药使用量减少了 30%，病虫害防治效果显著提高。

修剪作物：修剪作物是另一个典型的末端操作应用。修剪机器人通过机械臂和切割器，可以精确修剪葡萄树枝、茶树等作物，促进作物健康生长。例如，某种修剪机器人利用视觉传感器和人工智能算法识别需要修剪的枝条，并通过机械臂上的切割器进行精确修剪，每小时可修剪数百棵葡萄树，大幅减少了人工劳动强度和时间成本。

精准播种：精准播种机器人利用机械臂和播种器，能够按照预设的播种密度和深度，精确地将种子播入土壤中。例如，某种精准播种机器人通过机械臂控制播种器的位置和运动，每小时可以精确播种数千颗种子，确保种子的均匀分布和适宜的生长环境。

二、农业机器人的发展历程

（一）早期农业机械化的发展

1. 农业机械化的起源

农业机械化是指在农业生产过程中广泛采用机械设备和技术，以替代传统的手工劳动和畜力操作。其核心目的是提高农业生产效率，降低劳动强度，增加农产品的产量和质量。农业机械化的概念源自工业革命时期，当时新兴的机械技术逐渐渗透到农业领域，为农业生产带来了革命性的变革。

在 18 世纪之前，农业生产主要依赖人力和畜力，生产效率低下，劳动强度大。农业机械化的起源可以追溯到 18 世纪末至 19 世纪初的欧洲和北美洲，当时这些地区开始引入和使用机械设备进行农业生产。随着工业革命的推进，农业机械化逐渐成为一种趋势，推动了农业生产方式的重大转变。

工业革命（约 1976—1830 年）是农业机械化发展的重要转折点。工业革命带来了大量新发明和技术进步，特别是蒸汽机的发明和广泛应用，为农业机械化提供了动力源泉。在工业革命初期，机械化农业的萌芽开始显现，许多农民和企业家开始尝试利用机械设备来提高生产效率和降低劳动成本。

例如，蒸汽机的应用使得农业机械可以拥有更强的动力，能够完成以前无法想象的工作量。最早的农业机械之一是蒸汽动力拖拉机，它可以用于犁地、播种和收割等多种农业活动，大大提高了生产效率。此外，工业革命期间还出现了许多其他机械设备，如播种机、收割机和脱粒机，这些设备逐渐取代了传统的手工操作，促进了农业生产的机械化进程。

蒸汽机在农业中的初步应用是农业机械化的一个重要里程碑。蒸汽机的发明使得机械设备可以摆脱对人力和畜力的依赖，提供更强大的动力来源。例如，蒸汽拖拉机的应用大大提高了犁地的效率，一台蒸汽拖拉机可以完成几十名农民和数十头牲畜的工作量。蒸汽机的广泛应用使得农业生产效率显著提升，农田的耕作速度加快，农作物的收割更加及时，有效减少了因气候变化造成的农作物损失。

此外，早期的机械化设备如播种机和收割机也在农业中得到了初步应用。播种机的出现使得种子可以更加均匀地分布在农田中，提高了作物的发芽率和产量。收割机的应用则大大减轻了农民的劳动强度，提高了收割效率。尽管这些早期机械设备在技术上还不够成熟，但它们为农业机械化的发展奠定了基础。

欧洲和美国是农业机械化最早进行实践的地区之一。19 世纪初，英国和美国开始引入和使用机械设备进行农业生产，逐渐形成了机械化农业的雏形。在英国，工业革命带来的技术进步使得农业机械化得以迅速发展。例如，约翰·菲利普斯（John Philip）在 19 世纪初发明的蒸汽拖拉机在英国得到了广泛应用，大大提高了农业生产效率。

在美国，农业机械化的发展也非常迅速。19 世纪中叶，美国农民开始大规模采用机械设备进行农业生产。约翰·迪尔（John Deere）发明的钢制犁和塞勒斯·麦考米克（Cyrus Mc Cormick）发明的机械收割机成为美国农业机械化的代表性设备。随着这些机械设备的普及，美国农业生产效率大幅提升，农业机械化逐渐成为主流。

总之，农业机械化的起源和早期发展为现代农业的机械化进程奠定了基础。工业革命期间的技术进步和机械设备的应用，使得农业生产方式发生了根本性的变化，为后来的农业机械化和现代农业机器人的发展提供了重要的技术和实践支持。

2. 早期农业机械的代表性设备

蒸汽拖拉机是早期农业机械化的标志性设备之一。蒸汽拖拉机的发明可以追溯到 19 世纪中叶，当时的发明家们开始探索将蒸汽机技术应用于农业领域。最早的蒸汽拖拉机由英国的查尔斯·帕金斯（Charles Burrell）和威廉·霍华德（William Howard）等人发明。这些早期的蒸汽拖拉机主要用于犁地、运输和动力驱动其他农业机械。

蒸汽拖拉机的应用极大地提高了农业生产效率。一台蒸汽拖拉机可以完成几十名农民和数十头牲畜的工作量。蒸汽拖拉机不仅在犁地方面表现出色，还能够用于其他农业活动，如播种、收割和脱粒。尽管早期的蒸汽拖拉机体积庞大、操作复杂，但其强大的动力和高效的作业能力使其在农业生产中得到了广泛应用。

早期播种机和收割机是农业机械化的另两个重要代表设备。

播种机：早期播种机的设计目的是提高播种效率和种子分布的均匀性。传统的手工播种效率低下，种子分布不均，导致作物生长不一致。播种机的发明解决了这些问题。早期的播种机主要依靠机械动力，通过旋转或震动的方式将种子均匀地播撒在农田中。一些早期的播种机还配备了计量装置，可以精确控制每次播种的种子数量，进一步提高了播种的效果。

收割机：早期收割机的发明大大减轻了农民在收割季节的劳动强度。传统的手工收割不仅耗时费力，而且容易造成农作物的浪费。19 世纪中叶，塞勒斯·麦考米克（Cyrus Mc Cormick）发明了机械收割机，这种设备通过机械切割和收集作物，提高了收割效率和作业质量。早期的收割机通常由马匹牵引，后来逐渐演变为由蒸汽拖拉机和内燃机驱动。

蒸汽拖拉机案例：在英国，查尔斯·帕金斯发明的蒸汽拖拉机在 19 世纪中叶得到了广泛应用。帕金斯的蒸汽拖拉机采用了高效的蒸汽机和坚固的机械结构，能够在恶劣的农田环境中稳定工作。这种蒸汽拖拉机不仅用于犁地，还可以驱动其他农业机械，如脱粒机和打捆机。随着技术的进步，蒸汽拖拉机逐渐改进，变得更加高效和易于操作。

播种机案例：约翰·迪尔（John Deere）是早期播种机技术的重要贡献者之一。迪尔发明的钢制犁和播种机在美国农业中得到了广泛应用。他的播种机不仅提高了播种效率，还显著改善了种子的分布均匀性，促进了作物的生长和产量的提高。

收割机案例：塞勒斯·麦考米克发明的机械收割机是农业机械化的另一个重要里程碑。麦考米克的收割机在 19 世纪 40 年代开始投入使用，通过机械切割和收集作物，大大减轻了农民的劳动负担。这种收割机不仅提高了收割速度，还减少了农作物的浪费，显著提升了农业生产效率。

早期农业机械与现代农业机械在技术和功能上有明显的差异。

技术差异：早期农业机械主要依赖蒸汽机和机械动力，结构相对简单，但操作复杂，维护成本高。现代农业机械则广泛采用内燃机、电动机和智能控制技术，不仅提高了动力效率，还大大简化了操作和维护。此外，现代农业机械通常配备了先进的传感器和自动化系统，能够实现精确控制和数据管理，提高作业质量和效率。

功能差异：早期农业机械的功能相对单一，主要用于犁地、播种和收割。现代农业机械则功能更加多样化，包括植保、施肥、灌溉、病虫害监测和无人驾驶等多种用途。现代机械设备还具有更高的适应性，能够在不同的作业环境中灵活应用。

总之，早期农业机械的发明和应用为现代农业机械化奠定了基础。尽管这些设备在技术和功能上存在一定的局限性，但它们的出现和发展极大地推动了农业生产方式的变革，为现代智能农业机械的发展提供了重要的启示和借鉴。

3. 农业机械化对农业生产的影响

农业机械化的引入和发展对农业生产产生了深远的影响，这些影响体现在生产效率、劳动强度、农产品质量和产量等多个方面。下面将从这几个方面进行详细分析，并结合具体的统计数据和研究结果，探讨机械化在农业生产中的重要作用。

（1）提升农业生产效率

首先，农业机械化显著提高了农业生产效率。传统农业主要依赖人力和畜力，生产效率较低，农田作业时间长且劳动强度大。机械化农业通过引入拖拉机、收割机、播种机等机械设备，大大缩短了农业作业时间。例如，在播种环节，机械化播种机可以在短时间内完成大面积农田的播种工作,而传统手工播种则需要耗费大量人力和时间。根据某项研究数据显示，使用机械化设备进行播种和收割，可以使作业效率提高34倍，大幅减少了农田作业时间。

（2）减轻农民劳动强度

其次，农业机械化在减轻农民劳动强度方面发挥了重要作用。传统农业作业如耕地、播种、施肥和收割等，需要大量体力劳动，尤其在恶劣的天气条件下，劳动强度更大。而机械化设备的使用，如拖拉机和联合收割机，不仅能够替代大量体力劳动，还能在各种天气条件下高效工作。例如，在收割环节，使用联合收割机可以在几小时内完成大面积农田的收割工作，而人工收割则可能需要数天时间。此外，机械化设备的操作也相对简单，只需经过短期培训即可掌握，大大降低了农民的劳动强度和技术门槛。

（3）提高农产品质量和产量

农业机械化还对农产品质量和产量产生了积极影响。机械化设备能够保证作业的均匀性和准确性，减少人为操作带来的误差。例如，机械化播种可以保证种子均匀分布，提高发芽率和植株生长的均匀性；机械化施肥和喷药能够精确控制用量，避免过量或不足，保证农作物的健康生长和质量。此外，机械化收割能够减少因人工操作不当导致的损失和浪费，提高收获率和农产品的商品率。据某农业研究机构的统计数据显示，机械化收割的农作物损失率可控制在1%以下，而传统人工收割的损失率则高达5%～10%。

4. 农业机械化的社会和经济效益

农业机械化在促进农村经济发展、改变农村社会结构、推动农业经营模式转变，以及带来长远经济效益方面，具有重要的意义和深远的影响。随着科技的不断进步和农业现代化的推进,农业机械化必将为农村社会和经济的发展带来更加广阔的前景和巨大的潜力。下面将从农村经济发展、农村社会结构、农业经营模式的改变以及长远经济效益等方面，探讨农业机械化的多重效益。

（1）促进农村经济发展

农业机械化极大地促进了农村经济的发展。首先，机械化提高了农业生产效率和农产品质量，直接增加了农民的收入。随着机械化设备的引入，农民能够在更短的时间内完成更多的生产任务，节省了劳动力成本，提高了单位土地的产出。其次，机械化带动了相关产业的发展，如农业机械制造、维修保养和配套服务产业。这些相关产业的发展，不仅提供了更多的就业机会，还促进了农村经济的多元化发展。例如，在一些机械化程度较高的地区，农业机械服务公司和合作社蓬勃发展，为农户提供机械租赁、维修和技术指导等服务，进一步推动了农村经济的整体提升。

（2）影响农村社会结构

农业机械化对农村社会结构产生了显著影响，尤其体现在人口流动和城镇化方面。机械化减少了农业生产对劳动力的依赖，使得大量农村劳动力得以转移到非农业部门和城市工作。这一转移不仅缓解了农村劳动力过剩的问题，还促进了城乡人口的流动和资源配置的优化。例如，机械化收割大幅减少了季节性劳动力的需求，许多农民能够离开农村，寻找更高收入和更多机会的城市工作，从而推动了农村人口向城镇的迁移和城镇化进程。此外，随着农村劳动力的减少和农业生产效率的提高，农村家庭结构和社会关系也发生了变化，传统的大家庭逐渐向小家庭和个体化方向发展，农村社会的组织形式和生活方式逐步现代化。

（3）改变农业经营模式

农业机械化推动了农业经营模式的改变。传统的家庭式小规模农业逐渐被规模化、集约化和专业化的农业经营模式所取代。机械化设备的高效运作需要大面积的耕地和规范化的管理，这促使农户通过土地流转、合作社等形式，实现土地的集中经营和资源的优化配置。例如，在一些机械化水平较高的地区，农民通过加入农业合作社，共同购买和使用机械设备，实现规模化生产和经营，不仅提高了土地利用率，还降低了生产成本。此外，农业机械化还促进了农业产业链的延伸和增值，如通过机械化加工和运输，提高农产品的附加值和市场竞争力，推动了农业现代化和产业化的进程。

（4）长远经济效益

农业机械化带来的长远经济效益是显而易见的。首先，机械化大幅提高了农业生产的稳定性和可持续性。通过机械化种植、施肥和灌溉，农作物的生长过程更加标准化和科学化，减少了自然灾害和人为操作的不确定性，保障了农产品的稳定供应和市场价格的稳定。其次，机械化有助于减少农业对环境的负面影响，促进绿色农业和可持续发展。例如，精准农业机械能够精确控制农药和肥料的使用量，减少污染和资源浪费，保护生态环境。最后，机械化带来的生产效率提升和成本降低，增强了农业的国际竞争力，促进了农产品的出口和国际贸易，为国家经济发展贡献了重要力量。

5. 早期农业机械化的局限和挑战

早期农业机械化在技术、经济和环境等方面存在诸多局限和挑战。然而，通过不断的技术进步和政策支持，这些问题可以逐步得到解决，推动农业机械化向更加高效、可持续的方向发展，为农业现代化和农村经济社会发展奠定坚实的基础。下面将从技术限制、设备可靠性、高成本和维护难题、环境负面影响以及改进和优化方面进行探讨，揭示早期农业机械化在推动农业现代化进程中的困难和需要解决的问题。

（1）技术限制和设备可靠性问题

早期农业机械化面临的首要问题是技术限制和设备可靠性问题。由于当时机械制造技术和材料科学的局限，早期的农业机械设备在设计和制造上存在许多不足。例如，早期的拖拉机和收割机在结构上较为简单，操作性能和作业效率有限。此外，设备的耐用性和可靠性较差，经常出现故障，影响了正常的农业生产。这些技术上的局限性使得机械设备在实际应用中难以充分发挥其应有的作用，制约了农业机械化的推广和普及。

（2）高成本和维护难题

农业机械化设备的高成本和维护难题也是早期机械化面临的重要挑战之一。早期的农业机械设备价格昂贵，对于大多数农民来说，购买和使用这些设备是一笔巨大的投资。除了购置成本外，机械设备的维护和保养也需要投入大量的资金和时间。由于农村地区机械维修和保养服务体系不健全，许多农民在设备出现故障时难以得到及时有效的维修服务，导致机械设备的利用率不高。此外，高昂的燃油和配件成本也增加了农民的经济负担，进一步限制了农业机械化的推广。

（3）环境负面影响

早期农业机械化还对环境产生了一些负面影响。机械化作业过程中，重型机械设备在田间行驶，容易导致土壤压实，破坏土壤结构，影响土壤的透气性和排水性，从而不利于作物的生长。例如，拖拉机和联合收割机在湿润的土壤中作业时，会造成土壤紧实度增加，影响根系的发育和土壤微生物的活动。此外，机械化设备的排放也对大气环境造成一定的污染，尤其是早期机械设备在燃油效率和排放控制方面存在较大不足，增加了空气中的有害物质含量。

（4）改进和优化的方面

面对上述局限和挑战，早期农业机械化需要在多个方面进行改进和优化。首先，应加强机械设备的技术研发，提高设备的性能和可靠性。通过引入先进的设计理念和制造技术，开发更加高效、耐用的机械设备，降低设备的故障率和维护成本。其次，政府和相关机构应加大对农业机械化的支持力度，通过补贴和优惠政策，降低农民购置和使用机械设备的成本，促进机械化的普及和推广。同时，应建立健全的农村机械维修和保养服务体系，提高设备的利用率和作业效率。此外，注重环保技术的应用，研发和推广低排放、低噪音的环保型农业机械设备，减少机械化作业对环境的负面影响。

（二）现代农业机器人的研究进展

1. 农业机器人技术的发展历程

农业机器人技术的发展历程展示了从机械化到智能化的巨大飞跃。随着关键技术的不断突破和应用，农业机器人将在未来的农业生产中发挥越来越重要的作用，推动农业向高效、智能和可持续的方向发展。下面将概述这一从机械化到智能化的发展路径,描述农业机器人技术的萌芽阶段和初步应用,强调关键技术的突破及其应用实例。

（1）从机械化到智能化的发展路径

农业生产经历了从手工操作到机械化再到智能化的重大变革。早期的机械化主要通过引入机械设备,如拖拉机、收割机和播种机,提高了农业生产效率和作业规模。然而,传统机械设备依赖人工操作,无法满足现代农业对精确度和智能化的需求。随着计算机技术、传感技术和人工智能的迅速发展,农业机器人技术应运而生,标志着农业生产进入了智能化时代。农业机器人不仅能够自主完成复杂的农业任务,还能通过数据分析和机器学习不断优化作业过程,提高农业生产的智能化水平。

（2）农业机器人技术的萌芽阶段和初步应用

农业机器人技术的萌芽阶段始于 20 世纪 80 年代,当时一些科研机构和企业开始尝试将机器人技术应用于农业生产中。早期的农业机器人主要用于环境监测、简单的田间作业和数据采集。例如,最早的农业机器人之一是日本开发的用于水稻田间管理的自动化机械,该机器人能够在田间自动行驶并完成简单的作业任务。

初步应用阶段的农业机器人多以半自动化设备为主,仍然需要人工干预和控制。尽管如此,这些初步应用为后续的农业机器人技术发展奠定了基础。20 世纪 90 年代,美国的研究人员开发了用于果园的自动采摘机器人,该机器人能够通过机械臂和视觉系统识别和采摘果实,虽然速度和准确度有限,但展示了农业机器人在作物管理中的潜力。

（3）关键技术的突破和应用实例

农业机器人技术的快速发展离不开关键技术的突破。这些技术包括传感器技术、导航与定位技术、机器视觉、人工智能和大数据分析等。以下是几项关键技术的突破及其应用实例:

传感器技术:现代农业机器人广泛采用各种传感器,如光学传感器、超声波传感器和激光雷达,用于环境感知和作物检测。例如,使用多光谱成像技术的无人机可以监测农田的健康状况,识别病虫害和营养缺乏区域。

导航与定位技术:精准导航和定位是农业机器人高效作业的基础。GPS 技术的应用使得农业机器人能够在田间进行精确定位和路径规划。例如,自动驾驶拖拉机通过 GPS 定位系统,可以自主完成耕地、播种和施肥等任务,提高了作业效率和精度。

机器视觉:机器视觉技术在农业机器人中的应用十分广泛,通过摄像头和图像处理算法,机器人能够识别作物、杂草和果实。例如,基于机器视觉的自动化收割机器人可以识别成熟的果实,并准确地进行采摘,减少了人力成本和劳动强度。

人工智能和大数据分析:人工智能和大数据分析技术为农业机器人提供了智能决策支持。通过机器学习算法,机器人能够分析大量农业数据,优化作业策略。例如,智能灌溉系统利用土壤湿度传感器和气象数据,自动调节灌溉量,确保作物获得适宜的水分供应。

（4）农业机器人技术的一些应用

农业机器人技术的应用实例丰富多样，涵盖了农田管理、作物种植、病虫害防治、收获等多个环节。以下是几个典型的应用实例。

无人机喷洒：无人机配备农药喷洒系统，可以在短时间内高效完成大面积农田的农药喷洒作业，减少了农药使用量和环境污染。

自动化收割机器人：在果园和蔬菜种植中，自动化收割机器人通过机器视觉技术识别成熟的果实，并进行精准采摘，提高了收割效率和质量。

智能灌溉系统：智能灌溉系统通过传感器实时监测土壤湿度和作物生长状况，自动调节灌溉量，节约水资源，提升作物产量。

2. 关键技术突破：传感器、人工智能和自动化

传感器技术、人工智能和自动化技术的突破，为农业机器人技术的发展提供了坚实的基础和广阔的应用前景。这些技术的综合应用，使得农业机器人在各个环节中实现了高度的智能化和自动化，推动了农业生产向高效、精准和可持续的方向迈进。

农业机器人技术的发展得益于多项关键技术的突破，其中传感器技术、人工智能和自动化技术尤为重要。这些技术的进步极大地提升了农业机器人在各种农业作业中的性能和应用广度。本文将详细介绍这些关键技术的进步及其在农业机器人中的具体应用。

（1）传感器技术的进步及其在农业机器人中的应用

传感器技术在农业机器人中扮演着至关重要的角色，它们是机器人感知环境和获取信息的基础。近年来，传感器技术取得了显著的进步，主要体现在传感器种类的多样化、精度的提升和成本的降低。

多光谱和超光谱传感器：这些传感器可以捕捉植物在不同光谱下的反射光，从而识别植物的健康状况、营养水平和病虫害情况。例如，利用多光谱传感器，无人机可以快速扫描农田，生成农作物健康状况的热图，帮助农民及时采取措施。

激光雷达（LiDAR）：LiDAR 传感器通过发射激光测量物体的距离和形状，在农业机器人中用于精确测绘农田地形和作物高度。LiDAR 技术的应用提高了农业机器人在复杂环境中的导航能力，特别是在果园和温室等场景中。

土壤传感器：土壤传感器能够实时监测土壤的湿度、温度和营养成分。这些数据对于精准农业至关重要，帮助农民优化灌溉和施肥方案，提升作物产量和质量。例如，安装在田间的土壤传感器可以与灌溉系统联动，根据土壤湿度自动调节灌溉量。

传感器技术的进步使农业机器人能够更全面、精确地感知环境，从而实现高效、精准的农业作业。

（2）人工智能在农业机器人中的具体应用

人工智能（AI）在农业机器人中的应用主要体现在图像识别、数据分析和决策支持等方面。AI 技术的引入，使得农业机器人能够在复杂多变的农业环境中进行智能

化操作和管理。

图像识别：图像识别技术是 AI 在农业机器人中最常见的应用之一。通过深度学习算法，机器人能够从图像中识别出作物、杂草、病虫害等。例如，基于图像识别的农田巡检机器人可以在田间自动巡逻，识别并定位患病作物，及时进行处理，减少病虫害的传播。

数据分析：AI 技术可以处理和分析大量农业数据，包括气象数据、土壤数据和作物生长数据。通过大数据分析，AI 能够预测作物生长趋势、病虫害暴发风险，并为农民提供优化的种植和管理方案。例如，AI 系统可以分析多年气象数据和土壤数据，为农民提供最佳播种时间和施肥策略。

决策支持：AI 不仅能够分析数据，还可以进行智能决策，指导农业机器人的具体操作。例如，智能灌溉系统通过 AI 算法分析土壤湿度和天气预报，自动调整灌溉时间和水量，既节约了水资源，又保障了作物的正常生长。

AI 技术的应用，使得农业机器人具备了自主学习和智能决策能力，大大提升了农业生产的效率和精确度。

（3）自动化技术的发展及其对农业机器人性能的提升

自动化技术是农业机器人实现自主操作的核心。随着自动化技术的不断发展，农业机器人的性能和应用范围得到了显著提升。

自主导航和定位：自动化技术的发展使得农业机器人能够在复杂的农田环境中实现自主导航和精准定位。通过融合 GPS、LiDAR 和视觉传感器，农业机器人可以自主规划路径，避开障碍物，精确到达目标地点。例如，无人驾驶拖拉机可以在田间自主行驶，完成耕地、播种、施肥等多项任务，提高了作业效率和精度。

机器人操作系统：现代农业机器人配备了先进的操作系统，能够协调多个传感器和执行机构的工作，保证作业的连续性和稳定性。机器人操作系统还支持远程控制和监控，农民可以通过移动设备实时查看机器人的作业状态，并进行必要的调整和控制。

协作机器人（Cobot）：协作机器人是农业自动化技术的重要突破，能够与人类协同工作。协作机器人通常具有较高的灵活性和安全性，适用于温室、果园等需要精细操作的环境。例如，协作机器人可以在果园中与工人协同采摘水果，提高采摘效率，同时减少对果实的损伤。

自动化技术的发展，使得农业机器人具备了高度的自主性和灵活性，能够在不同的农业场景中高效作业。

（4）典型应用实例

以下是一些典型的农业机器人应用实例，展示了传感器技术、人工智能和自动化技术的综合应用。

自动化植保无人机：这类无人机配备多光谱传感器和 AI 图像识别技术，能够精确识别病虫害区域，并自动进行农药喷洒，减少农药使用量和环境污染。

果园采摘机器人：果园采摘机器人利用机器视觉和协作机器人技术，能够在复杂的果树环境中精准识别和采摘成熟果实，显著提高了采摘效率和果实质量。

智能灌溉系统：智能灌溉系统集成了土壤传感器、天气预报和 AI 算法，能够根据实时数据自动调节灌溉时间和水量，确保作物获得适宜的水分供应，同时节约水资源。

3. 现代农业机器人的应用领域

现代农业机器人在田间作业、温室管理和畜牧养殖中发挥了重要作用，通过自动化和智能化技术，提升了农业生产效率、降低了劳动强度，并推动了农业现代化进程。这些技术的广泛应用，不仅提高了农业生产的效益，还为农业的可持续发展提供了有力支持。下面将详细探讨田间作业机器人、温室机器人和畜牧养殖机器人的应用领域，结合具体案例分析其效果和优势。

（1）田间作业机器人

田间作业机器人主要用于农田中的各类农业作业，包括播种、施肥、除草和收割等环节。这些机器人利用先进的传感器和自动化技术，能够在复杂的农田环境中自主完成各种任务，提高了作业效率和精确度。

播种机器人：播种是农业生产的首要环节，传统的人工播种不仅费时费力，而且难以保证播种的均匀度和深度。播种机器人通过精确的导航系统和种子分配装置，能够实现精准播种。例如，爱荷华州立大学开发的自动播种机器人，利用 GPS 和传感器技术，能够在田间自主导航，精确控制播种深度和间距，提高了种子的发芽率和作物的均匀生长。

施肥机器人：施肥机器人通过土壤传感器实时监测土壤养分含量，并根据作物需求进行精确施肥，避免过量施肥和肥料浪费。例如，瑞士的一家公司研发的施肥机器人，能够根据土壤和作物的实际情况，精准控制肥料的施用量和施用位置，不仅提高了肥料的利用效率，还减少了对环境的污染。

除草机器人：除草是农田管理中的一项重要工作，传统的人工除草耗时耗力且效果有限。除草机器人利用机器视觉和机械臂技术，能够精确识别和去除杂草。例如，法国 NaïoTechnologies 公司开发的 Dino 除草机器人，配备了多种传感器和机械臂，能够在田间自动行走，识别并去除杂草，提高了除草效率，减少了除草剂的使用。

收割机器人：收割是农业生产的最后一个环节，也是劳动强度最大的环节之一。收割机器人通过传感器和自动化技术，能够实现高效、精准的作物收割。例如，日本开发的机器人收割机，可以在稻田中自主行驶，利用激光传感器和图像识别技术，精确收割水稻，减少了人工操作的损失和误差。

（2）温室机器人

温室机器人主要用于温室环境中的环境控制、植保和采摘等作业。通过自动化和智能化技术，温室机器人能够优化温室内的生产环境，提高作物的产量和质量。

环境控制机器人：环境控制是温室管理的关键，涉及温度、湿度、光照和气体浓度等因素的调节。环境控制机器人通过传感器实时监测温室内的环境参数，并根据作物的需求自动调节。例如，荷兰 Wageningen 大学开发的温室环境控制机器人，利用传感器和 AI 技术，能够精确调控温室内的温度和湿度，优化作物生长环境，提高了作物的产量和品质。

植保机器人：植保机器人在温室中用于病虫害监测和防治，通过机器视觉和喷雾系统，能够精准识别病虫害并进行处理。例如，以色列开发的植保机器人，配备了高精度摄像头和喷雾系统，能够实时监测作物的病虫害情况，并精准喷洒农药，减少了农药的使用量和对环境的污染。

采摘机器人：温室中的果蔬采摘是劳动强度大的工作，采摘机器人通过机器视觉和机械臂技术，能够高效、精准地完成采摘任务。例如，日本开发的番茄采摘机器人，通过图像识别技术，能够识别成熟的番茄并进行采摘，不仅提高了采摘效率，还减少了对果实的损伤。

（3）畜牧养殖机器人

畜牧养殖机器人在饲喂、清洁和健康监测等方面发挥了重要作用，通过自动化和智能化技术，提升了畜牧养殖的管理效率和动物福利。

饲喂机器人：饲喂机器人通过传感器和自动化设备，能够精确控制饲料的投放量和投放时间，确保动物的营养需求。例如，荷兰 Lely 公司开发的自动饲喂机器人，通过 RFID 技术识别每头奶牛，并根据其营养需求精确投放饲料，提高了奶牛的生产性能和健康水平。

清洁机器人：畜舍的清洁是畜牧养殖中的一项重要工作，清洁机器人通过自动化技术，能够高效完成畜舍的清洁和消毒。例如，丹麦开发的猪舍清洁机器人，能够自动清扫和消毒猪舍，减少了人工劳动，改善了猪舍环境，提高了动物的健康水平。

健康监测机器人：健康监测是畜牧养殖管理的关键，健康监测机器人通过传感器实时监测动物的健康状况，及时发现和处理健康问题。例如，美国开发的奶牛健康监测系统，通过可穿戴传感器监测奶牛的体温、活动量和反刍情况，并将数据传输到中央系统进行分析，及时发现奶牛的健康问题，提高了养殖管理的科学性和精准性。

（4）应用案例和效果分析

田间作业机器人的应用案例：在美国艾奥瓦州，农民 John 采用了自动播种机器人进行玉米种植。该机器人通过 GPS 导航和传感器技术，能够精确控制播种深度和间距，提高了种子的发芽率和作物的均匀生长。相比传统人工播种，播种机器人不仅节省了大量人力成本，还提高了种植效率和产量。

温室机器人的应用案例：在荷兰，某温室种植公司采用了环境控制机器人和植保机器人进行番茄种植。环境控制机器人通过传感器实时监测温室内的温度和湿度，并根据作物需求自动调节，优化了番茄的生长环境。植保机器人利用机器视觉和喷雾系统，能够精准识别和处理病虫害，减少了农药使用量，提高了番茄的产量和质量。

畜牧养殖机器人的应用案例：在荷兰的一家奶牛场，农场主采用了自动饲喂机器人和健康监测机器人进行奶牛养殖。自动饲喂机器人通过 RFID 技术识别每头奶牛，并根据其营养需求精确投放饲料，提高了奶牛的生产性能和健康水平。健康监测机器人通过可穿戴传感器实时监测奶牛的健康状况，及时发现和处理健康问题，提高了养殖管理的科学性和精准性。

（5）效果和优势分析

田间作业机器人：田间作业机器人显著提高了农业生产效率和精确度，减少了人工劳动强度和成本。通过精准播种、施肥、除草和收割，机器人能够优化作物生长条件，提高作物产量和质量，减少资源浪费和环境污染。

温室机器人：温室机器人通过智能化环境控制和植保措施，优化了作物生长环境，提高了温室种植的产量和品质。采摘机器人则减少了人工劳动，降低了对果实的损伤，提高了采摘效率和果实质量。

畜牧养殖机器人：畜牧养殖机器人通过自动化饲喂、清洁和健康监测，提升了畜牧养殖的管理效率和动物福利。自动饲喂机器人确保了动物的营养需求，清洁机器人改善了畜舍环境，健康监测机器人及时发现和处理健康问题，提高了养殖管理的科学性和精准性。

4. 现代农业机器人的优势和局限

现代农业机器人技术的发展为农业生产带来了显著的变革，其高效性、精确性和智能化特点极大地提升了农业生产的效率和质量。然而，现代农业机器人在实际应用中也面临着成本高和技术复杂度等局限。本文将分析现代农业机器人的主要优势、面临的局限，并提出在实际应用中遇到的挑战和需要改进的方面。

（1）现代农业机器人的主要优势

高效性：农业机器人通过自动化技术实现了高效的作业，减少了人工劳动强度，提高了生产效率。例如，自动播种机器人能够在短时间内完成大面积的播种工作，而传统的人工播种不仅耗时费力，而且难以保证播种的均匀性。类似地，收割机器人能够在收获季节高效、精准地进行作物收割，避免了因人工操作导致的收获损失。

精确性：现代农业机器人利用传感器和导航技术，能够实现高精度的农业作业。播种机器人可以精确控制种子的深度和间距，施肥机器人能够根据土壤和作物的实际需求精确施肥，除草机器人则能准确识别和去除杂草。这些精准操作不仅提高了作物的产量和质量，还减少了资源的浪费和环境的污染。

智能化：农业机器人集成了先进的人工智能技术，能够自主学习和智能决策。例如，植保机器人通过机器视觉和深度学习算法，能够实时监测和识别作物的病虫害情况，并根据病害程度智能喷洒农药。智能灌溉系统通过 AI 算法分析气象和土壤数据，自动调节灌溉时间和水量，确保作物获得适宜的水分供应，同时节约水资源。

（2）现代农业机器人面临的局限

成本高：现代农业机器人的研发和生产成本较高，限制了其在中小型农场的普及。购买和维护这些高科技设备需要大量资金投入，对于经济实力较弱的农户来说，初期投资成本较大。例如，一台高性能的植保机器人价格昂贵，农户在购买时需要考虑其投入产出比，这在一定程度上限制了机器人的普及应用。

技术复杂度：现代农业机器人涉及多种先进技术，包括传感器、人工智能、自动化等，操作和维护需要专业知识和技能。这对于技术水平较低的农户来说，是一个不小的挑战。例如，机器人在田间作业过程中，可能会遇到传感器故障、导航误差等问题，农户需要具备一定的技术能力来解决这些问题，否则可能影响正常的农业生产。

（3）实际应用中的挑战和改进方向

技术适应性：农业机器人需要在各种复杂的农业环境中运行，如不规则的田间地形、不同作物的种植模式等。因此，机器人技术需要具备较强的适应性和稳定性。例如，在田间作业时，机器人需要能够应对不同的土壤类型、天气条件和作物种类，确保作业的连续性和可靠性。

成本降低：为了提高农业机器人的普及率，需要进一步降低其研发和生产成本。一方面，政府和科研机构可以加大对农业机器人技术的研发投入，推动技术的进步和成本的降低；另一方面，企业可以通过规模化生产和技术创新，降低设备的制造成本，使更多的农户能够负担得起。

技术培训：为了解决农户在使用农业机器人时遇到的技术问题，需要加强对农户的技术培训和服务支持。政府和企业可以联合开展技术培训班，提供操作和维护农业机器人的专业知识和技能，帮助农户提高使用机器人技术的能力。同时，建立完善的售后服务体系，及时解决农户在使用过程中遇到的问题，保障农业生产的顺利进行。

数据安全与隐私：现代农业机器人在运行过程中会采集和处理大量的农业数据，包括土壤、作物、气象等信息。如何保护这些数据的安全和隐私，是一个需要重视的问题。企业需要建立健全的数据安全保护措施，防止数据泄露和滥用，同时确保农户的隐私权利。

现代农业机器人以其高效性、精确性和智能化的特点，为农业生产带来了显著的优势。然而，高成本和技术复杂度等局限，限制了其在更大范围内的普及和应用。为了解决这些问题，需要在技术适应性、成本降低、技术培训和数据安全等方面进行改进。通过持续的技术创新和政策支持，现代农业机器人将在未来的农业生产中发挥更加重要的作用，推动农业现代化和可持续发展。

5. 代表性农业机器人产品和案例

农业机器人技术的迅速发展，涌现出一批具有代表性的农业机器人产品，这些产品在实际应用中展现了显著的效果，推动了农业生产的变革。下面将介绍几款具有代表性的农业机器人产品，并通过具体案例分析它们的应用效果和对农业生产的影响。

（1）代表性农业机器人产品

NaïoTechnologies 的 Dino 除草机器人：NaïoTechnologies 的 Dino 除草机器人是一款专为大规模农田设计的自动除草机器人，配备了多种传感器和机械臂，能够在田间自主导航，精准识别和去除杂草。Dino 机器人通过电动驱动系统，能够在不使用除草剂的情况下进行高效除草，保护环境和土壤健康。

Blue River Technology 的 See&Spray 机器人：Blue River Technology 的 See&Spray 机器人利用机器视觉和人工智能技术，能够实时识别农田中的杂草，并精确喷洒除草剂。这款机器人通过大幅度减少除草剂的使用量，不仅降低了成本，还减少了对环境的影响，提升了农业生产的可持续性。

Ecorobotix 的 Avo 机器人：Ecorobotix 的 Avo 机器人是一款太阳能驱动的农田管理机器人，主要用于精准施肥和除草。Avo 机器人通过高精度的 GPS 和传感器系统，能够精确定位作物位置，并根据土壤和作物需求进行精准施肥和除草，最大限度地提高资源利用效率。

Lely 公司的 Astronaut A5 自动挤奶机器人：Lely 公司的 Astronaut A5 自动挤奶机器人是一款智能化的奶牛挤奶设备，通过先进的传感器和数据分析技术，能够实时监测奶牛的健康状况和产奶情况，实现自动化、精准化的挤奶作业，提高了奶牛的生产效率和健康水平。

（2）具体应用案例

Dino 除草机器人的应用案例：在法国的一家有机农场，农场主采用了 NaïoTechnologies 的 Dino 除草机器人进行杂草管理。Dino 机器人通过自主导航和机械臂技术，能够高效识别和去除田间的杂草，替代了传统的人工除草和化学除草剂。应用 Dino 机器人后，该农场的除草效率提高了 50%，杂草对作物的影响显著减少，且实现了无化学除草剂的环保目标。

See&Spray 机器人的应用案例：在美国加利福尼亚州的一片棉花田中，农场主采用了 Blue River Technology 的 See&Spray 机器人进行杂草管理。See&Spray 机器人通过机器视觉和 AI 技术，精准识别棉花田中的杂草，并精确喷洒除草剂。应用该机器人后，除草剂使用量减少了 90%，不仅降低了成本，还减少了对环境的污染，提升了农田的生态平衡。

Avo 机器人的应用案例：在瑞士的一家小麦农场，农场主采用了 Ecorobotix 的 Avo 机器人进行精准施肥和除草。Avo 机器人利用高精度的 GPS 和传感器系统，能够根据土壤和小麦的需求，精确施肥和除草。应用该机器人后，农场的肥料利用率提高了 30%，杂草对小麦的竞争减少，作物产量和质量显著提升。

Astronaut A5 自动挤奶机器人的应用案例：在荷兰的一家奶牛场，农场主采用了 Lely 公司的 Astronaut A5 自动挤奶机器人进行奶牛管理。该机器人通过先进的传感器和数据分析技术，能够实时监测奶牛的健康状况和产奶情况，实现了自动化、精准化的挤奶作业。应用该机器人后，奶牛的挤奶效率提高了 20%，乳品质量得到提升，奶牛的健康状况也显著提高。

（3）效果和影响分析

高效性和精确性：这些代表性农业机器人在实际应用中展现了高效性和精确性的优势。例如，Dino 除草机器人和 See&Spray 机器人通过精准识别和处理杂草，提高了除草效率，减少了化学除草剂的使用；Avo 机器人通过精准施肥和除草，优化了作物生长条件，提高了资源利用效率和作物产量。

环保和可持续性：这些机器人产品的应用，有助于实现农业生产的环保和可持续发展目标。例如，Dino 除草机器人和 See&Spray 机器人通过减少化学除草剂的使用，降低了对环境的污染；Avo 机器人通过精准施肥，减少了肥料的浪费和土壤污染，促进了农业的生态平衡。

经济效益：农业机器人的应用还带来了显著的经济效益。例如，See&Spray 机器人通过减少除草剂的使用，降低了农业生产成本；Astronaut A5 自动挤奶机器人通过提高挤奶效率和乳品质量，增加了农场的经济收益。这些机器人产品通过提高生产效率和资源利用率，提升了农业生产的经济效益。

现代农业机器人产品通过高效、精确和智能化的技术手段，显著提升了农业生产效率，减少了对环境的负面影响，带来了显著的经济效益。然而，在实际应用中，这些机器人产品也面临着成本高和技术复杂度等挑战。通过持续的技术创新和政策支持，农业机器人将在未来的农业生产中发挥更加重要的作用，推动农业的现代化和可持续发展。

6. 现代农业机器人技术的社会和经济效益

现代农业机器人技术的发展，不仅提升了农业生产效率和质量，还对农村经济和社会结构产生了深远的影响。本文将从农业生产效率和质量的提升、农村经济发展的推动作用以及对社会结构和农业经营模式的影响等方面，探讨现代农业机器人技术的社会和经济效益。

（1）提升农业生产效率和质量

高效作业：农业机器人技术通过自动化和智能化手段，大幅度提升了农业生产的效率。例如，自动播种机器人能够在短时间内完成大面积的播种任务，比传统人工操作更高效。收割机器人能够在收获季节快速、精准地进行作物收割，减少了因人工操作导致的收获损失。这些高效作业的机器人设备，显著提升了农业生产的效率。

精准操作：农业机器人利用传感器和导航技术，实现了高精度的农业作业。播种机器人可以精确控制种子的深度和间距，施肥机器人能够根据土壤和作物的实际需求精确施肥，除草机器人则能准确识别和去除杂草。这些精准操作不仅提高了作物的产量和质量，还减少了资源的浪费和环境的污染。

（2）推动农村经济发展

增加经济效益：农业机器人通过提升生产效率和资源利用率，为农民带来了显著的经济效益。例如，自动化的收割和植保机器人减少了对人工的依赖，降低了劳动力成本；精准施肥和灌溉机器人提高了肥料和水资源的利用效率，减少了生产成本。这些经济效益的提升，增加了农民的收入，推动了农村经济的发展。

促进技术创新：农业机器人技术的发展，推动了农业科技的进步和创新。随着机器人技术在农业中的广泛应用，越来越多的企业和科研机构投入到农业机器人技术的研发中，促进了农业科技的快速发展。这不仅为农业生产带来了新的增长点，还带动了相关产业的发展，如机器人制造、传感器研发等，进一步推动了农村经济的多元化发展。

（3）影响社会结构和农业经营模式

改变农村劳动力结构：农业机器人的应用，减少了对传统农民劳动力的需求，改变了农村劳动力结构。随着农业机器人替代部分人工劳动，农民可以从繁重的体力劳动中解放出来，投入到更具附加值的工作中，如农产品加工、销售和农业旅游等。这种劳动力结构的改变，有助于提升农村居民的生活水平和收入水平。

推动农业经营模式转变：农业机器人技术的应用，推动了传统农业向现代农业的转变。农民通过使用农业机器人，实现了农业生产的自动化和智能化，提高了生产效率和质量。这种转变不仅改变了传统的农业经营模式，还促进了农业生产的集约化和规模化发展。例如，智能温室和精准农业的推广，依赖于农业机器人技术的支持，实现了对农业生产全过程的精细管理。

现代农业机器人技术以其高效、精准和智能化的特点，显著提升了农业生产效率和质量，为农村经济发展带来了新的动力，并对社会结构和农业经营模式产生了深远的影响。通过持续的技术创新和政策支持，农业机器人技术将在未来的农业生产中发挥更加重要的作用，推动农业现代化和农村经济的可持续发展。

（三）未来农业机器人的发展趋势与挑战

1. 未来农业机器人技术的发展方向

农业机器人技术正在迅速发展，并对现代农业生产产生了深远影响。未来，随着科技的进步，农业机器人将变得更加智能化、自动化、多功能和集成化，同时强调环境友好和可持续发展。本文将预测未来农业机器人技术的发展趋势，探讨其智能化、自动化、多功能集成化的发展方向，并强调环境友好和可持续发展的重要性。

（1）更高智能化和自动化的发展方向

人工智能与机器学习：未来农业机器人将广泛应用人工智能（AI）和机器学习（ML）技术，使其具备更强的自主决策能力和适应性。例如，机器人可以通过 ML 算法分析大量农业数据，实时调整作业策略，以适应不同的环境条件和作物需求。这将使农业机器人在植保、收割、播种等各个环节中，表现出更高的智能化水平。

无人化作业：无人化将是未来农业机器人发展的重要方向之一。通过整合无人驾驶技术，未来的农业机器人将能够在无人干预的情况下，完成从播种到收割的全程作业。这不仅大大减少了对人工的依赖，还能提高作业效率和准确性。例如，无人拖拉机和无人机的结合，可以实现全自动化的田间管理。

实时监测与反馈：未来的农业机器人将配备更先进的传感器和通信技术，实现对作物和环境的实时监测与反馈。通过物联网（IoT）技术，机器人能够实时采集土壤湿度、气温、光照等数据，并通过数据分析做出即时反应。例如，灌溉机器人可以根据实时土壤湿度数据，自动调整灌溉量，确保作物获得适宜的水分供应。

（2）多功能和集成化的发展

多功能作业：未来的农业机器人将朝着多功能化方向发展，具备多种作业能力。例如，一台多功能机器人可以在不同季节完成播种、施肥、除草、收割等多项作业，减少农户对不同设备的依赖。这不仅提高了设备的利用率，还降低了农户的投资成本。

集成化技术：集成化技术将是未来农业机器人的另一大趋势。通过集成传感器、导航系统、机械臂等多种技术，未来的农业机器人将具备更高的作业效率和精度。例如，集成了高精度 GPS 和机器视觉技术的机器人，能够在复杂的田间环境中自主导航，精准定位作物并进行精细操作。

模块化设计：未来的农业机器人将采用模块化设计，使其能够根据不同作业需求，灵活配置和更换不同的作业模块。例如，农户可以根据季节和作物类型，选择合适的播种、施肥、除草等模块，快速转换机器人的功能。这种模块化设计不仅提高了设备的灵活性，还降低了维护成本。

（3）环境友好和可持续发展的重要性

减少农药和化肥使用：未来农业机器人技术的发展将注重减少农药和化肥的使用，以实现环境友好和可持续发展。例如，精准施药机器人通过机器视觉和 AI 技术，能够精确识别作物病虫害，并精准喷洒农药，减少农药的用量和对环境的污染。类似地，精准施肥机器人根据土壤和作物需求，精确施肥，减少肥料的浪费和土壤污染。

节约资源：未来农业机器人将致力于资源的高效利用和节约。例如，智能灌溉系统通过实时监测土壤湿度和天气状况，自动调整灌溉量，节约水资源。通过整合太阳能等可再生能源，农业机器人可以减少对传统能源的依赖，实现绿色环保作业。

生态保护：未来的农业机器人技术将更加关注生态保护和可持续发展。例如，采用生物降解材料制造的农业机器人，在使用寿命结束后能够自然降解，减少环境污染。通过减少化学农药和肥料的使用，保护土壤和水资源，促进农业的生态平衡。

（4）未来发展的挑战和对策

技术成本：虽然农业机器人技术前景广阔，但高昂的技术成本仍是未来发展的主要挑战之一。为此，政府和科研机构应加大对农业机器人技术的研发投入，推动技术的进步和成本的降低。此外，通过规模化生产和技术创新，企业可以进一步降低设备的制造成本，使更多农户能够负担得起。

技术培训：随着农业机器人技术的广泛应用，农户需要掌握相应的操作和维护技能。政府和企业应联合开展技术培训班，提供专业的技术支持和服务，帮助农户提高使用机器人技术的能力。同时，建立完善的售后服务体系，及时解决农户在使用过程中遇到的问题，保障农业生产的顺利进行。

数据安全：未来农业机器人在运行过程中将采集和处理大量的农业数据，如何保护这些数据的安全和隐私，是一个需要重视的问题。企业需要建立健全的数据安全保护措施，防止数据泄露和滥用，同时确保农户的隐私权利。

未来农业机器人技术的发展将朝着更高智能化、自动化、多功能和集成化方向发展，同时注重环境友好和可持续发展。通过不断的技术创新和政策支持，农业机器人将在未来的农业生产中发挥更加重要的作用，推动农业现代化和可持续发展。然而，为了实现这些目标，还需要克服技术成本、技术培训和数据安全等方面的挑战。通过各方的共同努力，未来农业机器人技术将为全球农业生产带来新的变革和机遇。

2. 未来农业机器人的应用前景

未来农业机器人的应用前景十分广阔，涉及从种植业到养殖业的各个方面。随着科技的不断进步，农业机器人将会在提高生产效率、降低成本、提升作物产量和质量等方面发挥重要作用。以下将从不同领域预测农业机器人未来的应用前景，并描述新技术和新应用场景的可能性。

（1）农作物种植与收获

在农作物种植领域，未来的农业机器人将更加智能化和自动化。例如，植保无人机和自动喷洒机器人将利用精确的 GPS 导航和图像识别技术，针对不同作物和病虫害进行精准喷洒。这不仅减少了农药的使用量，还有效提高了农作物的健康和产量。此外，智能播种机器人能够根据土壤情况、气候条件和作物需求，自动调整播种深度和间距，提高种子的发芽率和幼苗的生长质量。

在收获方面，未来的农业机器人将会采用更加先进的传感技术和机械结构。例如，智能采摘机器人能够通过视觉和触觉传感器识别成熟的果实，并以最优的方式进行采摘，避免损伤果实。对于大面积农田，联合收割机器人能够在无人驾驶的情况下高效地完成收割、脱粒和运输等工作，大幅降低劳动力成本。

（2）温室和垂直农业

温室和垂直农业是未来农业发展的重要方向。智能温室机器人将通过物联网技术，实现对温室内温度、湿度、光照等环境参数的实时监控和调节，确保作物在最佳环境下生长。同时，自动化灌溉和施肥系统将根据传感器数据精确控制水肥供应，提高资源利用效率。

在垂直农业中，自动化种植和收获机器人将负责多层种植架上的作物管理。这些机器人能够在狭小空间内灵活移动，完成播种、修剪、采摘等操作。未来的垂直农业机器人还可能具备自学习和自适应能力，能够根据作物生长状况调整管理策略，提高作物产量和品质。

（3）畜牧业和水产养殖

在畜牧业领域，未来的农业机器人将广泛应用于饲养、监控和疾病防控等环节。智能饲喂机器人能够根据动物的体重、健康状况和生长阶段，自动调整饲料的种类和配比，确保动物获得最优的营养。此外，智能监控系统将通过传感器和摄像头实时监测动物的行为和健康状况，及时发现和处理异常情况，降低疾病传播风险。

在水产养殖方面，自动化养殖机器人将承担饲料投喂、水质监测和鱼类健康管理等任务。这些机器人能够在水下灵活移动，采集环境数据并传输到中央控制系统进行分析和决策。未来的水产养殖机器人还可能配备自动捕捞和分拣功能，提高养殖效率和产品质量。

3. 未来农业机器人面临的挑战

虽然农业机器人在未来农业中具有广阔的应用前景，但其发展和推广过程中也面临着多重挑战。以下将从技术、经济、社会和政策等方面分析未来农业机器人所面临的挑战。

（1）技术挑战

1）数据处理：农业机器人需要处理大量的传感器数据，包括图像、温度、湿度、土壤湿度和病虫害信息等。有效的数据处理和分析能力对于实现精准农业至关重要。然而，实时处理这些数据并做出快速响应是一个巨大的技术挑战。尤其是在大面积农田或复杂的农业环境中，如何确保数据的准确性和及时性，以及如何应对数据处理过程中可能出现的传输延迟和信息丢失，是需要解决的重要问题。

2）能量供应：农业机器人通常需要长时间在田间工作，持续的能量供应是一个关键问题。现有的电池技术和太阳能供电系统在续航能力和能量密度方面仍存在一定的局限。如何提高电池的能量密度、延长充电周期、提升太阳能转换效率，以及在必要时快速更换或补充能量，是确保农业机器人持续高效工作的必要条件。

3）环境适应性：农业环境复杂多变，农业机器人需要能够在不同的天气条件、地形和作物生长阶段下稳定工作。比如，田间的泥泞、石块以及植物的茂密程度都会影响机器人的移动和操作性能。为此，未来的农业机器人需要具备更强的环境适应能力和更高的操作灵活性，能够在各种复杂环境中稳定工作。

（2）经济挑战

1）设备成本：目前，农业机器人的研发和生产成本较高，对于大多数农民来说是一笔不小的投资。高昂的设备成本可能会阻碍农业机器人在中小型农场的普及。为了降低成本，制造商需要在保证质量和性能的前提下，优化生产工艺和材料选择，寻求更具成本效益的解决方案。

2）投资回报：农民在购买和使用农业机器人时，需要考虑投资回报率。农业机器人在提高生产效率、减少劳动力成本和提高作物产量方面具有显著优势，但初期的设备投资和维护成本较高。如何让农民在较短时间内看到显著的经济效益，增加对农业机器人的信心，是未来推广过程中需要解决的重要问题。

（3）社会和政策挑战

1）法律法规：农业机器人在实际应用中涉及多个法律法规问题。例如，植保无人机需要符合相关的飞行管理规定，自动化设备需要符合安全和环保标准等。随着农业机器人的普及，政府和相关机构需要制定和完善相应的法律法规和标准，确保农业机器人在安全、环保和高效的前提下使用。

2）社会接受度：农业机器人在推广过程中还需要克服社会接受度的问题。农民对新技术的接受程度、操作技能和使用习惯等都会影响农业机器人的普及。一些农民可能对机器人技术缺乏信任或担心操作复杂，需要通过培训和宣传，提高他们对农业机器人技术的认知和接受度。

3）就业影响：农业机器人的广泛应用可能对传统农业劳动力市场产生影响。虽然农业机器人能够提高生产效率，减小劳动强度，但也可能导致部分农民失业或转业。政府和社会需要考虑如何在推广农业机器人的同时，保障农民的就业和生计，提供必要的技能培训和就业支持，促进劳动力市场的平稳过渡。

未来农业机器人的发展充满希望，但也面临着技术、经济、社会和政策等方面的多重挑战。通过不断的技术创新、政策支持和社会宣传，逐步克服这些挑战，农业机器人将会在现代农业中发挥更加重要的作用，推动农业生产向智能化、精准化和可持续发展的方向迈进。

第二节　农业机器人关键技术

一、导航与定位技术

（一）全球导航卫星系统（GNSS）在农业机器人中的应用

1. 全球导航卫星系统概述

全球导航卫星系统（Global Navigation Satellite System，GNSS）是一种通过卫星提供全球范围内定位、导航和授时服务的技术。其基本原理是通过卫星发射信号，接收设备（如 GNSS 接收器）接收并解析这些信号，根据信号传输的时间差计算出设备的精确位置。GNSS 的定位依赖于至少四颗卫星的信号，通过三角测量法确定接收设备的三维位置和时间同步信息。最常见的 GNSS 包括美国的全球定位系统（GPS）、俄罗斯的格洛纳斯（GLONASS）、欧洲的伽利略（Galileo）和中国的北斗导航系统（BeiDou）。

GNSS 技术的发展历史可以追溯到 20 世纪 60 年代。当时，美国军方开始研发全球定位系统（GPS），最初用于军事导航和定位。1978 年，美国发射了第一颗 GPS 卫星，标志着 GNSS 系统的正式诞生。随着技术的不断发展和卫星数量的增加，GNSS 的应用范围逐渐扩大，涵盖了民用领域。20 世纪 90 年代，GPS 系统向全球开放，民用用户也可以享受高精度的定位服务。与此同时，其他国家和地区也开始发展各自的 GNSS 系统，如俄罗斯的 GLONASS、欧洲的伽利略和中国的北斗系统。这些系统的建成和完善，使全球导航卫星系统的服务覆盖范围更广，定位精度不断提高。

在农业机器人中，GNSS 技术具有重要意义。农业生产环境复杂多变，田间作业需要高精度的导航和定位能力。GNSS 能够为农业机器人提供精确的位置信息，使其能够在田间自动导航和进行精细农业作业，如精准播种、施肥和收割等。通过 GNSS 技术，农业机器人可以实现自动驾驶，按照预设路径精准作业，提高农业生产的效率和准确性，减少资源浪费，提升作物产量和品质。例如，在大规模农田中，自动驾驶拖拉机可以利用 GNSS 技术实现厘米级精度的作业，显著提高耕作效率和作物产量。

2. 全球导航卫星系统在农业中的应用场景

全球导航卫星系统（GNSS）在农业中的应用日益广泛，尤其是在农业机器人领域。通过提供精确的位置和时间信息，GNSS 技术使得自动化和精准农业成为可能，极大地提升了农业生产的效率和准确性。

（1）GNSS 在农业机器人中的具体应用

1）自动驾驶拖拉机

自动驾驶拖拉机是 GNSS 技术在农业机器人中的典型应用之一。通过使用 GNSS 接收器，拖拉机能够接收来自卫星的精确位置数据，实现自动驾驶。这种技术不仅减少了人力需求，还提高了田间作业的精度。农民可以通过设定预定的路径和工作任务，让拖拉机自动完成耕地、播种、施肥等任务。

例如，约翰迪尔（JohnDeere）公司推出的自动驾驶拖拉机配备了高精度 GNSS 接收器，能够实现厘米级的定位精度。这种高精度定位使得拖拉机在作业时能够避免重叠和遗漏，从而提高了作业效率和农资利用率。

2）田间导航

田间导航是另一个 GNSS 技术在农业机器人中的重要应用。农用无人机、自动化播种机和施肥机等农业机器人都依赖于 GNSS 技术进行精确的田间导航。这些机器人通过 GNSS 接收器获取实时位置信息，确保在田间作业时路径准确，从而避免重复作业和遗漏区域。

例如，DJI 公司的农用无人机 MG1P 利用 GNSS 技术进行田间导航和作业。无人机能够根据预设的飞行路径进行精确的喷洒作业，确保农药和肥料的均匀分布。这不仅提高了农药和肥料的利用效率，还减少了环境污染。

（2）GNSS 在提高农业效率和精准度方面的贡献

1）提高作业效率

GNSS 技术在农业中的应用显著提高了农业作业的效率。自动驾驶拖拉机和田间导航系统使得农机能够在无人干预的情况下高效作业，减少了人工成本和劳动强度。例如，使用自动驾驶拖拉机进行耕地作业，能够在更短的时间内完成更大面积的耕作任务，从而提高整体生产效率。

2）提升作业精准度

GNSS 技术提供的高精度定位信息，使得农业作业的精度得到了显著提升。无论是播种、施肥还是喷洒农药，高精度的田间导航都能确保每一次作业都在预定的轨道上进行，避免了重叠作业和遗漏区域。例如，在施肥过程中，精准的导航系统能够确保肥料均匀分布，避免浪费和土壤污染。

3. 全球导航卫星系统在农业中的技术挑战

全球导航卫星系统（GNSS）在农业中的应用虽然带来了诸多优势，但也面临一些技术挑战。这些挑战主要包括信号遮挡、定位精度问题和多路径干扰。

1）信号遮挡

农业环境中，GNSS 信号可能会受到各种因素的遮挡。例如，高大的农作物、树木、建筑物和其他地形特征都可能阻挡 GNSS 信号，导致信号接收质量下降。特别是在一些具有复杂地形和植被密集的农田中，信号遮挡问题尤为突出。这会影响自动驾驶拖拉机、无人机和其他农业机器人在田间的精确导航和作业。

2）定位精度问题

GNSS 系统的定位精度在农业应用中至关重要。标准的 GNSS 系统通常只能提供米级的定位精度，这对于一些要求高精度操作的农业任务（如精确播种、精准施肥和病虫害监测）来说是不够的。定位精度不足会导致农机作业时发生偏差，影响农田管理的效果和农作物的产量。

3）多路径干扰

多路径干扰是 GNSS 技术在农业应用中常见的问题。当 GNSS 信号在传输过程中被地面、建筑物或其他物体反射，接收器会同时接收到直接信号和反射信号，从而产生多路径效应。这种效应会导致接收信号的时间和位置信息出现误差，进而影响定位精度和导航效果。农田中存在的各种反射面，如水田、湿地和金属设备等，都会增加多路径干扰的风险。

（二）视觉导航技术及其在复杂农业环境中的适应性

1. 视觉导航技术概述

视觉导航技术是基于图像和视频数据进行环境感知和路径规划的一种导航方法。其基本原理是通过摄像头或其他图像传感器获取环境的视觉信息，利用图像处理和计算机视觉技术对这些信息进行分析，提取有用的特征，如道路边界、障碍物位置、作物行间等，从而实现导航和避障功能。

在农业机器人中，视觉导航技术尤为重要。传统的导航方法，如 GNSS 导航和激光雷达导航，在一些特定农业场景中可能会受到限制。例如，在高大作物或果树密集的环境中，GNSS 信号可能会被遮挡，导致导航精度下降。而视觉导航技术可以利用图像传感器实时感知环境，无需依赖外部信号源，具备更强的环境适应能力。此外，视觉导航技术可以识别和跟踪特定的农业对象，如作物行间的间隙、果树的树干等，提供更精细的导航和作业控制能力。

（1）视觉导航技术的应用场景

1）行间作物导航：在行间作物导航中，视觉导航技术通过摄像头实时捕捉作物行间的图像，利用图像处理算法识别和跟踪行间的路径。这样的应用场景在大田作物种植中非常普遍，如玉米、小麦、大豆等。视觉导航系统能够精确地检测作物行间的边界，确保农机在田间作业时保持在正确的路径上，避免碰撞和压伤作物。例如，某农业机器人配备了高分辨率摄像头和先进的图像处理算法，能够在复杂的田间环境中实现厘米级的导航精度，显著提高了耕作、播种和施肥的效率。

2）果园导航：果园环境通常具有树木密集、地形复杂、光照条件多变等特点，传统导航方法在这种环境中往往难以实现稳定的导航。视觉导航技术通过实时图像分析，可以准确识别果树的树干、枝叶和果实位置，提供精准的导航和操作指引。例如，某果园机器人利用多摄像头系统和深度学习算法，能够在果园中实现自主导航和果实采摘。该系统通过实时分析果树的图像，识别树干和枝叶的空间分布，规划最佳的移动路径和采摘动作，提高了果园管理的自动化水平和采摘效率。

2. 视觉导航技术的技术挑战

（1）光照变化

农业环境中的光照条件复杂多变，特别是在露天田地和果园中，光照的强度和角度随时间和天气变化显著。这些变化会影响摄像头获取图像的质量，进而影响视觉导航系统的性能。例如，强烈的阳光可能导致图像中出现过曝区域，而阴影则可能导致图像中出现暗部区域，影响图像处理和目标识别的准确性。

（2）遮挡物

在农业环境中，遮挡物随处可见，如高大的作物、树木枝叶、农具等。这些遮挡物可能会阻挡摄像头的视线，导致视觉导航系统无法获取完整的环境信息。例如，在果园中，树叶和果实的密集分布可能会遮挡树干和地面的视线，影响导航路径的规划和执行。

（3）背景复杂

农业环境中的背景通常非常复杂，包含多种颜色、纹理和形状。例如，在田间作业时，地面上可能存在杂草、残枝和农作物残留物，这些复杂的背景信息会增加图像处理和目标识别的难度。视觉导航系统需要具备强大的图像处理能力，以从复杂背景中提取有用的导航信息。

3. 适应性解决方案

（1）深度学习

深度学习技术在解决视觉导航中的光照变化和背景复杂问题上表现出色。通过训练深度神经网络模型，可以让系统学会在不同光照条件下识别农业环境中的关键特征。例如，利用卷积神经网络（CNN）进行图像分类和目标检测，可以提高视觉导航系统在复杂光照条件下的鲁棒性和准确性。某研究团队开发了一款基于深度学习的农业机器人，通过训练CNN模型，使其能够在不同光照条件下稳定识别作物行间和障碍物，显著提高了导航精度和可靠性。

（2）图像处理算法

先进的图像处理算法在应对光照变化和背景复杂方面也发挥了重要作用。例如，直方图均衡化和自适应阈值分割等图像增强技术可以改善图像的对比度和亮度，使视觉导航系统在不同光照条件下仍能获得清晰的图像。此外，多尺度图像处理和边缘检测算法可以从复杂背景中提取出有用的导航信息，确保系统在复杂环境中的稳定运行。

（3）多光谱成像

多光谱成像技术通过获取不同波长的图像数据，可以提供比单一可见光图像更丰富的环境信息。例如，红外成像可以穿透一定的遮挡物，如薄雾或叶片，获取被遮挡区域的图像。结合多光谱成像和可见光成像，可以提高视觉导航系统在遮挡物和复杂背景下的导航能力。某农业机器人采用多光谱成像技术，通过融合红外和可见光图像，实现了在复杂果园环境中的精准导航和果实识别。

4. 实际应用中的解决方案案例

案例：荷兰智能温室项目

在荷兰某智能温室项目中，研究人员开发了一款基于深度学习和多光谱成像的自动化植保机器人。该机器人利用多光谱摄像头获取温室内的多波段图像，通过深度学习算法分析植株的健康状况和病虫害分布，实时调整喷洒路径和药量。在实际应用中，该系统在复杂光照和背景条件下表现出色，有效提高了植保作业的精准度和效率，减少了农药使用量，降低了环境污染。

具体来说，这款植保机器人配备了高分辨率的多光谱摄像头，可以获取可见光、红外光和紫外光等多个波段的图像。通过融合不同波段的图像数据，机器人能够准确识别植物的健康状况和病虫害的位置。深度学习算法在大量的训练数据上进行学习，可以在不同光照条件和复杂背景下，稳定地识别出目标对象。

例如，在一次温室植保作业中，该机器人通过多光谱成像发现某区域的植物叶片存在异常。深度学习算法分析后，确定该区域存在病虫害。随后，机器人根据分析结果，调整喷洒路径和药量，精准地对病虫害区域进行处理。结果显示，病虫害得到有效控制，农药使用量减少了 30%，植保效果显著提高。

（三）多传感器融合定位技术提高导航精度和鲁棒性

多传感器融合技术是指将来自多个传感器的数据进行综合处理，以提高系统的整体性能和可靠性。在农业机器人中，多传感器融合技术具有重要的应用价值。单一传感器的数据往往存在一定的局限性和不确定性，而通过融合多种传感器的数据，可以有效弥补单一传感器的不足，提高数据的准确性和可靠性。

多传感器融合技术的基本原理是通过算法将来自不同传感器的数据进行优化整合，生成更为精确的环境感知信息。例如，将 GNSS（全球导航卫星系统）的定位数据与视觉传感器的图像数据和 LiDAR（激光雷达）的距离数据相结合，可以实现更高精度和鲁棒性的定位和导航。在农业环境中，这种技术可以帮助机器人在复杂的田间地头进行精确的作业，提高农业生产的效率和质量。

多传感器融合技术的优势在于其高精度、高鲁棒性和多样性。通过融合来自不同类型传感器的信息，系统可以在不同环境下都表现出良好的性能，尤其是在 GNSS 信号不稳定或缺失的情况下，多传感器融合技术依然能够保证导航精度。

1. 多传感器融合技术的应用场景

在农业机器人中，多传感器融合技术的应用场景非常广泛。以下是一些典型的应用。

（1）田间作业

在田间作业中，农业机器人需要在大面积的农田中进行导航和操作。通过融合 GNSS、视觉传感器和 LiDAR 等多种传感器的数据，机器人可以实现高精度的定位和路径规划，避免障碍物，提高作业效率。例如，在播种过程中，机器人可以准确识别并避开田间的石块和杂物，确保播种的均匀性和准确性。

（2）温室管理

在温室环境中，农业机器人需要在有限的空间内进行精细操作。通过多传感器融合技术，机器人可以实现精准的定位和导航，进行如植株修剪、浇水、施肥等精细操作。融合视觉传感器和 LiDAR 的数据，机器人可以精确测量植物的位置和高度，进行高精度的操作。

（3）果园管理

在果园中，机器人需要在树木间进行导航和操作，如果实采摘、树木修剪等。通过融合 GNSS、视觉传感器和 LiDAR 等传感器的数据，机器人可以实现高精度的定位和路径规划，避免撞击树木，提高作业效率。例如，机器人可以通过视觉传感器识别果实的位置，通过 LiDAR 测量果实与树干的距离，实现精准的采摘操作。

2. 多传感器融合技术的应用案例

一个典型的应用案例是某农场引入了一款多传感器融合的农业机器人用于果园

管理。该机器人配备了 GNSS、立体视觉传感器和 LiDAR，通过多传感器融合技术，机器人能够在复杂的果园环境中进行精准导航和操作。在实际应用中，机器人能够识别并采摘成熟的果实，同时避免了对树木和未成熟果实的损伤。农场主反馈，通过该机器人进行果实采摘，不仅提高了采摘效率，还减少了人工成本，增加了果实的产量和质量。

3. 多传感器融合技术的技术实现

多传感器融合技术的实现主要依赖于多种算法和技术，如卡尔曼滤波、粒子滤波和信息融合等。

（1）卡尔曼滤波

卡尔曼滤波是一种用于线性系统的最优状态估计方法。它通过对传感器数据进行实时滤波和估计，生成精确的定位信息。在农业机器人中，卡尔曼滤波可以用于融合 GNSS 和 IMU（惯性测量单元）的数据，提高定位精度。例如，在 GNSS 信号不稳定的情况下，卡尔曼滤波可以利用 IMU 的数据进行补偿，确保导航的连续性和稳定性。

（2）粒子滤波

粒子滤波是一种用于非线性系统的状态估计方法。它通过生成大量的粒子来表示状态空间的概率分布，并通过更新粒子的位置和权重，进行状态估计。在农业机器人中，粒子滤波可以用于融合视觉传感器和 LiDAR 的数据，实现高精度的定位和环境感知。例如，在果园中，粒子滤波可以通过融合视觉和 LiDAR 的数据，生成果树的三维模型，进行精确的路径规划和操作。

（3）信息融合

信息融合是一种通过综合处理来自不同传感器的数据，生成更为精确和可靠的信息的方法。在农业机器人中，信息融合可以用于融合多种传感器的数据，提高导航和定位的精度。例如，通过融合 GNSS、视觉和 LiDAR 的数据，机器人可以在复杂的田间环境中进行精准的定位和导航，提高作业效率和质量。

4. 多传感器融合技术的实现方法和优势

多传感器融合技术的实现方法主要包括数据预处理、特征提取和融合算法的设计。首先，需要对来自不同传感器的数据进行预处理，如去噪、校正和同步等。然后，通过特征提取方法，将传感器数据转换为特定的特征信息。最后，通过设计和应用融合算法，如卡尔曼滤波和粒子滤波等，实现多传感器数据的融合。

多传感器融合技术的优势在于其高精度和鲁棒性。通过融合多种传感器的数据，系统可以在不同环境和条件下都表现出良好的性能，尤其是在单一传感器无法正常工作的情况下，多传感器融合技术依然能够保证系统的正常运行。例如，在 GNSS 信号被遮挡的情况下，通过融合视觉和 LiDAR 的数据，机器人依然可以进行精准的定位和导航。

5. 多传感器融合技术的案例分析

某农场引入了一款多传感器融合的果园机器人采摘系统。该机器人配备了 GNSS、立体视觉传感器和 LiDAR，通过多传感器融合技术，实现了高精度的果实定位和采摘操作。

（1）实施过程

1）数据采集：机器人在果园中行走，利用 GNSS 提供大致的位置信息，通过立体视觉传感器获取果实的图像数据，同时利用 LiDAR 获取环境的三维点云数据。

2）数据预处理：对采集到的数据进行预处理，如图像去噪、LiDAR 点云校正和数据同步等。

3）特征提取：通过特征提取算法，从图像数据中提取果实的位置和大小信息，从 LiDAR 点云数据中提取果树的三维结构信息。

4）数据融合：通过卡尔曼滤波算法，将 GNSS、视觉和 LiDAR 的数据进行融合，生成果实的精确位置和环境的三维模型。

5）导航和操作：根据融合后的数据，机器人进行路径规划和导航，避开障碍物，并通过机械手臂进行精准的果实采摘操作。

（2）效果分析

通过多传感器融合技术，该果园机器人采摘系统在实际应用中表现出了显著的效果。首先，机器人能够在复杂的果园环境中进行高精度的导航和定位，避免了对树木和未成熟果实的损伤。其次，采摘效率显著提高，相比传统的人工采摘，机器人能够在相同时间内采摘更多的果实。此外，通过减少对果实的损伤，提升了果实的质量和市场价值。

（3）贡献分析

多传感器融合技术在该案例中的应用，不仅提高了农业机器人的导航精度和鲁棒性，还显著提升了农业生产的效率和质量。通过融合多种传感器的数据，机器人能够在不同环境和条件下都表现出良好的性能，确保了作业的连续性和稳定性。这一技术的应用，为农业自动化和智能化发展提供了有力支持，也为未来更多农业机器人应用场景的探索提供了宝贵经验。

二、机械臂与末端执行器

（一）农业机器人常用机械臂结构及运动学分析

1. 农业机器人中的机械臂概述

农业机器人中的机械臂是实现自动化操作的重要组成部分，根据不同的作业需求和环境特点，机械臂的结构类型也有所不同。常见的机械臂结构类型主要包括串联臂、并联臂和 SCARA 机械臂。

1）串联臂：串联臂是一种最常见的机械臂结构，由多个关节串联而成，每个关节可以独立运动。这种结构的机械臂具有较高的自由度和灵活性，能够在复杂环境中进行精细操作。典型的串联臂包括六自由度机械臂，广泛应用于农业机器人中的采摘、修剪等任务。

2）并联臂：并联臂由多个支链组成，每个支链同时作用于一个工作平台。相比串联臂，并联臂具有较高的刚度和承载能力，适用于需要高精度和大负载的操作场景。并联臂在农业中的应用包括高精度的种植、收获等任务。

3）机械臂（Selective Compliance Assembly Robot Arm，SCARA）机械臂具有水平运动和垂直运动的特点，适用于平面内的快速精确操作。SCARA机械臂结构简单，运动速度快，常用于农业中的包装、分拣等任务。

2. 运动学分析

机械臂的运动学分析主要包括正运动学和逆运动学。正运动学用于确定机械臂末端执行器的位置和姿态，而逆运动学则用于根据末端执行器的位置和姿态计算各关节的角度。

（1）正运动学分析

正运动学的基本原理是通过机械臂各关节的角度，计算末端执行器在空间中的位置和姿态。对于一个 n 自由度的串联机械臂，其正运动学模型可以表示为：

$$\mathbf{T}_0^n = \prod_{i=1}^{n} \mathbf{T}_{i-1}^i$$

其中，$\mathbf{T}_{i-1}^i$ 是第 i 个关节的齐次变换矩阵，包括旋转和位移矩阵。通过逐步累积各关节的变换，可以得到末端执行器的位姿矩阵 $\mathbf{T}_0^n$。

例如，对于一个三自由度的机械臂，其正运动学方程可以表示为：

$$\mathbf{T}_0^3 = \mathbf{T}_0^1 \mathbf{T}_1^2 \mathbf{T}_2^3$$

每个变换矩阵 $\mathbf{T}_{i-1}^i$ 由关节角度和几何参数决定，通过矩阵的连乘，可以求出末端执行器的位置和姿态。

（2）逆运动学分析

逆运动学的基本问题是已知末端执行器的位置和姿态，求解各关节的角度。逆运动学问题通常比正运动学复杂，因为它可能有多个解或者无解。逆运动学方程可以表示为：

$$q = f^{-1}(\mathbf{T}_0^n)$$

其中 q 是关节角度的向量，$\mathbf{T}_0^n$ 是末端执行器的位姿矩阵。求解逆运动学方程的方法包括几何法、解析法和数值法。

例如，对于一个二维平面的两自由度机械臂，其逆运动学方程可以通过几何法求解：

$$\theta_1 = \arctan 2(y,x) - \arccos\left(\frac{l_1^2 + d^2 - l_2^2}{2l_1 d}\right)$$

$$\theta_2 = \pi - \arccos\left(\frac{l_1^2 + l_2^2 - d^2}{2l_1 l_2}\right)$$

其中，(x,y) 是末端执行器的位置，l_1 和 l_2 是机械臂的连杆长度，d 是末端执行器到基座的距离。通过计算，可以求出关节角度 θ_1 和 θ_2。

（3）运动学模型

机械臂的运动学模型包括关节空间和任务空间的映射关系。关节空间是指机械臂各关节的角度向量，而任务空间是指末端执行器的位置和姿态向量。运动学模型的建立可以通过齐次变换矩阵、DH 参数（DenavitHartenberg 参数）和雅可比矩阵等方法进行。

例如，对于一个六自由度的机械臂，可以通过 DH 参数表描述其几何结构和关节运动见表 3-1。

表 3-1　DH 参数表描述其几何结构和关节运动

关节	θ_i	d_i	a_i	α_i
1	θ_1	d_1	0	$\pi/2$
2	θ_2	0	a_2	0
3	θ_3	0	a_3	0
4	θ_4	d_4	0	$\pi/2$
5	θ_5	0	0	$-\pi/2$
6	θ_6	d_6	0	0

通过 DH 参数表，可以建立各关节的齐次变换矩阵，并进行连乘得到末端执行器的位姿矩阵。

3. 机械臂在农业中的应用实例

机械臂在农业中的应用丰富多样，不同结构的机械臂在不同的应用场景中表现出独特的优势。以下是几个实际应用中的机械臂案例，并详细分析其设计和实现。

（1）串联臂在果实采摘中的设计和实现

某农业机器人公司开发了一款六自由度的串联机械臂，用于果实采摘。该机械臂通过融合视觉传感器和力反馈传感器，实现了高精度的果实识别和采摘操作。

机械结构：机械臂设计为六自由度，以确保在空间中的高灵活性和操作自由度。机械臂使用轻质但坚固的材料，如碳纤维复合材料，以减轻重量并提高运动响应速度。

传感器融合：配备了高分辨率的摄像头用于果实识别和定位，力反馈传感器用于检测采摘过程中施加的力，以避免损坏果实。视觉传感器通过深度学习算法进行果实识别和成熟度判断。

控制系统：采用先进的运动控制算法，结合视觉和力反馈数据，实现精准的果实采摘操作。控制系统集成了实时路径规划和碰撞检测功能，确保机械臂能够在复杂的果园环境中灵活操作。

在实际应用中，机器人能够自动识别成熟的果实，并通过机械臂进行精准的采摘操作，避免对果树和未成熟果实的损伤。该机械臂的灵活性和高自由度使其能够在复杂的果园环境中高效作业，显著提高了采摘效率和果实质量。

（2）并联臂在高精度种植中的应用

某农业科研机构开发了一款三自由度的并联机械臂，用于高精度种植。该机械臂通过多传感器融合技术，实现了对土壤和种植环境的精确感知和操作。

机械结构：并联机械臂由多个支链组成，每个支链同时作用于一个工作平台，具有高刚度和高承载能力。其结构紧凑，能够在狭小空间内灵活操作。

传感器融合：结合了土壤湿度传感器、光照传感器和温度传感器，提供全面的环境感知能力。传感器数据通过无线传输模块实时传输到控制中心进行处理和分析。

控制系统：采用高精度的运动控制算法，确保种子的播种深度和间距精确无误。控制系统包括 PID 控制和模糊控制等多种算法，以应对不同的环境变化和作业要求。

在实际应用中，机械臂能够根据传感器提供的数据，精确控制种子的播种深度和间距，确保作物的均匀生长。并联机械臂的高刚度和高精度使其在高要求的种植任务中表现出色，提高了种植效率和作物产量。

（3）SCARA 机械臂在包装和分拣中的应用

某农业自动化公司开发了一款 SCARA 机械臂，用于农业产品的包装和分拣。该机械臂通过快速的水平和垂直运动，实现了高效的产品搬运和分类操作。

机械结构：SCARA 机械臂具有水平和垂直运动的能力，结构简单且刚性高，适用于平面内的快速操作。机械臂采用模块化设计，便于维护和升级。

传感器融合：配备了条码扫描器和重量传感器，用于产品识别和分类。条码扫描器能够快速读取产品信息，重量传感器用于检测产品的重量，确保分类的准确性。

控制系统：基于高速的控制算法，实现了快速、准确的产品搬运和分类操作。控制系统采用 PLC（可编程逻辑控制器）和嵌入式系统结合的方式，确保系统的高可靠性和实时性。

在实际应用中，SCARA 机械臂能够根据产品的大小、形状和重量，快速准确地将其分类到不同的包装盒中。SCARA 机械臂的高速和高精度使其在流水线作业中表现出色，显著提高了包装和分拣效率。

这些应用实例展示了不同结构的机械臂在农业中的应用效果和优势。通过合理选择和设计机械臂结构，可以满足不同农业作业的需求，提高农业生产的自动化水平和作业效率。这些机械臂的应用，不仅提高了农业生产的效率和质量，还为农业现代化和智能化发展提供了技术支持。

（二）农业机器人末端执行器的设计要求和典型案例

1. 农业机器人末端执行器的设计要求

农业机器人末端执行器是农业自动化作业的关键部分，直接影响作业效率和作物质量。根据不同的农业任务，如播种、采摘、喷洒等，末端执行器的设计要求也有所不同。以下是农业机器人末端执行器的一些关键设计要求。如表 3-2 所示。

表 3-2　农业机器人末端执行器的关键设计要求

设计要求	详细说明
适应性	多任务适应性；环境适应性
灵活性	运动自由度；柔性操作
精度	定位精度；力控精度
耐用性	材料选择：耐腐蚀、耐磨损、高强度；结构设计：耐冲击、耐振动
自动化和智能化	传感器集成；智能控制算法
安全性	安全机制：碰撞检测、避障功能；操作稳定性

（1）适应性

适应性是农业机器人末端执行器设计的基本要求之一。农业作业环境复杂多变，不同作物的生长特性各异，末端执行器需要具备适应不同环境和任务的能力。

多任务适应性：末端执行器应能够执行多种任务，如播种、移植、采摘、喷洒等，以提高机器人的多功能性和经济性。

环境适应性：末端执行器需要能够在不同的环境条件下稳定工作，包括不同的温度、湿度、土壤条件等。材料选择和结构设计要考虑耐腐蚀、耐高温等因素。

（2）灵活性

灵活性是确保末端执行器能够精准执行复杂操作的关键。农业作业中，作物位置和状态各不相同，要求末端执行器具备高灵活性。

运动自由度：末端执行器需要具备足够的自由度，以应对各种复杂的操作。一般来说，多自由度的机械手指或夹持器可以提供更高的操作灵活性。

柔性操作：为了避免对作物造成损伤，末端执行器需要具备柔性操作能力，如柔性机械手指或气动夹持器，可以在施加合适压力的同时，确保对作物的保护。

（3）精度

精度是确保农业机器人末端执行器能够高效完成任务的必要条件。高精度操作可以提高作业质量，减少浪费和损失。

定位精度：末端执行器需要具备高精度的定位能力，特别是在播种、移植等作业中，精确的定位可以确保作物的均匀生长。

力控精度：在采摘等作业中，末端执行器需要能够精确控制施加的力，以避免对作物造成损伤。同时，力控精度也影响着作物的采摘效率和质量。

（4）耐用性

农业作业环境通常较为恶劣，末端执行器需要具备较高的耐用性，以确保长期稳定工作，降低维护成本。

材料选择：选择耐用的材料，如不锈钢、碳纤维等，能够提高末端执行器的耐用性。材料需要具备抗腐蚀、抗磨损和高强度等特性。

结构设计：结构设计需要考虑耐冲击、耐振动等因素，以应对农业作业中的各种冲击和振动。模块化设计也有助于提高末端执行器的可维护性和耐用性。

（5）自动化和智能化

随着智能农业的发展，末端执行器的自动化和智能化水平也越来越重要。智能化的末端执行器可以提高作业效率，减少人工干预。

传感器集成：集成多种传感器，如视觉传感器、力传感器、触觉传感器等，可以提高末端执行器的感知能力，实现精确控制和自主操作。

智能控制算法：采用先进的控制算法，如深度学习、强化学习等，可以提高末端执行器的智能化水平，使其能够自主识别作物、规划路径和调整操作。

（6）安全性

安全性是农业机器人末端执行器设计中不可忽视的一环，特别是在接触活体植物和操作高价值作物时，必须确保操作的安全性。

安全机制：设计安全机制，如碰撞检测和避障功能，以防止在操作过程中对作物或设备造成损坏。

操作稳定性：确保末端执行器在各种作业条件下的操作稳定性，避免由于操作失误导致的作物损失或设备损坏。

综上所述，农业机器人末端执行器的设计需要综合考虑适应性、灵活性、精度、耐用性、自动化和智能化以及安全性等多个方面。通过不断优化设计和集成先进技术，可以实现高效、精准、安全的农业自动化作业。

2. 典型案例：不同类型末端执行器的设计与应用

（1）抓取器（Gripper）

抓取器是一种常用于农业机器人的末端执行器，主要用于采摘水果和蔬菜。它能够通过柔性抓取或刚性抓取方式，将农作物从植株上分离，并轻柔地处理，以防止损坏。

1）柔性抓取器

材料选择：使用柔性材料（如硅胶）制成，能够适应不同形状和大小的果实。

力传感器：内置力传感器，实时监控施加在果实上的力，避免过度挤压。

视觉传感器：配备视觉传感器识别果实的成熟度和位置，确保精准采摘。

2）刚性抓取器

机械结构：采用刚性材料制成，具有较高的抓取力，适用于较硬或较大的果实。

夹爪设计：夹爪末端设计成软垫或橡胶材质，增加摩擦力同时避免损伤果实。

控制系统：集成闭环控制系统，精准控制夹爪的开合度和施力大小。

3）具体应用

西红柿采摘机器人：该机器人配备柔性抓取器，通过视觉传感器识别成熟的西红柿，并使用力传感器控制抓取力度，以确保果实不被挤压损坏。实验证明，该机器人每小时能够采摘 500 个西红柿，果实损伤率低于 1.5%。

4）优缺点分析

柔性抓取器由于采用柔性材料，有效减少了对果实的损伤，适用范围广泛，能够采摘各种形状和大小的果实。刚性抓取器则因具备较高的抓取力，非常适合采摘硬度较高或较大的果实，从而提高了采摘效率。然而，柔性抓取器在面对较硬的果实或环境中存在杂物时，其适应性较差；而刚性抓取器则可能在采摘较软果实时造成损伤，因此需要精细的力控制系统来避免这一问题。其优缺点见表 3-3 所示。

表 3-3　柔性抓取器及刚性抓取器的优缺点

类型	优点	缺点
柔性抓取器	柔性材料减少了对果实的损伤，适用于采摘各种形状和大小的果实	对较硬的果实或环境中有杂物的情况适应性较差
刚性抓取器	具有较高的抓取力，适合采摘较硬或较大的果实，效率高	可能对较软的果实造成损伤，需要精细的力控制系统

（2）剪切器（Shearer）

剪切器主要用于修剪和收割作物。它通过剪刀式或刀片式的结构将作物从植株上切割下来，常用于葡萄修剪、花卉采摘等。

1）剪刀式剪切器

结构设计：采用高强度钢制成，刀片锋利，能够剪断较粗的植物茎秆。

传动系统：使用电动或气动传动，确保剪切力稳定和剪切速度可控。

传感器：配备光学传感器，精确定位需要剪切的位置。

2）刀片式剪切器

刀片设计：采用锋利且耐用的刀片，适合高速切割作业。

防护措施：刀片周围设置防护装置，确保安全操作。

自动调节：通过传感器数据实时调整切割角度和深度。

3）具体应用

葡萄修剪机器人：该机器人配备剪刀式剪切器，通过光学传感器识别需要修剪的葡萄藤，并精准剪切。实验证明，该机器人每小时能够修剪 200 m^2 的葡萄园，修剪效果均匀，葡萄产量提高了 15%。

4）剪切器的优缺点分析

在剪切器的选择方面，剪刀式剪切器以其适用于较粗植物茎秆、剪切力强且效果优良而著称。另一方面，刀片式剪切器则适合高速作业，具备高效的切割能力且维护成本低廉。然而，剪刀式剪切器在处理较细的植物茎秆时可能会造成损伤，需要精细的调节才能避免此类问题。而刀片式剪切器在切割过程中可能产生的振动有可能影响植物的生长，因此使用时需要额外考虑防护措施的实施其优缺点，见表 3-4 所示。

表 3-4 剪刀式剪切器和刀片式剪切器的优缺点

类型	优点	缺点
剪刀式剪切器	适用于较粗植物茎秆的剪切，剪切力强，效果好	对于较细的植物茎秆可能会造成损伤，需要精细调节
刀片式剪切器	适合高速作业，切割效率高，维护成本低	切割时产生的振动可能影响植物生长，需要额外的防护措施

（3）喷洒器（Sprayer）

喷洒器用于农药和肥料的精准施用。通过控制喷洒量和喷洒范围，确保农药和肥料均匀覆盖，提高施用效果，减少浪费和环境污染。

1）变速喷洒器

喷嘴设计：多种喷嘴可选，能够根据不同作物和环境条件调整喷洒模式。

传感器系统：配备 GPS 和环境传感器，实时监测位置和环境条件（如风速、湿度）。

控制系统：结合地理信息系统（GIS）和变速喷洒技术，精准控制喷洒量和覆盖区域。

2）自动调节喷洒器

智能控制：通过传感器数据和算法，实时调整喷洒角度和流量，确保均匀覆盖。

防堵设计：喷嘴设计防堵塞结构，确保长时间作业无故障。

数据记录：实时记录喷洒数据，便于追踪和分析。

3）具体应用

农药喷洒机器人：该机器人配备变速喷洒器，通过 GPS 和环境传感器实时监测喷洒区域，结合 GIS 技术精准施用农药。实验证明，该机器人每小时能够喷洒 50 公顷农田，农药使用量减少了 30%，环境污染显著降低。

4）喷洒器的优缺点分析

变速喷洒器的优点十分明显，能够精准控制喷洒量和覆盖范围，从而提高施用效率，减少资源浪费。而自动调节喷洒器能够实时调整喷洒参数，确保施药均匀覆盖，同时减少对环境的负面影响。然而，变速喷洒器的系统较为复杂，成本较高，并且需要较高水平的维护。另一方面，自动调节喷洒器对环境传感器和控制算法的要求较高，使用时需要进行精细的调校以确保其正常运行。喷洒器的优缺点见表 3-5 所示。

表 3-5　变速喷洒器和自动调节喷洒器的优缺点

类型	优点	缺点
变速喷洒器	精准控制喷洒量和覆盖范围，提高施用效率，减少浪费	系统复杂，成本较高，维护要求较高
自动调节喷洒器	实时调整喷洒参数，确保均匀覆盖，减少对环境的影响	对环境传感器和控制算法的要求较高，需要精细调校

上述这些典型案例展示了抓取器、剪切器和喷洒器在农业机器人中的广泛应用。通过先进的设计和技术实现，这些末端执行器提高了农业生产效率，减少了资源浪费，推动了农业现代化的发展。然而，每种末端执行器在应用中也面临着各自的挑战和限制，需要持续改进和优化。

（三）机械臂运动规划和控制策略

1. 运动规划

机械臂的运动规划是指在给定任务约束下，确定机械臂从起始位置到目标位置的路径和轨迹，确保在运动过程中避免碰撞、提高效率并达到预期的操作精度。运动规划方法主要包括路径规划、轨迹规划和碰撞检测。

（1）路径规划

路径规划是机械臂在任务空间中寻找一条从起点到终点的可行路径。常见的方法有基于图的搜索算法（如 A 算法和 Dijkstra 算法）和采样基方法（如 RRT 和 PRM）。这些算法可以有效地在复杂的农业环境中找到最优路径，避免机械臂与周围物体发生碰撞。

例如，在温室环境中，机械臂需要在密集的植株间移动进行作业，路径规划算法可以帮助机械臂找到安全、高效的路径，避免损坏作物和设施。

（2）轨迹规划

轨迹规划是在路径规划的基础上，进一步确定机械臂在时间域上的运动轨迹，包括位置、速度和加速度等参数。常用的方法有多项式插值、样条插值和最优控制等。轨迹规划不仅要保证机械臂在运动过程中平稳过渡，还要满足农业作业对速度和精度的要求。

例如，在果树采摘中，机械臂需要在较短时间内平稳移动到目标果实位置，并进行精准抓取，轨迹规划可以确保机械臂的运动平滑、快速且准确。

（3）碰撞检测

碰撞检测是确保机械臂在运动过程中不与环境中的障碍物发生碰撞的重要步骤。常用的方法有几何分析、距离计算和包围盒检测等。在农业机器人应用中，碰撞检测可以帮助机械臂在复杂环境中安全作业。

例如，在大棚作业中，机械臂需要在狭小空间中进行精细操作，碰撞检测算法可以实时监测机械臂的运动，避免与支架、管道等设施发生碰撞，确保作业的安全性和连续性。

2. 控制策略

机械臂的控制策略是指在实现运动规划目标的过程中，机械臂各个关节的运动控制方法。主要包括位置控制、力控制和混合控制。

（1）位置控制

位置控制是通过控制机械臂各关节的角度或位移，实现机械臂在空间中的精确定位。常用的方法有 PID 控制、模糊控制和自适应控制等。位置控制是机械臂运动控制的基础，广泛应用于各类农业机器人中。

例如，在农业喷洒作业中，机械臂需要精确定位到每个植株的位置进行喷洒，位置控制可以确保机械臂准确到达目标位置，提高作业的均匀性和效率。

（2）力控制

力控制是通过控制机械臂与环境的交互力，实现对环境的柔性操作。常用的方法有阻抗控制、混合力/位置控制等。在农业机器人中，力控制可以提高机械臂的操作灵活性，适应不同作业对象和环境的变化。

例如，在果实采摘作业中，机械臂需要根据果实的柔软程度调节抓取力度，力控制可以确保机械臂施加适当的力，避免损坏果实，提高采摘效率和质量。

（3）混合控制

混合控制是结合位置控制和力控制的方法，在同一作业过程中同时实现精确定位和柔性操作。混合控制能够适应复杂的作业要求，提高机械臂的操作性能。

例如，在农业栽种作业中，机械臂需要准确定位种植位置，同时根据土壤硬度调节种植力度，混合控制可以保证机械臂在完成精确操作的同时，适应不同环境条件，提高作业的成功率和效率。

三、感知与决策系统

（一）机器视觉在农业机器人中的应用

1. 概述

机器视觉技术是一种通过计算机处理图像或视频来模拟人类视觉的技术。其基本原理包括图像获取、图像处理、特征提取和决策执行四个主要步骤，如图 3-1 所示。

1）图像获取：使用摄像头或其他传感器捕捉环境图像或视频。传感器类型可以包括 RGB 摄像头、深度摄像头、红外摄像头等。

2）图像处理：对获取的图像进行预处理，如去噪、

图 3-1 机器视觉技术流程图

滤波、增强等，以提高图像质量和处理效率。

3）特征提取：通过算法从图像中提取出有用的信息，如形状、颜色、纹理等。常用方法包括边缘检测、轮廓提取、颜色分割等。

4）决策执行：根据提取的特征和预设的算法进行分析和判断，生成控制指令，驱动执行器执行相应操作。

机器视觉技术在农业机器人中的应用极为重要，主要体现在以下几个方面。

1）精准作业：农业机器人需要识别和定位目标，如果实、植物、杂草等，机器视觉技术能够提供高精度的目标识别和定位，确保机器人能够精确执行采摘、修剪、喷洒等作业任务。

2）提高效率：传统农业作业依赖人工操作，效率低且成本高。机器视觉技术可以实现自动化作业，大幅提高作业效率，降低人力成本。例如，利用机器视觉技术的水果采摘机器人可以全天候高效工作，每小时采摘数百个果实。

3）环境适应性：农业环境复杂多变，光照、天气、植被等因素都会影响作业效果。机器视觉技术能够实时获取和分析环境信息，动态调整作业策略，提高机器人在各种环境条件下的适应性和作业质量。

4）病虫害监测：机器视觉技术可以用于农作物的病虫害监测，通过图像分析识别病害症状和害虫种类，及时采取防治措施，减少农药使用，保护环境。

5）数据积累与分析：机器视觉技术在作业过程中可以积累大量图像数据，通过大数据分析和机器学习，优化作业算法，提高农业生产的智能化和精准化水平。

综上所述，机器视觉技术在农业机器人中的应用不仅提升了农业生产的自动化和智能化水平，还为精准农业的发展提供了坚实的技术支撑。随着机器视觉技术的不断发展和完善，其在农业中的应用前景将更加广阔。

2. 机器视觉在农业中的应用场景

（1）作物检测

机器视觉技术在作物检测中发挥着重要作用。通过高分辨率摄像头和先进的图像处理算法，农业机器人可以实时监测作物的生长情况，评估植株健康状态。机器视觉能够识别作物的种类、密度、叶片颜色等信息，帮助农民做出科学的管理决策。

小麦田间管理系统：使用机器视觉技术的小麦田间管理系统，通过无人机拍摄的高分辨率图像，分析小麦的生长状况，包括植株密度、叶片颜色、病害症状等。该系统能够及时发现问题区域，指导农民进行精准施肥和病虫害防治。结果表明，该系统能够将施肥量减少20%，病害控制效果提升30%。

1）病虫害识别

病虫害是农业生产中的重大威胁。机器视觉技术可以通过图像分析，快速识别作物的病害和虫害，及时采取防治措施，减少损失。利用深度学习算法，机器视觉系统能够自动识别多种常见的病虫害，提高识别准确率。

智能病虫害识别系统：某公司开发的智能病虫害识别系统，通过手机摄像头拍摄作物叶片图像，利用深度学习模型分析图像中的病害和虫害特征，给出相应的防治建议。实验证明，该系统的病虫害识别准确率达到 95%以上，大大提高了病虫害防治的效率和准确性。

2）果实成熟度检测

果实成熟度是影响采摘时机和果实质量的重要因素。机器视觉技术可以通过图像分析果实的颜色、形状、大小等特征，准确判断果实的成熟度，指导农民选择最佳采摘时间，确保果实的品质和市场价值。

葡萄成熟度检测系统：某农业研究机构开发的葡萄成熟度检测系统，通过机器视觉技术分析葡萄的颜色和形状，实时评估葡萄的成熟度。系统采用多光谱成像技术，结合深度学习模型，能够精确判断葡萄的成熟状态。实验证明，该系统的检测准确率达到98%，采摘时机的选择更加科学，葡萄品质显著提升。

（2）技术挑战

机器视觉在农业应用中面临诸多技术挑战，包括复杂背景、光照变化、遮挡等问题。

1）复杂背景

农业环境复杂多变，植被、土壤、杂草等背景因素会干扰作物检测和识别。如何在复杂背景中准确提取目标作物的特征，是机器视觉技术面临的一个重要挑战。

2）光照变化

农田环境中的光照条件不稳定，白天和夜晚、晴天和阴天、不同季节的光照强度和颜色变化较大，这些都会影响机器视觉系统的图像质量和识别精度。

3）遮挡

作物生长过程中，叶片、果实和其他植被可能相互遮挡，导致目标区域无法完全暴露在视野中。这种遮挡现象会影响图像处理和特征提取的效果，降低识别准确率。

（3）解决方案

为应对上述挑战，以下技术方法和解决方案被广泛应用于机器视觉在农业中的实际应用中。

1）图像处理算法

背景减除：通过图像处理算法去除复杂背景，提高目标作物的识别准确度。例如，使用颜色分割、边缘检测和形态学处理等技术，提取目标作物的轮廓和特征。

图像增强：通过图像增强技术，如对比度调整、直方图均衡化等，提高图像的质量，增强目标区域的可见性。

2）深度学习模型

卷积神经网络（CNN）：利用深度学习模型（如 CNN）进行特征提取和分类，能够在复杂背景和光照条件下实现高准确度的目标识别。通过大规模数据训练，模型可以适应各种环境变化，提升识别效果。

迁移学习：使用预训练模型进行迁移学习，能够在较小数据集上快速实现高性能的目标检测和识别。

3）多光谱成像

多光谱传感器：利用多光谱成像技术，采集不同光谱下的图像信息，通过光谱特征区分目标作物和背景。多光谱成像能够减少光照变化的影响，提高目标识别的鲁棒性。

光谱分析：结合光谱分析技术，提取作物的特定光谱特征，用于病虫害检测、营养状况评估等。

（4）实际应用中的解决方案案例

案例一：杂草检测与除草机器人

杂草检测与除草机器人：某公司开发的杂草检测与除草机器人，采用多光谱成像和深度学习技术，通过分析不同光谱下的图像信息，识别杂草和作物。机器人通过卷积神经网络模型实现高精度的杂草检测，并利用背景减除算法去除复杂背景的干扰。实验证明，该机器人在各种光照条件下的检测准确率超过 90%，有效减少了农药使用，提高了除草效率。

案例二：智能果实采摘机器人

智能果实采摘机器人：一款智能果实采摘机器人，通过安装多光谱传感器和深度学习模型，实时监测果实的成熟度和位置。机器人采用图像增强技术，提高图像质量，减少光照变化的影响。利用迁移学习方法，机器人能够在不同种类果实的采摘任务中实现高效工作。实验证明，该机器人采摘速度快，果实损伤率低于 2%，显著提高了采摘效率和果实质量。

通过这些技术方法和实际解决方案的应用，机器视觉技术在农业领域取得了显著成效，不仅提高了农业生产的自动化和智能化水平，也为农业的可持续发展提供了有力支持。

（二）利用多传感器实现农业机器人的环境感知

1. 多传感器环境感知概述

多传感器环境感知是一种通过集成多种传感器获取环境信息的方法。每种传感器负责采集特定类型的数据，例如光学摄像头采集图像数据，LiDAR（激光雷达）测量距离信息，超声波传感器检测障碍物，GPS 提供位置信息，温湿度传感器记录环境温湿度等。这些传感器采集的数据经过融合处理，形成对环境的全面、准确的感知。

多传感器感知系统的核心在于数据融合技术，通过算法将来自不同传感器的数据进行综合分析和处理，生成高精度、高可靠性的环境信息。常用的数据融合算法包括卡尔曼滤波、粒子滤波、贝叶斯网络、深度学习等。

多传感器环境感知在农业机器人中具有以下优势。

（1）提高感知精度

单一传感器往往受到测量范围和精度的限制，通过多传感器融合，可以弥补单一传感器的不足，显著提高感知精度。例如，摄像头和 LiDAR 的结合，可以实现对作物的精确定位和测量。

（2）增强可靠性

不同传感器具有不同的感知原理和特点，在面对复杂的农业环境时，多传感器系统可以提供冗余信息，提高系统的可靠性。例如，在光照不足的情况下，LiDAR 和超声波传感器可以弥补摄像头的不足。

（3）适应多变环境

农业环境多变，包括天气、光照、地形等因素。多传感器系统能够综合利用多种传感器的信息，适应各种环境变化，提高系统的鲁棒性和适应性。例如，结合 GPS和 IMU（惯性测量单元）的数据，可以实现精准的定位和导航。

（4）数据丰富性

多传感器系统能够获取丰富的环境信息，有助于全面了解作物生长状况和农业环境。例如，通过温湿度传感器和土壤湿度传感器的联合使用，可以实时监测农田的微气候和土壤状况，指导精准灌溉。

（5）提升智能决策能力

多传感器数据融合后形成的环境信息更加全面和准确，有助于农业机器人进行智能决策。例如，通过融合作物图像、病虫害检测数据和环境参数，农业机器人可以做出精准的病虫害防治方案。

总之，多传感器环境感知在提高农业机器人感知精度和可靠性方面具有重要意义。通过多传感器数据融合，农业机器人能够更好地适应复杂多变的农业环境，实现精准农业和智能农业的发展目标。

2. 多传感器在农业机器人中的实际应用

多传感器系统在农业机器人中的应用极大地提高了农业生产的自动化、智能化和精准化水平。通过实时监测和数据分析，多传感器系统不仅优化了农业生产管理，还提高了作物产量和品质，为现代农业的发展提供了坚实的技术支持。

（1）土壤湿度传感

土壤湿度是影响作物生长的重要因素之一。通过多传感器系统，农业机器人能够实时监测土壤湿度情况，提供精准灌溉方案。土壤湿度传感器通常安装在田间，结合其他传感器的数据，如温度、光照强度等，进行综合分析，确保作物获得适量的水分，避免过度灌溉或水分不足。

案例：智能灌溉系统

在印度，超过 70%的农村地区人口依赖农业，因此依赖大量水进行灌溉。需要可持续的灌溉方法来减少水的浪费并有效利用水。滴灌法是一种在不损失作物产量的情况下显着减少用水量的有效方法。这项研究在 GudipaduCheruvu 村进行，重点是人们因缺水而面临的挑战。最终他们使用了某农业科技公司开发了一款智能灌溉系统，利用土壤湿度传感器、温度传感器和光照传感器，实时监测田间环境状况。系统通过无线网络将数据传输至中央控制系统，进行数据分析和处理。根据土壤湿度和天气预报信息，系统自动调节灌溉量，确保土壤保持适宜的湿度水平。来克服该村普遍存在的缺水问题。

该智能灌溉系统在印度的一个玉米种植实验中得到了验证。实验表明，在使用智能灌溉系统后，敏感的植物生长阶段出现得更早，收获时间提前了约一个月。智能灌溉系统能够将灌溉用水量减少 35%，从 $8\ 839.5\ m^3/hm^2$ 减少到 $5\ 675.67\ m^3/hm^2$。

效果分析：节水效果显著：通过精确监测土壤湿度并根据实际需求调节灌溉量，显著减少了水资源的浪费；提高作物产量：尽管水分应力加快了植物的生长周期，合理的调节使得作物产量得到保障甚至提高；经济效益提升：由于节省了灌溉用水量，降低了灌溉成本，同时提高了作物产量，增加了农户的经济收益。

优缺点分析：通过精确的环境监测和自动化调节，能够高效节约水资源，有效地提升农作物的生长效率。此外，适时适量的灌溉满足了作物的需求，有助于提高农作物的产量，进而增加农户的收入。经济上也有好处，能够减少水费和劳动力成本，提升农产品的市场供应量。

然而，智能灌溉系统也存在一些缺点。首先是初期投入较高，安装和维护成本可能对中小型农户构成经济压力。其次，系统对先进的传感器和数据处理技术依赖较大，使用时需要农户具备一定的技术知识和操作能力来保证系统正常运行。其优缺点见表 3-6 所示。

表 3-6　智能灌溉系统的优缺点

优点	缺点
高效节水：通过精确的环境监测和自动化调节，有效节约水资源	初期投入高：智能灌溉系统的安装和维护成本较高，对于中小型农户可能会构成经济压力
提高产量：适时适量的灌溉不仅满足了作物的需求，还提高了作物的生长效率	技术依赖：系统依赖于先进的传感器和数据处理技术，要求农户具备一定的技术知识和操作能力

此案例展示了智能灌溉系统在实际农业应用中的显著节水效果和经济效益，提高了作物产量并减少了环境影响，是现代农业发展的重要方向。

（2）气象传感

气象条件对农业生产有重要影响。通过安装多种气象传感器，如温度、湿度、风速、降雨量等，农业机器人能够实时监测气象变化，为农民提供精准的气象信息和决策支持。这些数据不仅用于日常管理，还可以预测病虫害发生的风险，指导农药的使用。

气象监测与预警系统：在墨西哥的一些农场，气象监测与预警系统被广泛应用于提高农作物的健康和产量。这些系统配备了多种传感器，包括温度、湿度、风速和雨量传感器。这些传感器24小时不间断地监测气象数据，并通过数据分析模型预测未来几天的气象变化。系统还结合历史数据，评估病虫害发生的概率，及时发出预警，指导农民采取预防措施。

例如，系统通过监测温度和湿度的变化，可以预测霜冻的可能性，并在霜冻发生前通知农民采取防护措施，减少作物损失。此外，通过实时数据和历史数据的结合，系统可以预测病虫害的高发期，并建议农民在适当的时间进行农药喷洒，从而有效减少病虫害的发生率。

（3）环境监测

农业生产过程中，环境监测至关重要。通过多传感器系统，农业机器人可以实时监测环境参数，包括空气质量、土壤养分、光照强度等。综合这些数据，可以优化农业生产管理，提升作物生长环境，提高产量和品质。

综合环境监测系统：某智能农业公司推出了一款综合环境监测系统，集成了空气质量传感器、土壤养分传感器和光照传感器。系统通过无线网络将传感器数据传输至云平台，进行大数据分析和处理。基于这些数据，系统生成环境监测报告，并提供优化方案，例如调整肥料施用量、调节遮阳网等措施。实验证明，该系统在提高农作物产量和品质方面效果显著，产量提升了15%，品质合格率提高了20%。

（4）具体案例展示效果

案例：智能温室管理系统

某农业科技公司开发了一套智能温室管理系统，集成了多种传感器，包括温度传感器、湿度传感器、CO_2浓度传感器、光照传感器和土壤湿度传感器。该系统能够实时监测温室内的环境参数，并根据作物生长需求自动调节温室内的温度、湿度、CO_2浓度和光照条件。并实现了下面具体效果。

温湿度控制：通过温度和湿度传感器的数据，系统可以精确控制温室内的温湿度，确保作物在最佳环境下生长。数据分析表明，系统能够将温室内温湿度控制在设定范围内，波动幅度小于±2%。

CO_2浓度调节：利用CO_2浓度传感器，系统能够实时调节温室内的CO_2浓度，促进作物的光合作用。实验证明，CO_2浓度控制系统能够提高作物的光合作用效率，增加产量。

精准灌溉：土壤湿度传感器提供的实时数据，确保系统根据土壤湿度情况进行精准灌溉，避免过度灌溉和水分浪费。结果显示，智能灌溉系统能够将用水量减少25%，同时提高作物的水分利用效率。

3. 技术实现：多传感器数据融合与算法应用

智能系统在农业领域中的应用日益普及，特别是智能灌溉系统通过多传感器数据融合技术，实现了对农田环境的精确监测和智能调控。本文将探讨多传感器数据融合的方法和算法，如贝叶斯推理和神经网络，以及它们的基本原理和实现方法。

（1）多传感器数据融合的重要性

智能灌溉系统依赖于多种传感器，如土壤湿度传感器、气象站、光照传感器等，这些传感器获取的数据相互关联，共同影响着农田的灌溉需求。传统的单一传感器监测往往无法提供足够的信息来准确判断灌溉时机和水量，因此多传感器数据融合成为提高系统精度和效率的关键。

（2）贝叶斯推理在多传感器数据融合中的应用

贝叶斯推理是一种统计推断方法，通过已知的先验概率和新数据的条件概率来更新假设的概率。在智能灌溉系统中，贝叶斯推理可以用来融合来自不同传感器的数据，以估计当前的环境状态，如土壤湿度、气温、风速等。其基本原理包括以下几个方面。

1）先验概率更新：利用历史数据和经验知识构建先验概率分布，例如根据过往的气象数据和土壤湿度变化来估计当前环境的状态。

2）条件概率估计：不同传感器测量的数据往往存在一定的误差和不确定性，贝叶斯推理通过考虑传感器的测量误差和相关性，计算条件概率，从而更新环境状态的后验概率。

3）后验概率优化：结合先验概率和条件概率，得到最优的后验概率分布，这反映了当前环境状态的最精确估计，为灌溉决策提供依据。

贝叶斯推理的实现方法包括基于概率分布的数学模型和算法，如卡尔曼滤波器和粒子滤波器。这些方法能够有效地处理传感器数据的不确定性和动态变化，提高智能灌溉系统对环境变化的响应速度和准确度。

（3）神经网络在多传感器数据融合中的应用

神经网络作为一种机器学习模型，在智能系统中的应用越来越广泛，尤其是在数据处理和决策推断方面具有显著优势。在智能灌溉系统中，神经网络可以用来处理和融合多传感器的复杂数据，其基本原理包括以下几个方面。

1）数据特征提取：神经网络通过多层次的特征提取和抽象，能够有效地从传感器数据中学习和捕获有用的特征信息，如土壤湿度变化的模式和趋势。

2）数据融合与联合训练：多传感器数据往往具有高度关联性，神经网络可以通过联合训练的方式，将来自不同传感器的数据融合到统一的模型中，从而综合考虑不同数据源的信息。

3）灌溉决策与优化：神经网络可以根据历史数据和实时传感器数据，预测未来的环境状态和作物需水量，实现智能灌溉系统的实时决策优化。

神经网络的实现方法包括卷积神经网络（CNN）、循环神经网络（RNN）和深度神经网络（DNN），这些模型在处理复杂的非线性关系和大规模数据上具有较强的能力，适合应对智能灌溉系统中多传感器数据的高维度特性和动态变化。

总之，多传感器数据融合技术是智能灌溉系统实现高效、精准农田管理的重要技术基础。贝叶斯推理和神经网络作为两种典型的数据融合方法，各自具有独特的优势和适用场景，可以根据实际需求选择合适的算法和模型进行应用。随着技术的进步和应用场景的扩展，多传感器数据融合技术将继续发挥重要作用，推动智能农业的发展和应用。

（三）农业机器人的自主决策与任务规划方法

（一）自主决策

（1）农业机器人自主决策的基本原理和算法

农业机器人在自主决策方面发挥着至关重要的作用，通过结合现代算法和技术，实现高效、精准的农业操作。自主决策的基本原理主要包括基于规则的决策、机器学习决策和强化学习决策。

1）基于规则的决策：基于规则的决策系统依赖预先由农业专家和工程师根据经验和实际需求设计的规则集，例如，当土壤湿度低于某一阈值时，系统会自动启动灌溉。该系统的优点在于实现简单且具有较强的可解释性，适用于相对稳定和简单的农业环境，但其缺点是缺乏灵活性，难以应对复杂和动态变化的情况。

2）机器学习决策：机器学习算法通过从历史数据中学习模式和规律，以进行预测和决策。常用的算法包括决策树、随机森林和支持向量机等，例如，通过分析土壤数据和气象数据，可以预测未来一段时间内病虫害的爆发情况，并采取相应的预防措施。这类算法的优点在于能够处理复杂的数据关系，适应性强，决策精度高；但其缺点是需要大量的训练数据，模型训练过程复杂，并且对数据质量有较高要求。

3）强化学习：强化学习是一种基于试错的学习方法，通过机器人与环境的持续互动，不断调整决策策略，以最大化累积奖励。常用的算法包括 Q 学习和深度强化学习（DQN）。例如，农业机器人在田间作业时，通过反复尝试不同的路径，最终找到最佳的作业路线，从而减少能源消耗和作业时间。这种方法的优点在于适应性极强，特别适合动态和不确定性高的环境；但其缺点是训练时间较长，计算资源消耗大，且决策过程难以解释。

（2）农业机器人自主决策在农业应用中的重要性和实现方法

农业机器人自主决策的重要性不言而喻，其主要体现在以下几个方面：

1）提高生产效率：通过自主决策，农业机器人可以实现全天候、连续作业，显著提高生产效率。例如，自主导航的拖拉机可以在无人干预的情况下高效完成播种、施肥等工作。

2）降低劳动强度：自主决策技术减少了对人工操作的依赖，降低了劳动强度，特别是在恶劣环境下，如高温、高湿等条件下的作业。

3）精准农业：自主决策技术使农业机器人能够根据实时数据进行精准操作，如精准施肥、精准灌溉，减少资源浪费，提高作物产量和质量。

4）应对复杂环境：通过机器学习和强化学习算法，农业机器人可以适应复杂和动态变化的农业环境，如应对不同作物的种植需求、识别和处理病虫害等。

（3）农业机器人自主决策在农业中的实现方法

1）数据采集与处理：自主决策的基础是高质量的数据，农业机器人需要配备多种传感器，如光学传感器、温湿度传感器、土壤传感器等，实时采集作业环境数据。数据处理技术包括数据清洗、数据融合和特征提取等。

2）算法开发与优化：根据具体应用需求，选择合适的算法，并进行模型训练和优化。对于机器学习和强化学习算法，需准备大量高质量的训练数据，并通过交叉验证等方法提高模型的泛化能力。

3）系统集成与测试：将自主决策模块集成到农业机器人系统中，进行功能测试和性能评估，确保系统在实际环境中的可靠性和稳定性。

4）持续学习与改进：通过不断收集新的作业数据，持续改进自主决策算法，使其能够应对不断变化的农业环境和需求。

（二）任务规划

（1）农业机器人任务规划的方法

农业机器人任务规划是实现高效和智能化农业作业的重要环节，主要包括路径规划、任务调度和资源分配。

1）路径规划：路径规划旨在为农业机器人找到一条从起点到目标点的最优路径，通常考虑的目标包括距离最短、时间最短或能源消耗最小。常用的算法有 A 算法、Dijkstra 算法和基于采样的方法（如 RRT）。在实际应用中，首先需建立作业环境的地图，利用全局路径规划算法确定从起点到目标点的最优路径；随后，使用局部路径规划算法实时调整路径，以避开障碍物。

2）任务调度：任务调度是指根据特定策略将一系列任务分配给不同的农业机器人，以最大化作业效率、平衡负载或最小化任务完成时间。常用的算法包括启发式算法（如遗传算法）以及调度理论中的经典算法（如 FIFO、EDF）。在实际操作中，需根据任务的优先级、资源需求和时间约束制定任务调度方案，并在作业过程中动态调整调度策略，以应对可能出现的突发事件。

3）资源分配：资源分配是指通过合理分配农业机器人作业所需的各种资源，如电力、作业工具和传感器等，以确保每个任务顺利完成。常用的方法包括线性规划和动态规划等。具体实现过程中，首先需要分析每个任务的资源需求，然后根据资源的可用性和任务的优先级，制定资源分配计划，并在作业过程中实时监控资源使用情况，进行动态调整，以优化资源利用和作业效率。

（2）基本原理和实现方法

通过合理的路径规划、任务调度和资源分配，农业机器人可以高效、智能地完成各种农业作业，显著提高农业生产效率和作业质量，其基本原理如下：

1）路径规划：路径规划的核心是找到一条既能避开障碍物又能达到最优目标的路径。A 算法通过启发式函数评估每个节点的代价，逐步扩展节点找到最优路径；Dijkstra 算法则通过遍历所有节点，找到从起点到各节点的最短路径。

2）任务调度：任务调度的核心是根据任务的不同属性（如优先级、截止时间等）制定合理的执行顺序。启发式算法通过模拟自然进化过程，逐步优化调度方案；调度理论中的经典算法则根据预定义规则进行任务排序。

3）资源分配：资源分配的核心是根据任务的资源需求和资源的可用性，制定合理的分配方案。线性规划通过建立约束条件和目标函数，求解最优资源分配方案；动态规划则通过分阶段求解，逐步优化资源分配。

（三）案例分析

（1）实际应用中的自主决策和任务规划案例

案例一：Blue River Technology 的智能喷洒系统

Blue River Technology 开发了一种名为"See&Spray"的智能喷洒系统，旨在通过精确施药减少农药使用量。传统喷洒方法往往导致大量农药浪费，对环境和成本造成负面影响。

该系统采用计算机视觉和机器学习算法，实时识别作物和杂草，精准地喷洒除草剂。系统通过安装在喷洒设备上的摄像头捕捉田间图像，利用机器学习模型识别不同植物类型，并根据需求喷洒药剂。

实验证明，"See&Spray"系统能够减少 90% 的除草剂使用量，同时保持或提高作物产量，显著降低了成本和环境污染。

案例二：John Deere 的自主拖拉机

John Deere 开发的自主拖拉机系统旨在提高大规模农田的作业效率，解决人工操作拖拉机时效率低、误差大的问题。

该系统利用 GPS 导航、传感器数据和路径规划算法，实现了拖拉机的自主导航和作业。通过路径规划算法，拖拉机能够在田间找到最优路径，避免重播和漏播，并通过实时传感器数据调整作业参数。

自主拖拉机实现了 24 小时不间断作业，作业效率提高了 20%，燃料消耗减少了10%，每季节作业成本显著降低。

（2）智能喷洒系统和自主拖拉机系统在农业机器人中的效果

1. 智能喷洒系统的效果展示

精准农业：通过计算机视觉和机器学习算法，智能喷洒系统能够精准识别和处理杂草，减少了农药的浪费和环境污染。

资源节约：减少了 90%的除草剂使用量，大大降低了农药成本和对环境的负面影响。

2. 自主拖拉机的效果展示

高效作业：自主拖拉机能够 24 小时不间断作业，提高了整体作业效率，减少了人工干预。

节省成本：通过优化路径规划和实时调整作业参数，燃料消耗和作业成本显著降低，提高了经济效益。

（3）智能喷洒系统和自主拖拉机系统对提高生产效率和优化资源利用的贡献

1）提高生产效率：智能喷洒系统通过实时识别和精准喷洒，大大提高了作业效率，减少了农药浪费和重复喷洒的时间，提高了作物产量。自主拖拉机通过自主导航和优化路径规划，实现了高效连续作业，减少了人工操作的误差和时间，提高了整体作业效率。

2）优化资源利用：智能喷洒系统显著减少了农药使用量，降低了环境污染和农药成本，体现了资源的高效利用。自主拖拉机通过实时传感器数据调整作业参数，优化了燃料和资源的利用，减少了能源消耗和成本。

第三节　农业机器人的应用案例

一、自动化播种与收割

（一）播种机器人的作业流程和关键技术

1. 播种机器人的作业流程和关键技术概述

随着全球人口的增长和粮食需求的增加，农业生产效率的提高成为了重中之重。自动化播种作为农业生产过程中的重要环节，具有极大的应用前景。播种机器人的引入不仅能够大幅提升播种效率，还能确保播种的均匀性和准确性，从而提高作物产量和质量。

播种机器人的基本功能包括土壤准备、精确播种、覆盖土壤以及适时施肥等。它们通过集成各种先进的传感器和自动化控制系统，实现对播种过程的全面控制和优化。播种机器人的工作原理主要基于机械运动、传感器数据采集和智能决策系统，能够根据土壤条件、气象数据等实时调整播种参数，确保每一颗种子都能在最佳条件下发芽生长。

自动化播种的重要性不仅体现在效率的提升上，还能有效减少人工劳动强度，降低生产成本，改善农业生产的可持续性。尤其是在大规模农田和精细化农业中，播种机器人具有不可替代的优势。

2. 播种机器人的作业流程

播种机器人的作业流程通常包括以下几个步骤。

（1）土壤准备

在播种之前，土壤准备是整个农业生产过程中至关重要的一环。播种机器人通过内置的旋耕机、耙子等多功能工具，对土壤进行翻耕和平整，确保土壤的松软和均匀，以为后续播种创造理想条件。在这一过程中，机器人依赖其先进的传感器系统实时监测土壤的湿度、温度和硬度等关键参数，并根据这些数据智能调整翻耕的深度和力度，确保每个区域的土壤都能达到最佳状态。关键技术包括高精度的土壤传感器、强大的动力传动系统以及精确的控制算法，这些技术共同保障了土壤处理的高效性和精准性。然而，面对不同类型的土壤和多变的环境条件，如何快速、准确地调整作业参数，保证土壤准备工作的质量，仍然是一个重要的技术挑战。这要求机器人具备高度的适应性和实时调整能力，以应对复杂多变的农业环境。

（2）精确播种

在完成土壤准备后，机器人进入了关键的播种阶段。播种机器人依靠精确的定位系统，将种子按照预设的间距和深度精确地植入土壤中，确保作物的均匀生长。这个过程中，精确播种技术的核心在于高精度的 GPS 定位系统和自动控制技术的协同作用。机器人通过精密控制播种臂和播种器，实现种子的均匀分布，同时确保播种深度适宜。传感器技术与伺服控制系统在这一过程中起到了至关重要的作用，它们共同确保了播种的准确性和一致性。然而，在不规则地形和复杂环境下，维持高精度的定位和播种是一大挑战。此外，不同作物对播种深度和间距有着不同的要求，如何在播种过程中灵活调整这些参数，满足各种作物的需求，也是需要克服的技术难题。

（3）覆盖土壤

在播种完成后，机器人接下来需要将种子覆盖上一层细土，以确保种子与土壤充分接触，促进顺利发芽。覆盖土壤的过程同样需要精准的控制，机器人通过使用旋转耙或平土板等工具，将土壤均匀地覆盖在种子上。在此过程中，机器人依赖实时监测和反馈系统，调整土壤的覆盖厚度，确保达到理想的效果。然而，这一过程面临的挑战是如何在覆盖过程中保证土壤的均匀性以及适当的覆盖厚度，避免过多或过少的覆盖。同时，机器人还需避免对种子的移动或损伤，这要求其具备高度精准的操作能力以及敏锐的反馈机制，以确保每颗种子都得到妥善处理。

（4）适时施肥

在一些先进的播种机器人中，适时施肥成为了重要的一环。机器人在播种的同时，会将适量的肥料精确撒布在种子周围，为其生长提供必要的养分。这一过程的关键在于肥料的精确计量和均匀撒布。机器人通过传感器实时监测土壤中的养分含量，并根据作物的需求智能调整施肥量，以确保养分的合理分布。实现这一功能依赖于高效的施肥系统和精确的控制算法。然而，这一过程也面临着不少挑战。不同土壤和作物的养分需求差异显著，机器人必须具备智能判断能力，并能迅速调整施肥策略，以适应不同的环境和作物。此外，施肥系统的可靠性和耐用性也对机器人的设计提出了更高的要求，确保其在长时间作业中能够稳定、有效地完成任务。

3. 播种机器人的关键技术

播种机器人能够高效、精准地完成各项作业，离不开一系列关键技术的支撑。这些技术包括高精度播种技术、传感器技术和自动化控制系统。

（1）高精度播种技术

高精度播种技术是播种机器人的核心，它确保种子按照预设的深度和间距被准确地植入土壤。该技术包括精密机械设计、先进的定位系统和高效的控制算法。

例如，约翰迪尔（John Deere）的播种机器人采用高精度 GPS 系统，能够在大规模农田中实现误差在厘米级的精确播种。该系统通过实时差分 GPS（RTKGPS）技术和惯性导航系统（INS），确保机器人的精确定位和稳定操作。

高精度播种技术显著提高了种子的发芽率和作物的均匀性，减少了种子的浪费和播种过程中的重复工作。

（2）传感器技术

传感器技术在播种机器人中起到至关重要的作用，它为机器人提供实时的环境数据，帮助其做出智能决策。常用的传感器包括土壤传感器、环境传感器和位置传感器。

例如，Blue River Technology 的 See&Spray 系统集成了高分辨率摄像头和光谱传感器，能够实时监测土壤和作物的状况，根据实际需求进行精准施肥和喷洒。

传感器技术的应用使播种机器人能够适应不同的土壤和环境条件，优化作业参数，提高播种的精准度和效果。

（3）自动化控制系统

自动化控制系统是播种机器人智能化操作的基础，它通过集成各种传感器数据，利用控制算法实现对机械臂、播种器和其他作业工具的精确控制。

例如，Kubota 的自动化播种机器人采用先进的控制系统，能够实时调整播种速度和播种深度，确保每一颗种子都能在最佳条件下被植入土壤。

自动化控制系统提高了播种机器人的作业效率和可靠性，减少了人为干预的需求，保证了播种过程的连续性和稳定性。

（二）收割机器人的导航定位和智能调度

1. 收割机器人概述

收割机器人是现代农业技术发展的重要方向之一，具有广阔的应用前景。随着农业机械化和自动化水平的不断提高，收割机器人在提高收割效率、减少劳动力成本以及优化资源利用等方面具有显著优势。传统的人工收割存在效率低、成本高和工作强度大的问题，而收割机器人可以在较短时间内高效完成大面积农田的收割任务，极大地提高了农业生产效率。

收割机器人的基本功能包括识别作物、规划路径、收割作物以及处理收割后的作物。其工作原理主要依靠传感器、导航系统和智能调度系统的协同工作。传感器用于检测作物的生长状况和环境信息，导航系统负责引导机器人在田间行走，智能调度系统则根据实际情况动态调整收割策略，确保收割工作的高效和精准。

2. 导航定位

收割机器人在田间导航和定位是实现自动化收割的核心技术。常用的导航和定位技术包括 GPS 导航、视觉导航和多传感器融合技术。

GPS 导航：GPS 导航系统通过接收卫星信号来确定机器人的当前位置，并为其提供实时导航信息。GPS 导航技术具有精度高、覆盖范围广的优点，但在复杂的农业环境中，如树木、建筑物遮挡等情况下，GPS 信号可能会受到干扰，影响导航精度。

视觉导航：视觉导航利用摄像头获取田间图像，通过图像处理技术识别作物和障碍物，从而实现导航和定位。视觉导航技术能够提供丰富的环境信息，但在光照变化、天气条件等因素影响下，其可靠性和稳定性可能会受到影响。

多传感器融合：多传感器融合技术结合了 GPS、视觉、激光雷达等多种传感器的优点，通过数据融合算法提高导航和定位的精度和可靠性。常用的融合算法包括卡尔曼滤波、粒子滤波等。这些算法能够在不同传感器数据之间进行有效的协同和补偿，使收割机器人在复杂农业环境中也能实现高精度的导航和定位。

在实际应用中，收割机器人通常会结合多种导航和定位技术，以应对不同的环境和作业要求。例如，GPS 导航可以在开阔地带提供高精度的位置参考，视觉导航可以在 GPS 信号受限的区域提供辅助导航，而多传感器融合技术则可以在复杂环境中提供更加稳健的导航解决方案。然而，这些技术在应用过程中仍面临诸多挑战，如传感器成本高、数据处理复杂、环境适应性差等问题，需要进一步的研究和优化。

3. 智能调度

智能调度系统是收割机器人高效作业的关键，主要包括任务分配、路径规划和实时调度等功能。

任务分配：任务分配是智能调度系统的基础，涉及将收割任务合理分配给多个收割机器人。任务分配算法通常基于作物的分布、田间地形以及机器人的作业能力等因素进行优化，旨在最大化收割效率和资源利用率。常见的任务分配方法包括集中式调度和分布式调度，集中式调度由中央控制系统统一分配任务，分布式调度则由各机器人自主决策和协同合作。

路径规划：路径规划是指为收割机器人设计最佳的行驶路径，以实现高效的作业。

路径规划算法需要考虑作物的分布、田间地形、障碍物位置以及机器人自身的运动特性等因素。常用的路径规划算法包括 A 算法、Dijkstra 算法和 RRT 算法等。这些算法能够在复杂环境中找到最优或次优路径，减少机器人行驶的时间和能耗。

实时调度：实时调度是指在收割过程中，根据实际情况动态调整作业策略。例如，当某个区域的作物密度变化或某个机器人发生故障时，实时调度系统能够及时调整任务分配和路径规划，确保整个收割过程的连续性和高效性。实时调度系统通常依赖于传感器实时采集的数据和通信网络的支持，通过智能算法进行快速决策。

在实际应用中，智能调度系统能够显著提高收割效率和优化资源利用。例如，通过合理的任务分配和路径规划，多个收割机器人可以协同作业，避免重复作业和资源浪费。同时，实时调度系统能够在复杂和动态的农业环境中迅速响应变化，保持高效的作业状态。

具体案例显示，某农场采用智能调度系统后，收割效率提高了 30%，作业成本降低了 20%。这种系统不仅提高了收割的效率和精准度，还减少了对人力的依赖，推动了农业生产的现代化和智能化发展。

（三）案例分析：谷物收割机器人的应用效果

谷物收割机器人是现代农业技术发展的重要产物，旨在提高收割效率，降低人工成本，并优化资源利用。随着全球人口增长和粮食需求的增加，传统的人工收割方式已经无法满足现代农业生产的需求。为此，世界各地的研究机构和企业纷纷投入到谷物收割机器人的开发中，希望通过自动化和智能化技术提高农业生产的效率和效益。

谷物收割机器人的开发目标包括：提高收割速度和效率、减少人工参与和劳动强度、降低生产成本、提升收割质量和准确性。具体而言，这些机器人能够在大面积农田中自主作业，识别并收割成熟的谷物，并通过先进的导航和定位技术在田间自由行驶，避开障碍物和其他机器人。此外，智能调度系统的应用也使得多个机器人能够协同工作，进一步提高了整体作业效率。

近年来，随着传感器技术、人工智能和机器人技术的不断进步，谷物收割机器人的性能和可靠性得到了显著提升。多个成功的应用案例表明，谷物收割机器人在实际生产中展现出了巨大的潜力，成为推动农业现代化和智能化的重要力量。

1. 技术实现

谷物收割机器人采用了一系列关键技术，包括传感器技术、导航和定位技术、收割机械设计以及智能调度系统。这些技术的有机结合，使得谷物收割机器人能够高效、精准地完成收割任务。

传感器技术：传感器是谷物收割机器人的"眼睛"和"耳朵"，用于检测环境信息和作物状态。常用的传感器包括摄像头、激光雷达、超声波传感器等。摄像头用于获取作物和环境图像，通过图像处理技术识别成熟的谷物和障碍物；激光雷达用于测量机器人与障碍物之间的距离，确保机器人在田间安全行驶；超声波传感器则用于检测地形变化和其他动态环境信息。

导航和定位技术：谷物收割机器人的导航和定位技术包括 GPS 导航、视觉导航和多传感器融合技术。GPS 导航系统通过接收卫星信号提供位置参考，适用于开阔地带的导航；视觉导航系统利用摄像头获取环境图像，通过图像处理和机器学习算法实现自主导航；多传感器融合技术结合了 GPS、视觉和激光雷达等多种传感器的数据，通过融合算法提高导航精度和鲁棒性。

收割机械设计：收割机械是谷物收割机器人的核心部件，直接影响收割效果。常见的收割机械包括割刀、输送带和分离装置等。割刀用于切割作物，输送带用于将切割后的作物输送至分离装置，分离装置则负责将谷物与杂物分离。现代谷物收割机器人通常采用模块化设计，使得各部件可以灵活组合和更换，适应不同作物和作业需求。

智能调度系统：智能调度系统是谷物收割机器人高效作业的重要保证。该系统通过实时采集和分析田间数据，动态调整机器人的任务分配和路径规划，确保各机器人协同工作。智能调度系统通常基于物联网和云计算技术，通过无线通信网络实现数据传输和远程控制。

2. 应用效果

谷物收割机器人在实际应用中取得了显著效果，通过以下实例和数据可以直观地展示其在提高收割效率、降低人工成本等方面的优势。

提高收割效率：某农场在使用谷物收割机器人后，收割效率提高了约 40%。传统人工收割需要大量劳动力，且受工人疲劳程度和工作时间限制，效率不高。而谷物收割机器人能够连续工作，避免了人工疲劳和误操作等问题，大幅提升了作业效率。此外，智能调度系统的应用，使得多个机器人可以协同作业，进一步提高了整体收割速度。

降低人工成本：在同一农场，由于谷物收割机器人的引入，人工成本降低了约50%。传统收割需要大量的季节性工人，而机器人的使用减少了对人力的依赖，降低了雇佣成本。虽然初期投资较高，但随着技术的成熟和批量生产成本的降低，收割机器人逐渐成为经济可行的解决方案。

优化资源利用：谷物收割机器人能够精准控制收割过程，减少了资源浪费。传统收割中，由于人工操作的不精确，往往会造成作物损失和浪费。而收割机器人通过先进的传感器和控制系统，能够精确识别和收割成熟的谷物，减少了损失，提高了资源利用率。

实例分析：某农场在使用谷物收割机器人后，收割时间从原来的两周减少到了一周

3. 优缺点分析

谷物收割机器人的优缺点见表 3-7 所示。

表 3-7　谷物收割机器人的优缺点

类别	内容	数据/描述
优点	提高效率	能够连续工作，提高收割速度
	降低成本	减少人工需求，降低雇佣成本
	精确作业	通过传感器和智能系统，精准识别和收割作物，减少浪费
	协同作业	智能调度系统使多个机器人能够高效协同工作，优化资源利用
缺点	初期投资高	购买和维护机器人的成本较高，需要较大的初期投资
	技术复杂	导航、定位和调度系统的技术要求较高，需要专业技术支持
	环境适应性	在复杂和多变的田间环境中，机器人可能会遇到导航和作业的挑战

通过上述优缺点分析，提出的改进建议如表 3-8 所示。

表 3-8　改进建议

内容	数据/描述
降低成本	通过技术创新和规模化生产，降低机器人的制造和维护成本
提升技术	进一步优化导航和定位技术，提高机器人在复杂环境中的适应性
用户培训	加强用户培训，提升农民对收割机器人的操作和维护能力，确保高效运行

二、温室管理机器人

（一）温室环境监测与调控机器人

1. 温室环境监测与调控机器人概述

温室管理机器人在现代农业中发挥着越来越重要的作用，其重要性和应用前景不容忽视。随着全球气候变化和农业生产环境的复杂化，传统的温室管理方式已经难以满足高效和精确的农业生产需求。温室环境监测与调控机器人通过自动化和智能化技术，实现了温室内环境的实时监测和精准调控，提升了作物的生长环境和生产效率。

温室环境监测与调控机器人的基本功能包括监测温室内的温度、湿度、光照强度、CO_2 浓度等环境参数，并根据实时数据自动调节温室的通风、灌溉、遮阳等系统，保持作物生长所需的最佳环境条件。通过传感器、数据分析和智能控制技术的有机结合，这些机器人能够显著提高温室管理的自动化程度，减少人力投入，提升作物产量和品质。

2. 环境监测

温室环境监测机器人的工作原理和技术实现主要依赖于传感器技术和数据分析。包括以下几种技术。

传感器技术：温室环境监测机器人配备了各种传感器，用于实时监测温室内的环境参数。

温度传感器：温度传感器用于检测温室内的空气和土壤温度，帮助调节加热和降温系统，确保作物在适宜的温度范围内生长。

湿度传感器：湿度传感器监测空气湿度，避免过度干燥或潮湿的环境对作物造成不利影响。通过湿度数据，灌溉系统可以自动调整水量，保持土壤适当湿润。

光照传感器：光照传感器用于测量温室内的光照强度，确保作物在不同生长阶段获得足够的光照。光照数据也可用于调节遮阳系统，防止过度曝晒。

CO_2 传感器：CO_2 浓度传感器用于监测温室内的 CO_2 水平。CO_2 是植物光合作用的重要原料，合适的 CO_2 浓度能促进作物生长。

数据分析：传感器收集的环境数据通过无线通信网络传输到中央控制系统，进行实时分析和处理。

数据采集：传感器采集的数据被传输到数据采集模块，该模块对数据进行初步处理和存储。

数据分析：中央控制系统对采集到的数据进行深入分析，识别环境参数的变化趋势和异常情况。通过大数据分析和机器学习算法，系统能够预测环境变化，提供决策支持。

反馈机制：分析结果用于指导温室环境的自动调控。系统根据环境参数的实时变化，调整温室内的各项控制措施，确保作物在最佳环境条件下生长。

通过传感器技术和数据分析的应用，温室环境监测机器人能够实现对温室环境的精确监测和管理，提高作物生长的稳定性和产量。

3. 环境调控

温室环境调控机器人的控制系统和执行机制是实现温室内环境调节的关键。包括以下这些系统。

控制系统：控制系统是温室环境调控机器人的核心部分，负责接收和处理传感器数据，并控制各执行机构进行相应的操作。

中央控制系统：中央控制系统集成了各类传感器的数据，通过预设的算法和模型，对温室环境进行分析和判断，发出调控指令。

分布式控制系统：在大型温室中，可能会采用分布式控制系统，各区域的控制单元独立工作，并与中央控制系统进行数据交换和协同操作。

执行机制：执行机构是温室环境调控机器人的执行部分，负责具体的环境调节操作。

通风系统：通风系统通过控制风扇和通风口，调节温室内的空气流通，维持适宜的温度和湿度。通风系统的自动化控制可以根据传感器数据实时调节，避免温度过高或湿度过低的情况。

灌溉系统：灌溉系统根据土壤湿度传感器的数据，自动调节灌溉水量，确保作物获得充足的水分。滴灌、喷灌等不同类型的灌溉系统可以根据需要进行组合使用，提高水资源利用效率。

遮阳系统：遮阳系统通过调节遮阳帘的开启和关闭，控制温室内的光照强度。遮阳系统可以根据光照传感器的数据，自动调整遮阳帘的位置，防止过度曝晒对作物造成损害。

加热和降温系统：加热系统通过控制加热设备，提供温暖的环境，适用于寒冷季节的温室管理。降温系统则通过冷却设备或自然通风，降低温室内的温度，确保作物在适宜的温度下生长。

4. 温室环境监测与调控机器人的优缺点及改进建议

（1）温室环境监测与调控机器人优点

提高效率：自动化的环境监测和调控系统通过减少人工干预，大幅提高了温室管理的效率。在传统温室管理中，农民需要花费大量时间和精力来监测和调节温室内的温度、湿度、光照等环境参数。而使用环境监测与调控机器人后，这些任务都能自动完成，减少了人工劳动力的需求，提高了作业效率。例如，机器人可以全天候工作，不受时间限制，保证了温室内环境的持续优化，避免了人工操作可能带来的延误和误差。

精确控制：通过实时监测和智能调控，温室环境监测与调控机器人能够确保温室内的环境参数始终处于最佳状态，从而提升作物的质量和产量。传感器实时收集温室内的各种环境数据，中央控制系统根据这些数据进行分析并及时做出调整。例如，当温室内温度过高时，系统会自动开启通风装置或调节遮阳帘，以降低温度；当湿度过低时，灌溉系统会自动启动，保证土壤湿润。这种精确的环境控制能够最大限度地满足作物的生长需求，提高作物的健康状况和产量。

资源优化：温室环境监测与调控机器人能够优化水、肥、光照等资源的利用，减少浪费，提升生产效益。通过精确的环境监测，系统能够根据作物的实际需求进行资源分配。例如，灌溉系统可以根据土壤湿度传感器的数据，精确控制每次灌溉的水量，避免过度灌溉造成的水资源浪费。类似地，光照控制系统可以根据作物的光照需求，自动调节遮阳帘的开合，确保作物获得足够的光照而不过度曝晒。这种资源的精确管理不仅提高了作物的生长效率，还减少了生产成本和环境负担。

（2）温室环境监测与调控机器人缺点

初期成本高：温室环境监测与调控系统的安装和维护成本较高，可能对一些小规模农场造成经济压力。购买和安装这些自动化系统需要大量的初期投资，包括传感器、控制系统和执行机构等设备的费用。此外，系统的维护和更新也需要持续投入。这对资金有限的小规模农场来说，可能是一个较大的经济负担，限制了这些农场采用该技术的能力。

技术依赖性强：温室环境监测与调控系统的运行依赖于先进的技术和稳定的网络连接。如果技术故障或网络中断，系统的正常运行可能会受到影响。例如，传感器失灵或数据传输中断可能导致环境数据无法实时获取和分析，进而影响环境调控的准确性。此外，这些系统的复杂性要求农民具备一定的技术知识和操作技能，否则在出现故障时难以快速解决，影响生产效率。

（3）改进建议

降低成本：通过技术创新和规模化生产，可以降低系统的制造和维护成本，使其更具经济可行性。例如，开发更经济实用的传感器和控制设备，采用模块化设计，降低生产成本；同时，通过规模化生产和市场推广，增加系统的普及率，进一步降低单位成本。政府和相关机构也可以提供补贴和资助，减轻农民的经济负担，促进技术的广泛应用。

提升可靠性：加强系统的故障检测和自我修复能力，确保在各种环境下都能稳定运行。例如，开发更智能的故障检测系统，能够及时发现和诊断问题，并自动采取纠正措施。此外，通过冗余设计和多重保护机制，提高系统的容错能力，避免单点故障导致系统瘫痪。定期的系统维护和更新也能提高系统的可靠性和寿命。

用户培训：提供详细的用户培训，帮助农民掌握系统的操作和维护技能，提高系统的使用效率。例如，组织培训班和技术交流会，提供系统操作手册和在线教程，帮助农民熟悉系统的功能和操作方法。建立技术支持团队，提供及时的咨询和指导服务，帮助农民解决使用中遇到的问题。

（二）温室作物的自动化移栽与嫁接

1. 温室作物自动化移栽与嫁接概述

温室作物的自动化移栽与嫁接在现代农业中扮演着至关重要的角色。随着农业规模的不断扩大和劳动力成本的增加，传统的人工移栽与嫁接方式已经难以满足高效、精准的农业生产需求。自动化移栽与嫁接技术通过机器人和智能控制系统，实现了对作物的快速、精准处理，不仅大幅提高了作业效率，还保证了作物的质量和一致性。

自动化移栽与嫁接技术的应用前景非常广阔。移栽机器人能够高效地将幼苗移植到指定位置，确保每株作物获得最佳的生长环境。而嫁接机器人则通过精细的操作，将不同品种的植物进行嫁接，培育出具有优良特性的新品种。这些技术的应用不仅提高了生产效率，还推动了农业生产的智能化和精细化发展。

2. 自动化移栽工作原理和技术实现

移栽机器人主要由机械臂、末端执行器、传感器和控制系统等部分组成。其工作原理和技术实现如下：

机械臂：机械臂是移栽机器人的核心部件，负责执行移栽操作。机械臂通常具有多个自由度，能够灵活地移动和定位。其控制系统能够精确地控制机械臂的运动轨迹和力度，确保每次移栽操作的准确性。

末端执行器：末端执行器是机械臂上的操作工具，负责抓取和移植幼苗。常见的末端执行器包括真空吸盘、机械夹具等。真空吸盘通过负压吸附幼苗，适用于轻柔的抓取操作；机械夹具则通过机械夹持的方式，适用于较为稳固的抓取。

传感器：移栽机器人配备了多种传感器，如视觉传感器、压力传感器等。视觉传感器用于识别幼苗的位置和姿态，确保抓取位置的准确性。压力传感器则用于监测抓取和移植过程中的压力变化，防止对幼苗造成损伤。

控制系统：控制系统负责接收传感器数据，并根据预设的算法和模型，控制机械臂和末端执行器的动作。控制系统通常具备实时处理和反馈功能，能够根据环境变化及时调整操作。

3. 自动化嫁接

嫁接机器人主要通过视觉识别、精细操作和智能控制系统实现对植物的嫁接操作。其工作原理和技术实现如下：

首先，嫁接机器人配备了高精度的视觉传感器，用于识别待嫁接植物的部位和特征。这些传感器通过图像处理算法，能够精确定位嫁接点，从而确保嫁接操作的准确性。

其次，嫁接机器人的机械臂和末端执行器能够进行微米级别的精细操作。末端执行器通常包括微型刀片和夹具，能够准确地切割和固定植物的嫁接部位。通过控制切割角度和力度，可以确保嫁接部位的平整和匹配。

此外，智能控制系统是嫁接机器人运作的核心。该系统接收视觉传感器的数据，结合预设的嫁接模型，控制机械臂和末端执行器的动作。控制系统具备实时调整和反馈功能，能够根据操作过程中的变化，及时调整嫁接策略，从而确保嫁接的成功率。

在某农业研究所的温室中，采用了一套先进的自动化嫁接系统，用于番茄和茄子的嫁接育苗。这套系统由高精度机械臂、微型刀片末端执行器、高分辨率视觉传感器和智能控制系统组成。

该系统的效率得到了显著提升。每小时可嫁接数百株植物，相比传统的人工嫁接方式，效率提高了数倍。

通过高分辨率视觉传感器的精确识别和控制系统的精准操作，嫁接机器人能够确保每次嫁接的角度和位置都达到最佳状态。这不仅提高了嫁接的成功率，还提升了育苗的质量。

机器人嫁接过程中的操作标准化，避免了人工操作中的不确定因素，保证了每次嫁接的质量一致。这样一来，育苗的整体质量得到了提升，确保了作物的高效生产和优质生长。

（三）案例分析：番茄嫁接机器人系统

1. 案例背景

随着农业技术的发展，番茄嫁接成为提高番茄产量和抗病性的关键技术之一。传统的人工嫁接耗时耗力，且嫁接质量不稳定，为了解决这一问题，位于日本的AIGS（农业创新解决方案）公司开发了一套番茄嫁接机器人系统。该系统旨在通过自动化技术实现高效、精准的番茄嫁接操作，从而提高嫁接效率，减少人工成本，确保嫁接质量一致。

2. 技术实现

番茄嫁接机器人系统的核心在于其关键技术和实现方法。该系统主要由高精度机械臂、视觉传感器、末端执行器和智能控制系统组成。

首先，系统配备了高精度的机械臂，能够进行灵活且精准的运动操作。机械臂具有多个自由度，可以适应复杂的嫁接动作需求。其控制系统能够精确控制机械臂的运动轨迹和力度，确保嫁接操作的稳定性和准确性。

其次，视觉传感器在嫁接操作中扮演着重要角色。高分辨率视觉传感器用于识别待嫁接的番茄幼苗和砧木的位置及特征。通过图像处理算法，视觉传感器能够精确定位嫁接点，提供嫁接操作所需的关键数据。

末端执行器是机械臂上的操作工具，通常包括微型刀片和夹具。微型刀片用于切割番茄幼苗和砧木，而夹具则用于抓取和固定植物。通过控制切割角度和力度，末端执行器能够确保嫁接部位的平整和匹配，从而提高嫁接成功率。

智能控制系统是该系统的核心。控制系统接收视觉传感器的数据，并结合预设的嫁接模型，控制机械臂和末端执行器的动作。该系统具备实时调整和反馈功能，能够根据操作过程中的变化，及时调整嫁接策略，确保每次嫁接的成功。

3. 应用效果

在日本某大型农业企业的温室中，AIGS 的番茄嫁接机器人系统被广泛应用于番茄嫁接育苗过程中。以下是该系统在实际应用中的详细案例：

这家农业企业种植了数千平方米的温室番茄，并在育苗过程中采用了 AIGS 的番茄嫁接机器人系统。系统包括两台高精度机械臂、视觉传感器、末端执行器和智能控制系统。

（1）嫁接效率

系统每小时可嫁接 800 株番茄幼苗，相比传统的人工嫁接方式，效率提高了约 5 倍。通过减少嫁接所需的人工数量，企业在嫁接季节大大降低了劳动力成本。

（2）嫁接精度

通过高分辨率视觉传感器的精确识别和智能控制系统的精准操作，嫁接机器人能够确保每次嫁接的角度和位置都达到最佳状态。实验结果表明，系统的嫁接成功率达到了 98%，大幅提高了育苗质量。

（3）一致性和质量保障

机器人嫁接过程中的操作标准化，避免了人工操作中的不确定因素，保证了每次嫁接的质量一致。这种标准化操作使得番茄幼苗在后续生长过程中表现出更高的均匀性和健康状况。

（4）技术挑战和解决方案

在实际应用中，系统运行初期曾遇到传感器数据处理延迟和机械臂精度不足的问题。为了解决这些问题，AIGS 对视觉传感器的数据处理算法进行了优化，提高了数据处理速度。同时，通过改进机械臂的控制系统，增强了其运动精度和稳定性。

（5）经济效益

虽然系统的初期安装和维护成本较高，但通过提高嫁接效率和成功率，企业在几个嫁接季节后收回了初期投资成本，并在长期使用中实现了显著的经济效益。

三、畜牧养殖机器人

（一）自动化饲喂机器人

1. 自动化饲喂机器人概述

随着现代农业的不断发展，自动化技术在畜牧业中的应用越来越广泛。自动化饲喂机器人作为一种先进的畜牧业管理工具，能够大幅提高饲养效率，降低劳动强度，优化饲料利用率，从而提升农场的整体生产效益。传统的人工饲喂方式耗时费力，且饲喂量和时间难以精确控制，导致饲料浪费和动物营养不均。自动化饲喂机器人通过智能化控制和精准投喂，能够实现定时、定量、定点的饲喂，确保动物获得均衡的营养，促进健康生长。

2. 技术实现

自动化饲喂机器人的工作原理和技术实现主要包括自动配料、精准投喂、智能监控等方面。

自动配料：饲喂机器人配备了自动配料系统，可以根据预设的饲料配方，精确称量不同种类的饲料，混合成符合动物营养需求的饲料。配料系统通常采用电子秤、混合器和输送带等设备，通过控制程序实现精确配料。以某大型牧场为例，该牧场引入了一套先进的自动配料系统，能够根据不同阶段的动物生长需求，自动调整饲料配方，提高了饲料利用率和动物生长速度。

精准投喂：饲喂机器人通过设定好的路线和时间表，在固定的时间将配好的饲料投放到指定的饲喂点。机器人通常配备有 GPS 和传感器，可以实时监测位置和投喂情况，确保每个饲喂点的饲料量准确无误。在一家养猪场的应用案例中，饲喂机器人每天按时在猪舍内移动，精准地将饲料分配到各个饲槽中，大大减少了饲料浪费和人工劳动。

智能监控：饲喂机器人还配备了智能监控系统，通过摄像头和传感器实时监测动物的进食情况和健康状况。监控系统能够自动识别异常情况，如饲料浪费、动物进食异常等，并及时发出警报，以便管理人员迅速处理。在某奶牛场的实际应用中，智能监控系统帮助农场主及时发现和解决了奶牛进食不足的问题，确保了奶牛的健康和产奶量。

3. 应用效果

自动化饲喂机器人在实际应用中表现出色，显著提高了饲养效率，降低了劳动强度，优化了饲料利用率。以下是其具体效果的详细分析。

提高饲养效率：自动化饲喂机器人通过定时、定量、定点的投喂方式，确保动物获得均衡的营养，促进其健康生长。以某大型养鸡场为例，该养鸡场引入饲喂机器人后，每天定时投喂饲料，使得鸡群的生长速度明显加快，出栏时间缩短了约 10%。饲喂机器人能够精确控制每次投喂的饲料量，避免了过度饲喂或不足饲喂的情况，确保每只鸡都能得到足够的营养。由于饲喂过程自动化，减少了人工干预，饲养管理的整体效率大幅提高，管理人员可以更专注于其他重要的农场事务。

降低劳动强度：传统的人工饲喂方式需要大量的人力投入，尤其是在大型农场，饲喂工作繁重且单调，容易导致工人疲劳和工作效率降低。引入饲喂机器人后，农场主和工人可以将更多的时间和精力投入到其他管理工作中，提高了劳动生产率。在一家牛场的应用中，饲喂机器人每天按时为牛群投喂饲料，使得原本需要几个人完成的工作，现在只需一个人负责监控，大大降低了劳动强度。工人不再需要进行重复的体力劳动，减少了工作中的身体劳损，提高了工作满意度。

优化饲料利用率：饲喂机器人通过精准控制饲料的配料和投放，减少了饲料浪费，优化了饲料利用率。在某养猪场的实际应用中，通过使用饲喂机器人，饲料利用率提高了约 15%，有效降低了饲养成本。饲喂机器人能够根据动物的生长阶段和营养需求，精确配制和投放饲料，避免了饲料浪费。此外，饲喂机器人还能监控每只动物的进食情况，及时调整饲料配方和投喂量，确保动物获得均衡的营养，提高了动物的健康状况和生产效益。猪场的农场主表示，自从引入饲喂机器人后，猪群的生长速度和健康状况显著改善，出栏率和经济效益均有明显提升。

4. 改进建议和未来发展方向

降低成本：虽然饲喂机器人在提高饲养效率和降低劳动强度方面表现出色，但其初期安装和维护成本较高，可能对一些小规模农场造成经济压力。未来可以通过技术创新和规模化生产，降低系统的制造和维护成本，使其更加经济可行。例如，可以通过研发更简便易用的饲喂机器人，降低对高技术水平的依赖，使更多农场能够负担得起并受益。

提升可靠性：饲喂机器人在运行过程中依赖于先进的技术和稳定的网络连接，技术故障可能影响系统的正常运行。未来可以通过加强系统的故障检测和自我修复能力，确保在各种环境下都能稳定运行。可以研发更智能的监控和故障处理系统，能够实时监测机器人状态，并在出现故障时自动修复或发出警报，减少停机时间，保证连续稳定的饲喂。

智能化升级：未来的饲喂机器人可以进一步提升智能化水平，通过引入人工智能技术，实现更精准的饲料配方调整和投喂策略优化，提升动物的生长效果和农场的生产效益。可以利用大数据和机器学习算法，分析动物的生长数据和饲喂记录，优化饲料配方，制定个性化的饲喂方案，提高饲养效果。此外，可以开发具有自学习和自适应能力的饲喂机器人，能够根据动物的生长变化和环境变化，实时调整饲喂策略，进一步提升饲养效率和效益。

（二）畜禽健康监测与环境控制

1. 畜禽健康监测与环境控制概述

随着畜牧业的快速发展，畜禽健康监测与环境控制成为保障动物健康和提高生产效率的重要手段。畜禽健康监测与环境控制机器人作为现代化农业的关键技术，能够实时监测动物的健康状况和生存环境，及时进行调控和干预，确保畜禽在最佳条件下生长。这不仅能提高养殖效益，还能减少疾病传播，保障食品安全。随着科技的不断进步，这类机器人将越来越普及，推动畜牧业向智能化、精准化方向发展。

2. 健康监测

畜禽健康监测机器人通过先进的传感器技术和数据分析，实现对动物健康状况的全面监控。其主要工作原理包括以下几点。

体温监测：通过红外传感器或植入式芯片，实时监测动物体温。异常体温变化可作为疾病预警的重要指标，及时发现并处理潜在健康问题。例如，在某大型养猪场，使用红外体温传感器监测猪群体温，发现异常情况时立即发出警报，快速隔离病猪，避免疾病扩散。

心率监测：利用可穿戴设备或植入式传感器，实时监测动物的心率。异常的心率变化可提示应激或疾病状态，便于及时采取干预措施。在一家牛场，应用心率监测设备，发现牛群在运输和新环境适应期间心率明显上升，通过调整管理措施降低应激反应，保障了牛群健康。

行为监测：通过摄像头和图像处理技术，监测动物的行为和活动模式。异常行为如食欲下降、活动减少等可以作为疾病或环境不适的信号。某鸡场安装了行为监测系统，通过分析鸡群的活动轨迹和采食行为，及时发现并处理了饲养环境中的问题，提高了鸡群的健康水平。

实际案例表明，畜禽健康监测机器人在提高动物健康管理效率方面具有显著效果。例如，在一家养猪场的应用中，健康监测系统有效减少了疾病爆发的风险，降低了死亡率，显著提高了生产效益。此外，系统自动生成的健康报告帮助农场主制定更科学的饲养计划，进一步优化了生产流程。

3. 环境控制

环境控制机器人通过智能调控系统，实现对畜禽饲养环境的全面管理，确保动物在最佳条件下生长。其主要工作原理和技术实现包括以下几点。

通风系统：环境控制机器人配备智能通风系统，根据实时监测的空气质量数据，自动调节通风设备，保持空气清新，减少有害气体的积聚。在某大型鸡舍中，智能通风系统通过实时监测氨气浓度，自动调节风机运转，有效降低了氨气浓度，改善了鸡舍的空气质量，减少了呼吸道疾病的发生。

温湿度调控：通过温湿度传感器，环境控制机器人实时监测舍内温湿度，自动调节加热器、加湿器或降温设备，保持适宜的环境条件。某奶牛场引入环境控制机器人后，系统根据季节和天气变化自动调节舍内温湿度，确保奶牛在舒适的环境中生长，提高了奶牛的产奶量和质量。

废弃物处理：环境控制机器人配备自动清理系统，定时清理畜禽粪便和废弃物，保持舍内清洁卫生，减少疾病传播风险。在一家养猪场，自动清理系统每天定时清理猪舍粪便，结合废弃物处理系统，将粪便进行无害化处理和资源化利用，不仅改善了猪舍环境，还提高了废弃物的利用效率。

（三）案例分析：奶牛场自动化挤奶机器人

1. 案例背景

位于美国德克萨斯州的 Fair Oaks Farms，是一家拥有数千头奶牛的大型奶牛场。为了提高挤奶效率和奶质稳定性，他们引入了 Lely Astronaut A5 自动化挤奶机器人。这款挤奶机器人通过先进的机械和控制技术，致力于实现高效、卫生的自动化挤奶操作，减少人工成本，提高奶牛场的生产效益。

2. 技术实现

（1）机械臂技术

多自由度机械臂：Lely Astronaut A5 配备灵活的机械臂，能够在不同方向和角度精确调整位置，确保准确连接奶牛的乳头。机械臂上配有多个传感器，可以实时监测并调整挤奶操作。

精准定位系统：通过红外传感器和激光测距，机械臂能够快速定位奶牛的乳头，确保挤奶杯的准确连接，减少连接失败率。

（2）自动清洗系统

高压清洗：每次挤奶前后，系统会自动清洗和消毒乳头，确保挤奶过程的卫生。高压水流和消毒液共同作用，有效减少细菌污染风险。

自动消毒：使用食品级消毒液对挤奶设备进行消毒，保证每次挤奶的卫生标准。

（3）数据监测与分析

传感器数据采集：机器人通过多个传感器实时采集奶牛的乳量、乳成分和体温等数据，并上传至中央控制系统进行分析。

智能分析系统：系统会分析采集到的数据，优化挤奶参数，提高挤奶效率和奶质。同时，系统还能监测奶牛的健康状况，及时发现并处理异常情况。

数据记录与追踪：每头奶牛的生产数据都被记录并可追踪，农场主可以通过数据分析调整饲养策略，提升生产效益。

3. 应用效果

（1）提高挤奶效率

高效挤奶：引入 Lely Astronaut A5 后，Fair Oaks Farms 的挤奶效率显著提高。每台挤奶机器人每天可以处理约 6 070 头奶牛的挤奶任务，整体挤奶效率提高了约 25%。例如，挤奶时间从人工操作的每头奶牛平均 7 分钟减少到 4.5 分钟，每台机器人每日可处理 200 头奶牛。

减少人工干预：自动化系统减少了人工操作的需求，原本需要 34 人操作的工作现在只需 1 人监控，大幅减少了劳动力成本。

（2）保证奶质

卫生标准提高：自动清洗系统和精准的挤奶操作保证了奶质的卫生和安全。引入该系统后，奶质的细菌含量从每毫升 500 000 个减少到 100 000 个，体细胞数显著降低，奶质显著提升。

数据监测：通过对每次挤奶的实时监测和数据分析，系统能够确保每头奶牛的挤奶过程都达到最佳状态，奶质稳定且一致。

（3）优化管理

健康监测：系统能够实时监测奶牛的健康状况，发现异常时自动警报，有助于早期诊断和处理疾病，提高奶牛的健康水平和生产力。例如，系统能够检测出亚临床乳腺炎的早期迹象，使得乳腺炎的发病率从 15% 降至 5%。

数据驱动管理：自动化系统记录和分析每头奶牛的生产数据，帮助农场主做出科学的饲养和管理决策，提高整体生产效益。例如，通过数据分析优化饲料配方，平均每头奶牛的产奶量从每天 30 升增加到 35 升。

4. 优缺点分析与改进建议

自动化挤奶系统在现代奶牛养殖中具有显著的优势，但也存在一些需要克服的挑战和改进的空间。首先，自动化挤奶系统大幅提升了挤奶效率，减少了人工操作的需求，从而显著提高了生产效率。同时，该系统确保每次挤奶的卫生和安全，提高了奶质。此外，通过数据监测和分析，奶牛的健康管理和饲养策略得到了优化。然而，初期成本较高是一个主要缺点，系统安装和维护费用可能对小型奶牛场造成经济压力，例如，Fair Oaks Farms 的系统安装成本约为每台机器人 20 万美元。此外，系统运行高度依赖先进技术和稳定的网络连接，技术故障可能影响系统的正常运行，例如在网络中断时需要人工干预以继续操作。为解决这些问题，可以通过技术创新和规模化生产来降低自动化挤奶机器人的制造和维护成本，使其更加经济可行。进一步，提升系统的故障检测和自我修复能力，确保在各种环境下都能稳定运行，减少技术故障对生产的影响。最后，提供详细的用户培训和技术支持，帮助奶牛场主和操作人员掌握系统的操作和维护技能，提高系统的使用效率和生产效益。通过这些改进，自动化挤奶系统将在现代奶牛养殖中发挥更大的作用。

第四章　农业物联网与农业机器人的融合应用

第一节　融合应用的必要性与可行性

一、优势互补分析

（一）优势互补分析概述

农业物联网（Agricultural Internet of Thinys, AI DT）和农业机器人是现代农业技术的重要组成部分。农业物联网通过传感器、通信技术和数据分析，实现了农业生产环境和过程的实时监控和管理。农业机器人则通过自动化机械设备，执行耕种、施肥、喷洒、收割等农业操作，提高了农业生产的效率和精度。随着科技的不断进步，农业物联网和农业机器人技术得到了快速发展，逐渐在全球范围内应用推广。

然而，单一技术的应用仍存在一些局限性。农业物联网虽然能提供丰富的数据支持，但在实际操作层面还需依赖人工或其他机械手段。农业机器人虽然能高效完成多种农业作业，但在信息获取和决策方面相对薄弱。因此，农业物联网与农业机器人技术的融合显得尤为必要。这种融合不仅能实现信息与操作的无缝衔接，还能大幅提升农业生产的智能化水平和整体效益。

融合农业物联网和农业机器人，不仅是对两种技术的简单叠加，更是对现代农业生产模式的全面革新。通过融合，可以实现从数据采集、分析到决策执行的全流程智能化管理，显著提高农业生产的效率、质量和可持续性。

农业物联网与农业机器人技术的融合具有多方面的潜在优势和必然性。首先，通过融合，农业生产的精细化管理得以实现。农业物联网可以通过传感器实时采集土壤湿度、温度、光照、病虫害等数据，并通过云计算和大数据技术进行分析和处理，生成最优的农业生产方案。农业机器人则根据这些方案，自动完成相应的农田作业，确保每一项操作都精确到位。

其次，融合可以显著提升农业生产的效率和质量。通过农业物联网提供的精准数据支持，农业机器人可以更准确地执行播种、施肥、喷洒等操作，减少资源浪费，提高作物产量和质量。同时，融合还可以降低农业生产成本。自动化和智能化的管理模式减少了对人力的依赖，降低了劳动力成本。

此外，农业物联网与农业机器人技术的融合还具有重要的环境保护意义。通过精准农业技术，可以实现精准施肥和农药喷洒，减少化学药剂的使用，降低对环境的污染。同时，实时监测和数据分析还能帮助农民及时发现和应对病虫害，减少损失，保障农业生产的可持续发展。

综上所述，农业物联网与农业机器人技术的融合不仅是现代农业发展的必然趋势，更是提升农业生产效率、质量和可持续性的有效途径。通过融合，可以实现农业生产的全面智能化管理，推动现代农业迈向更高的水平。

（二）农业物联网的优势

1. 数据采集与监测

（1）农业物联网通过传感器网络进行环境和作物数据采集的能力

农业物联网（Agricultural Internet of Things, A IoT）通过在农田中部署大量的传感器，能够实现对环境和作物的全面监测。这些传感器可以包括温湿度传感器、光照强度传感器、土壤湿度传感器、气体传感器（如 CO_2 和 NH3 传感器）以及图像传感器等。这些传感器分布在田间、温室、养殖场等各种农业生产场景中，通过无线通信技术将采集到的数据传输到中央处理系统进行分析和处理。

环境数据采集方面，传感器网络能够实时监测气象条件，如温度、湿度、降雨量、风速和风向等。这些数据对于预测天气变化和制定农作物种植计划至关重要。土壤传感器可以监测土壤的湿度、温度和养分含量，从而帮助农民进行精准灌溉和施肥，提高资源利用效率，避免过度灌溉和施肥导致的资源浪费和环境污染。

作物数据采集方面，农业物联网能够通过光谱成像传感器和 NDVI（归一化植被指数）传感器获取作物的生长状态和健康状况。这些数据可以帮助农民及时发现病虫害和营养缺乏等问题，进行有针对性的管理和干预，提高作物产量和质量。此外，通过图像传感器和计算机视觉技术，农业物联网还可以实现对作物生长过程的自动化监测，如生长速度、叶片面积和果实大小等，为农作物的精细化管理提供数据支持。

（2）实时监测和数据分析对农业管理的促进作用

实时监测和数据分析是农业物联网的核心优势之一。通过实时监测，农民可以随时了解农田环境和作物生长状况，及时采取措施应对各种不利因素。例如，当传感器检测到土壤湿度低于设定阈值时，可以自动启动灌溉系统，确保作物得到充足的水分供应；当气象传感器预测到有极端天气即将来临时，可以提前采取防护措施，减少灾害对农业生产的影响。

数据分析则是将采集到的海量数据进行处理和解读，从中提取有价值的信息，为农业管理提供科学依据。通过数据分析，农民可以优化种植方案，制定精准的灌溉和施肥计划，提高生产效率和资源利用率。例如，通过分析不同作物的生长数据，可以确定最佳的播种时间和种植密度；通过分析土壤和气象数据，可以预测病虫害的发生概率，提前采取防治措施。

此外，农业物联网还可以利用机器学习和人工智能技术，对历史数据进行深度挖掘和模式识别，提供智能化的决策支持。例如，通过分析多年气象和作物生长数据，可以建立作物产量预测模型，为农民提供产量预估和市场供需分析，帮助他们制定合理的销售策略，减少市场风险。

2. 精准农业

（1）物联网技术在精准农业中的应用，如变量施肥、精准灌溉

精准农业是现代农业发展的重要方向，其核心理念是通过对农田环境和作物生长状态的精确监测，进行精准管理，以提高农业生产的效率和效益。物联网技术在精准农业中的应用尤为广泛，主要体现在变量施肥和精准灌溉等方面。

变量施肥是指根据土壤养分含量和作物生长需求，进行差异化施肥。传统施肥方式往往是统一施肥，不考虑土壤和作物的具体差异，容易造成肥料浪费和环境污染。通过物联网技术，可以在农田中布置土壤传感器，实时监测土壤的氮、磷、钾等养分含量，结合作物的生长数据，确定不同区域的施肥需求。然后，通过变量施肥机，按照设定的施肥方案，进行差异化施肥。这种方法不仅提高了肥料的利用效率，减少了肥料浪费，还可以避免过量施肥对土壤和水体的污染，促进农业的可持续发展。

精准灌溉是指根据土壤湿度和作物需水量，进行差异化灌溉。传统灌溉方式往往是定时定量灌溉，不考虑土壤和作物的实际需水情况，容易导致水资源浪费和作物缺水。通过物联网技术，可以在农田中布置土壤湿度传感器和气象传感器，实时监测土壤湿度和气象条件，结合作物的需水模型，确定不同区域的灌溉需求。然后，通过精准灌溉系统，按照设定的灌溉方案，进行差异化灌溉。这种方法不仅提高了水资源的利用效率，减少了水资源浪费，还可以确保作物得到充足的水分供应，提高作物的产量和质量。

（2）在提高资源利用效率和生产力方面的效果

在精准农业方面，物联网技术已经在多个实际案例中取得了显著效果。以下是一些典型案例。

1）变量施肥案例：在美国的一些玉米种植区，农民通过布置土壤传感器和变量施肥设备，实现了精准施肥。通过对土壤养分含量的实时监测，结合玉米的生长需求，

进行差异化施肥，结果表明，变量施肥不仅提高了肥料利用效率，而且显著提高了玉米的产量和质量。据统计，变量施肥使玉米的产量平均提高了 10%，肥料利用率提高了 15%，每公顷施肥成本减少了 20%。

2）精准灌溉案例：在以色列的一些果园，农民通过布置土壤湿度传感器和精准灌溉系统，实现了精准灌溉。通过对土壤湿度和气象条件的实时监测，结合果树的需水模型，进行差异化灌溉，结果表明，精准灌溉不仅提高了水资源利用效率，而且显著提高了果树的产量和质量。据统计，精准灌溉使果树的产量平均提高了 15%，水资源利用效率提高了 25%，每公顷灌溉成本减少了 30%。

这些案例表明，物联网技术在精准农业中的应用，不仅提高了资源利用效率，减少了资源浪费和环境污染，还显著提高了农业生产的效率和效益，促进了农业的可持续发展。

（3）远程控制与自动化管理

物联网技术的另一个重要应用领域是实现远程控制和自动化管理。通过将传感器、执行器和通信设备结合，农民可以远程监控农田环境和作物生长状态，并进行自动化控制。具体来说，物联网技术可以实现以下功能。

1）远程监控：农民可以通过智能手机或电脑，实时查看农田中各类传感器的数据，如土壤湿度、温度、光照强度、气象条件等。通过这些数据，农民可以全面了解农田环境和作物生长状况，及时发现问题，进行干预。例如，当发现某一区域的土壤湿度过低时，可以远程启动灌溉系统，为作物补充水分。

2）自动化控制：物联网技术可以结合自动化设备，如灌溉系统、施肥机、温室控制系统等，实现对农田环境和作物生长的自动化管理。通过预设的控制逻辑和算法，系统可以根据传感器数据，自动进行灌溉、施肥、温度调节等操作。例如，当温室内的温度超过设定值时，自动开启通风系统，降低温度，确保作物的生长环境适宜。

物联网技术实现的远程控制和自动化管理，显著提高了农业管理的效率，减少了人工干预的需求。具体来说，具有以下优势。

1）提高管理效率：通过物联网技术，农民可以实时监控和管理农田环境和作物生长状况，不再需要频繁地实地巡查，节省了大量的时间和人力。自动化控制系统可以根据传感器数据，自动进行灌溉、施肥和温度调节等操作，确保作物始终处于最佳生长环境，提高了管理效率和作物产量。

2）减少人工干预：传统农业管理需要大量的人工干预，如定时灌溉、施肥和温度调节等，劳动强度大，成本高。通过物联网技术实现的自动化管理，可以大大减少人工干预的需求，降低劳动成本。同时，自动化管理系统可以更加精准和及时地进行操作，避免了人工操作中的误差和延误，提高了管理的精准度和可靠性。

（三）农业机器人的优势

1. 农业机器人的优势

（1）自动化作业

农业机器人在田间作业、播种、施肥、收割等方面的应用，极大地改变了传统农业的生产方式，提高了农业生产的效率和效益。以下是农业机器人在各个环节中的具体应用及其带来的优势。

（2）田间作业

农业机器人在田间作业中的应用，主要包括土地准备、杂草控制、病虫害监测与防治等方面。传统的田间作业依赖大量的人工和机械操作，劳动强度大，效率低。而农业机器人可以通过自动化设备，完成这些繁重的任务。

例如，自动化耕地机器人可以通过内置的导航系统和传感器，精准地进行土地耕作，保证耕作深度和覆盖面积的一致性。同时，这些机器人可以配备激光或超声波技术，实时监测土地状况，调整耕作方案，提高耕作效率和质量。此外，杂草控制机器人可以通过机器视觉技术，识别和去除田间的杂草，避免了化学除草剂的使用，对环境更加友好。

（3）播种

播种是农业生产中至关重要的一环，传统的播种方式往往需要大量的人工操作，效率低，播种不均匀。农业机器人在播种方面的应用，可以显著提高播种效率和质量。自动化播种机器人可以根据预设的播种方案，精准地将种子播撒到指定位置，保证种子间距和深度的一致性，提高种子的发芽率和生长质量。

这些机器人通常配备了 GPS 导航系统和精密控制器，可以根据田间地块的形状和大小，灵活调整播种路径和速度，避免了人工操作中的误差和浪费。此外，播种机器人还可以与土壤传感器和气象数据结合，优化播种时间和种子选择，确保作物在最佳条件下生长。

（4）施肥

施肥是保障作物健康生长的重要环节，传统施肥方式往往存在肥料浪费和环境污染的问题。农业机器人在施肥方面的应用，可以实现精准施肥，减少肥料浪费，提高作物养分吸收效率。

自动化施肥机器人可以通过土壤传感器，实时监测土壤养分含量和作物生长需求，制定差异化施肥方案。施肥机器人根据这些数据，精准地将肥料施加到作物根部，避免了过量施肥对环境的污染和肥料的浪费。同时，这些机器人可以配备变量施肥装置，根据不同地块的需求，调整施肥量，确保作物在不同生长阶段获得适宜的养分供应。

（5）收割

收割是农业生产的最后一个环节，传统的收割方式往往需要大量的劳动力，效率低，成本高。农业机器人在收割方面的应用，可以大大提高收割效率，减少人力成本。

自动化收割机器人可以通过机器视觉和传感器技术，精准识别和定位成熟作物，进行高效收割。这些机器人通常配备了先进的切割和传输装置，能够快速而准确地收割作物，减少收割过程中的损失。此外，收割机器人还可以与农田管理系统结合，优化收割路径和时间，确保作物在最佳状态下收割，提高收割质量和产量。

2. 自动化作业对提高劳动效率和降低劳动强度的贡献

农业机器人在自动化作业方面的应用，显著提高了农业生产的劳动效率，降低了劳动强度。传统农业生产依赖大量的人工操作，劳动强度大，效率低，难以应对大规模农业生产的需求。而农业机器人的应用，能够替代人力完成繁重和重复性的工作，提高生产效率，降低劳动成本。

首先，农业机器人可以全天候工作，不受时间和气候的限制，提高了作业效率和农作物的管理精度。例如，自动化灌溉和施肥机器人可以根据土壤和作物的实时需求，进行精准管理，避免了人工操作中的误差和延误，提高了作物的生长质量和产量。

其次，农业机器人的应用，减少了人工劳动的强度，改善了农民的工作条件。传统农业生产中的田间作业、播种、施肥和收割等环节，往往需要大量的体力劳动，长时间的户外工作对农民的健康带来不利影响。通过引入农业机器人，农民可以通过远程监控和管理系统，轻松完成这些繁重的任务，降低了劳动强度，提高了工作效率。

此外，农业机器人在提高资源利用效率方面也具有显著优势。通过精准施肥、精准灌溉和差异化管理，农业机器人能够减少资源浪费，提高农作物的养分和水分利用效率，降低农业生产对环境的负面影响。例如，自动化施肥机器人能够根据土壤和作物的需求，精准施加肥料，避免过量施肥导致的环境污染和肥料浪费。

3. 精准操作

（1）机器人在农业操作中的高精度和高效率，如机械臂的精确操作

农业机器人在农业操作中的高精度和高效率，极大地提升了农业生产的精细化管理水平。例如，农业机器人配备的机械臂在操作上具有高度的精确性，能够完成许多人类无法精确完成的任务。

机械臂的精确操作主要体现在以下几个方面。

1）精确定位：机械臂可以通过多种传感器（如激光雷达、摄像头等）进行精确的环境感知和定位，确保操作的准确性。机械臂可以实现毫米级的精度，使其在复杂环境中也能精准操作。

2）多自由度运动：机械臂通常具有多个关节和自由度，可以灵活调整姿态和位置，以适应不同的工作需求。例如，在果园中，机械臂可以灵活地伸展、旋转和弯曲，以精确摘取果实，而不损伤其他部分。

3）智能控制：现代农业机器人配备了先进的控制算法和人工智能技术，能够根据实时数据进行动态调整和优化操作。例如，施肥机器人可以根据土壤传感器的数据，

实时调整施肥量和位置，确保肥料的精准施用。

（2）农业机器人在特定农业任务中的应用效果

1）精准果实采摘：在水果种植园中，自动化果实采摘机器人利用机械臂和视觉识别技术，能够精准识别和摘取成熟的果实。一个典型的例子是西班牙的一家农业科技公司开发的果实采摘机器人，该机器人配备了多个高精度摄像头和机械臂，能够在果园中准确识别和摘取成熟的苹果、橙子等水果。据报道，这种机器人每小时可以采摘超过 100 个水果，效率远高于人工采摘。

2）精细除草：在大规模农田中，自动化除草机器人利用机器视觉和激光技术，可以精确识别和去除杂草，而不损伤作物。以美国的蓝河科技公司（Blue River Technology）开发的除草机器人为例，该机器人通过机器视觉技术，能够识别不同类型的杂草和作物，利用激光精准去除杂草。据统计，这种机器人在去除杂草的同时，可以减少 90% 的除草剂使用量，提高了除草的效率和环境友好性。

3）精准施肥：在大田作物管理中，自动化施肥机器人通过土壤传感器和 GPS 技术，能够实现精准施肥。例如，日本的一家公司开发了一种施肥机器人，能够根据土壤传感器的数据，实时调整施肥量和位置，确保肥料的精准施用。实验证明，这种机器人能够减少 30% 的肥料使用量，同时提高作物的产量和品质。

4. 多功能性

（1）农业机器人多功能性的优势

农业机器人在不同农业环节中的多功能性，是其显著优势之一。这些机器人不仅能够在一个特定任务中表现出色，还可以根据需求进行功能切换，适应不同的农业操作。这种多功能性使得农业机器人在各种农业生产环节中都具有广泛的应用前景。

1）田间管理：农业机器人可以执行多种田间管理任务，如耕地、播种、施肥、灌溉和除草等。例如，一个多功能田间管理机器人可以通过更换不同的作业模块，从耕地到播种再到施肥，全部实现自动化和精准化。

2）病虫害监测与防治：农业机器人可以通过安装不同的传感器，实时监测作物的健康状况和病虫害情况，并采取相应的防治措施。例如，植保无人机可以通过喷洒农药防治病虫害，还可以进行田间巡视和数据采集。

3）收割与采摘：农业机器人在收割和采摘环节中也展现了出色的多功能性。机械臂可以根据不同作物的特点，灵活调整采摘力度和方式，适应不同的果实和蔬菜。同时，收割机器人可以配备不同的收割头，适应不同作物的收割需求。

（2）描述其在应对不同农业需求方面的适应性和优势

农业机器人的多功能性不仅体现在任务多样性上，还表现出强大的适应性和灵活性，能够应对不同农业需求。

1）适应不同作物：农业机器人可以通过更换不同的作业工具和模块，适应不同作物的管理需求。例如，在同一台机器人上，可以安装不同的采摘工具，用于采摘不同种类的水果和蔬菜；也可以通过调整参数，适应不同作物的生长特点和需求。

2）适应不同环境：农业机器人可以在不同的农业环境中高效工作，包括露天农田、温室大棚、果园和牧场等。它们可以根据环境的变化，自动调整工作模式和操作参数，确保在各种条件下都能高效完成任务。

3）灵活应对突发情况：农业机器人配备了先进的传感器和智能控制系统，能够实时监测环境变化和作物状态，并灵活应对突发情况。例如，在遭遇极端天气时，农业机器人可以自动采取保护措施，如关闭温室大棚的通风口，启动灌溉系统等，减少损失。

（四）融合后的优势互补

1. 数据驱动的智能决策

随着物联网（IoT）技术和机器人技术在农业领域的迅速发展，数据驱动的智能决策正在成为农业管理的新趋势。物联网设备可以实时采集农田、气候、土壤和作物生长等各类数据，而机器人则通过执行各种农业操作，将这些数据转化为实际的生产力。通过大数据分析和人工智能（AI）算法，农业管理者可以做出更加精准和高效的决策，从而提升农业生产的效率和收益。

首先，物联网数据的采集为智能决策提供了坚实的基础。各种传感器，如土壤湿度传感器、气象站、作物生长监测仪等，可以实时获取大量的环境和作物数据。这些数据通过无线网络传输到云端，进行集中存储和管理。通过对这些数据进行清洗、处理和分析，可以揭示出农田环境、作物生长状态等方面的规律和趋势，为后续的决策提供科学依据。

其次，AI 算法在智能决策中的作用不可忽视。通过对物联网数据进行大数据分析，AI 算法可以预测作物生长情况、病虫害发生概率、最佳施肥和灌溉时间等。例如，机器学习算法可以基于历史数据和当前环境数据，构建作物生长模型，预测未来几天的作物生长状态，从而指导农业操作。此外，深度学习算法在图像识别中的应用，可以帮助农业机器人识别作物病虫害、杂草等，实现精准的农药喷洒和除草操作。

智能决策的一个典型应用案例是精准灌溉管理。在传统农业中，灌溉通常依赖于经验和定时操作，容易造成水资源浪费或作物缺水。通过物联网技术，土壤湿度传感器可以实时监测土壤水分情况，并将数据传输到云端。AI 算法可以基于土壤湿度、天气预报、作物需水量等因素，计算出最佳的灌溉时间和灌溉量，并通过灌溉机器人自动执行灌溉操作。这不仅提高了水资源利用效率，还确保了作物的健康生长。

另一个案例是病虫害的智能监测与防治。传统的病虫害防治通常依赖于定期巡查和手工喷洒农药，效率低且防治效果有限。通过物联网技术，安装在田间的摄像头和传感器可以实时监测作物的生长状态和病虫害情况。AI 算法可以分析监测数据，识别出病虫害的早期迹象，并预测其发展趋势。农业机器人可以根据 AI 的决策，精准喷洒农药，控制病虫害的扩散。这种方法不仅提高了防治效率，还减少了农药的使用量，降低了对环境的影响。

总的来说，数据驱动的智能决策通过融合物联网数据与机器人操作，为农业管理带来了显著的优势。通过大数据分析和 AI 算法，农业生产的各个环节都可以实现智能化和自动化，从而提高生产效率、减少资源浪费、保障作物健康。

2. 实时反馈与动态调整

物联网技术在农业中的应用不仅限于数据采集和分析，更重要的是通过实时反馈和动态调整机制，提升农业操作的效率和准确性。物联网设备实时监测农田环境和作物生长状态，将数据上传至云端进行分析，并生成反馈信息。农业机器人根据这些反馈信息，动态调整操作策略，从而实现精准、高效的农业管理。

实时数据反馈是实现动态调整的关键。在农田中布置的各种传感器，如土壤湿度传感器、温度传感器和作物生长监测仪，能够实时获取环境和作物的数据。这些数据通过无线网络实时传输至数据中心，经过大数据分析和 AI 算法处理，生成实时反馈信息。例如，土壤湿度传感器检测到土壤水分不足时，会立即发出警报，灌溉机器人接收到这一反馈信息后，立刻启动灌溉操作，确保作物获得充足的水分。

动态调整机制确保了农业操作的精准性和高效性。农业机器人根据实时反馈信息，自动调整其操作参数和策略。例如，在施肥过程中，施肥机器人会根据土壤养分传感器的实时数据，调整施肥量和施肥位置，避免过量施肥或施肥不足，保证作物的健康生长。同样，在病虫害防治中，监测系统发现病虫害迹象后，喷洒机器人会根据病虫害的分布情况和严重程度，调整喷洒路径和农药用量，实现精准防治。

实时反馈与动态调整的机制对提高农业作业效率和准确性具有显著贡献。传统农业操作往往依赖于定期巡查和经验判断，存在较大的不确定性和资源浪费。而通过物联网实现实时数据反馈，农业机器人可以根据最新的环境和作物信息，迅速做出响应和调整，确保每一个操作都能够达到最佳效果。例如，精准灌溉系统通过实时土壤湿度数据调整灌溉策略，不仅节约了水资源，还提升了作物产量和品质。

总之，实时反馈与动态调整机制是现代农业智能化管理的核心。通过物联网和农业机器人的紧密结合，农业生产能够实现更高的效率和精准度，从而提高产量、减少资源浪费。

3. 系统集成与协同作业

物联网与机器人系统的集成是实现协同作业和资源优化配置的关键。通过将物联网技术与农业机器人技术紧密结合，形成一个高度协同的农业生产系统，各种设备和系统之间可以实时共享信息，共同完成复杂的农业任务。

系统集成首先体现在数据共享和统一管理上。物联网设备采集的各类数据通过无线网络传输到云端，形成一个统一的数据中心。农业机器人通过接入这一数据中心，可以获取所需的环境和作物信息，调整其操作策略。这样，整个农业生产系统实现了信息的无缝衔接和统一管理，确保各个环节协同运作。

协同作业是系统集成的重要表现。在实际应用中，不同类型的农业机器人可以分工合作，协同完成复杂的农业任务。例如，在大棚管理中，环境监测系统实时采集温湿度、光照等数据，并将这些数据传输至数据中心。根据这些数据，大棚控制系统可以自动调整温度和湿度，而施肥和灌溉机器人则根据土壤和作物状况，执行精准的施肥和灌溉操作。各个系统和设备之间的协同作业，确保了大棚环境的最优化和作物的健康生长。

实际应用中的案例展示了系统集成与协同作业的效果。例如，在一个智慧农场中，环境监测系统、灌溉系统、施肥系统和病虫害防治系统通过物联网实现了高度集成。当环境监测系统检测到土壤湿度不足时，灌溉系统会自动启动，同时，施肥系统会根据作物的生长状态，调整施肥量，确保作物获得充足的养分。如果监测系统发现病虫害迹象，病虫害防治系统会立即采取行动，控制病虫害的扩散。这种系统集成与协同作业的模式，不仅提高了农业生产的效率和精度，还显著提升了作物产量和品质。

总之，通过物联网与机器人系统的集成，实现了农业生产中各个环节的协同作业和资源优化配置。

二、融合应用的技术基础

（一）融合应用的技术基础概述

在现代农业中，物联网（IoT）技术和机器人技术的融合应用已经成为提升农业生产效率和质量的关键手段。融合应用的技术基础主要包括传感器技术、通信技术、数据处理与分析技术、人工智能（AI）技术以及机器人控制与执行技术。这些技术共同支撑了农业物联网与机器人系统的高效运行，实现了精准农业、智慧农业和可持续农业的发展目标。

（1）传感器技术

传感器是物联网系统的核心组成部分，负责采集农田环境、作物生长和设备状态等各类数据。常见的传感器包括土壤湿度传感器、温度传感器、光照传感器、气体传感器和图像传感器等。传感器技术的发展使得数据采集的精度和实时性不断提高，为农业生产提供了丰富的数据支持。

（2）通信技术

通信技术是物联网数据传输的关键。农业物联网系统通常需要覆盖大面积的农田，要求通信技术具有远距离传输、高可靠性和低功耗的特点。常用的通信技术包括蜂窝网络（如 4G/5G）、低功耗广域网络（如 LoRa、NBIoT）、无线局域网（如 Wi-Fi）和卫星通信等。这些技术确保了传感器数据能够实时传输到云端，进行集中存储和处理。

（3）数据处理与分析技术

数据处理与分析技术是实现智能决策的重要环节。通过对大量的传感器数据进行清洗、处理和分析，可以揭示农田环境、作物生长和农业操作的规律和趋势。大数据技术、数据挖掘技术和统计分析技术在农业物联网中得到了广泛应用。这些技术不仅提高了数据处理的效率和准确性，还为农业管理提供了科学依据和决策支持。

（4）人工智能技术

人工智能技术在农业物联网与机器人系统中的应用日益广泛。通过机器学习、深度学习和计算机视觉等 AI 技术，可以实现对环境和作物状态的智能识别与预测。例如，计算机视觉技术可以识别作物的病虫害、杂草和生长状态；机器学习算法可以基于历史数据和实时数据，构建作物生长模型和环境预测模型，从而指导农业操作。AI 技术的应用大大提高了农业管理的智能化水平。

（5）机器人控制与执行技术

机器人控制与执行技术是实现农业操作自动化的关键。农业机器人通常包括导航与定位系统、机械臂与末端执行器、动力系统和控制系统等部分。导航与定位技术（如GPS、RTK、SLAM）使机器人能够在农田中精准定位和导航；机械臂与末端执行器可以完成播种、施肥、灌溉、采摘等多种农业操作；控制系统则通过对各个部件的协调控制，实现农业机器人的自主作业。近年来，随着机器人技术的发展，农业机器人的性能和稳定性不断提高，应用场景也逐渐扩展。

（6）研究现状

目前，农业物联网与机器人技术的融合应用正处于快速发展阶段。全球范围内，许多科研机构和企业都在致力于这一领域的研究与创新。例如，欧美国家在精准农业和智能农业方面取得了显著进展，日本和韩国在高科技农业设备的研发上具有领先优势，中国在智慧农业的应用推广方面也取得了显著成果。然而，融合应用的技术基础仍然面临一些挑战，如数据互操作性、系统集成复杂性、成本控制等。这些问题需要通过不断的技术创新和跨学科合作来解决。

总的来说，融合应用的技术基础在实现农业物联网与机器人系统的高效运行中起到了至关重要的作用。传感器技术、通信技术、数据处理与分析技术、人工智能技术以及机器人控制与执行技术共同构成了这一体系的基石。随着这些技术的不断发展和创新，农业生产的智能化和自动化水平将进一步提升，为实现可持续农业和智慧农业奠定坚实的基础。

（二）传感器与数据采集技术

1. 多种类传感器

在农业物联网系统中，传感器是获取农田环境和作物状态数据的关键设备。不同类型的传感器可以监测土壤、气象、作物等多个方面的信息，为农业生产提供丰富的数据支持。下面介绍几种在农业物联网中常用的传感器类型及其作用。

（1）土壤传感器

土壤传感器主要用于监测土壤的物理和化学特性，如土壤湿度、温度、pH 值、养分含量等。常见的土壤传感器包括：

1）土壤湿度传感器：用于测量土壤中的水分含量。土壤湿度是影响作物生长的重要因素，通过实时监测土壤湿度，农业管理者可以及时调整灌溉策略，避免过量或不足灌溉，提高水资源利用效率。

2）土壤温度传感器：用于测量土壤温度。土壤温度影响种子发芽、根系生长和微生物活动等多方面。实时监测土壤温度可以帮助农业管理者选择合适的种植时间和农艺措施，促进作物健康生长。

3）土壤 pH 传感器：用于测量土壤的酸碱度。不同作物对土壤 pH 有不同的适应性，通过监测土壤 pH，可以指导施肥和改良土壤的措施，优化作物生长环境。

4）土壤养分传感器：用于测量土壤中的氮、磷、钾等养分含量。实时监测土壤养分状况，可以指导精准施肥，避免养分过量或不足，提高肥料利用率，减少环境污染。

（2）气象传感器

气象传感器用于监测农田环境中的气象条件，如温度、湿度、降雨量、风速、风向、光照强度等。常见的气象传感器包括以下几种。

1）温湿度传感器：用于测量空气温度和湿度。气温和空气湿度是影响作物生长和病虫害发生的重要因素。通过监测温湿度，可以预测和预防病虫害的发生，优化作物生长环境。

2）雨量传感器：用于测量降雨量。降雨量影响土壤水分和作物需水量，通过监测降雨量，可以合理安排灌溉计划，避免水资源浪费。

3）风速风向传感器：用于测量风速和风向。风速和风向影响农药喷洒和温室通风等农业操作，通过监测风速风向，可以优化农药喷洒策略，提高农药利用效率，减少环境污染。

4）光照传感器：用于测量光照强度。光照是作物光合作用的重要条件，通过监测光照强度，可以指导大棚内的补光措施，优化作物生长环境。

（3）作物监测传感器

作物监测传感器用于监测作物的生长状态和健康状况，如叶绿素含量、植物高度、叶面积指数、病虫害情况等。常见的作物监测传感器包括：

1）叶绿素计：用于测量叶片中的叶绿素含量。叶绿素含量是反映作物健康状况的重要指标，通过监测叶绿素含量，可以判断作物的营养状况和光合作用效率，指导施肥和管理措施。

2）植物高度传感器：用于测量植物的高度。植物高度是作物生长的重要指标，通过监测植物高度，可以判断作物的生长势和生长阶段，优化农业操作。

3）叶面积指数传感器：用于测量叶面积指数。叶面积指数反映了作物的光合能力和生长状况，通过监测叶面积指数，可以评估作物的生长情况，指导田间管理。

4）病虫害监测传感器：用于检测作物的病虫害情况。病虫害是影响作物产量和质量的重要因素，通过监测病虫害，可以及时采取防治措施，减少病虫害的损失。

（4）数据采集与传输

传感器采集到的数据需要通过一定的方式传输到数据处理中心，进行存储、分析和处理。数据采集与传输的技术包括有线传输和无线传输两种方式。

1）有线传输

有线传输主要适用于距离较近、环境稳定的场景，如大棚内部或农田局部区域。常见的有线传输方式包括以下几种。

RS485：一种用于工业自动化和农业物联网的有线通信协议，具有传输距离远、抗干扰能力强等优点，适用于大规模传感器网络的组网和数据传输。

以太网：一种用于数据通信的有线传输技术，具有高速传输、稳定可靠的特点，适用于数据量大、传输距离较短的场景。

2）无线传输

无线传输主要适用于距离较远、环境复杂的场景，如大面积农田和远程监控系统。常见的无线传输方式包括以下几种。

LoRa：一种低功耗广域网络通信技术，适用于长距离、低数据速率的传感器数据传输，具有低功耗、广覆盖的优点。

NB-IoT：一种窄带物联网通信技术，适用于大规模物联网设备的接入和数据传输，具有低功耗、高覆盖和高可靠性的特点。

Wi-Fi：一种常见的无线局域网通信技术，适用于短距离、高数据速率的传感器数据传输，具有传输速度快、网络部署灵活的优点。

蜂窝网络（4G/5G）：一种广域无线通信技术，适用于大范围、高数据速率的传感器数据传输，具有传输速度快、覆盖范围广的特点。

（5）数据处理与分析

传感器采集到的数据需要经过处理与分析，才能为农业管理提供有价值的信息和决策支持。数据处理与分析的技术包括数据预处理、数据存储、数据挖掘和统计分析等。

1）数据预处理

数据预处理是指对采集到的原始数据进行清洗、去噪、补全、转换等操作，使其符合分析和应用的要求。常见的数据预处理方法包括以下几种。

数据清洗：去除传感器数据中的错误、重复和缺失值，保证数据的质量和一致性。

数据去噪：滤除传感器数据中的噪声和干扰，提高数据的准确性和可靠性。

数据补全：对缺失的数据进行填补，保证数据的完整性和连续性。

数据转换：将不同格式和单位的数据进行转换，统一数据的表示和处理。

2）数据存储

数据存储是指将处理后的数据保存在数据库或云端，便于后续的查询和分析。常见的数据存储技术包括以下几种。

关系数据库：适用于结构化数据的存储和管理，具有数据一致性高、查询效率高的优点。

非关系数据库（NoSQL）：适用于大规模、非结构化数据的存储和管理，具有扩展性强、灵活性高的优点。

云存储：将数据存储在云端，具有存储容量大、访问速度快、数据安全性高的优点。

（6）数据挖掘与统计分析

数据挖掘与统计分析是指对存储的数据进行深入分析，发现数据中的规律和模式，为农业管理提供科学依据和决策支持。常见的数据挖掘与统计分析方法包括以下几种。

数据挖掘：通过分类、聚类、关联规则等算法，挖掘数据中的潜在模式和关系。

统计分析：通过描述统计、推断统计等方法，分析数据的分布、趋势和相关性。

机器学习：通过监督学习、无监督学习等算法，构建预测模型和决策模型，提高农业管理的智能化水平。

总之，传感器与数据采集技术是农业物联网系统的重要组成部分。多种类传感器的应用和数据采集与传输技术的发展，为农业生产提供了丰富的数据支持和智能化管理手段。

2. 数据采集系统

（1）传感器数据采集系统的构建和工作原理

传感器数据采集系统在现代农业中起着至关重要的作用。其构建通常包括传感器、数据采集器、通信模块和数据处理中心等几个关键部分。传感器负责采集环境数据，如温度、湿度、光照强度、土壤湿度和营养成分等。采集到的数据通过数据采集器进行初步处理和存储，随后通过通信模块将数据传输到数据处理中心进行进一步分析和处理。

数据采集系统的工作原理如下：传感器布置在农业生产区域，实时监测各种环境参数。数据采集器定期从传感器中读取数据，并通过有线或无线的方式将数据传输至中央处理系统。中央处理系统根据预设的算法对数据进行清洗、存储和分析，从而生成有价值的农业生产指导信息。例如，通过对土壤湿度数据的分析，可以实时调控灌溉系统，优化水资源利用。

（2）数据采集系统在农业中的应用

一个典型的应用案例是智能温室管理系统。在智能温室中，布置了多种传感器，用于监测温室内部的温度、湿度、光照、二氧化碳浓度和土壤条件等。数据采集系统实时采集这些数据，并传输至中央控制系统。

例如，在一个番茄种植温室中，温度和湿度传感器实时监测温室内的环境变化。当温度或湿度超出设定范围时，系统会自动调整温控和湿控设备，保持适宜的生长环境。此外，土壤湿度传感器的数据用于控制灌溉系统，当土壤湿度低于预设值时，灌溉系统会自动开启，确保作物获得足够的水分。

3. 数据传输与处理

（1）数据传输技术，如无线传感器网络、LPWAN 技术

数据传输技术是农业物联网的核心之一，常用的技术包括无线传感器网络（WSN）和低功耗广域网（LPWAN）。WSN 通过分布在农业区域内的多个传感器节点，形成自组织的网络结构，实现数据的采集和传输。WSN 具有低成本、低功耗和灵活部署的特点，适用于小范围或密集传感器布置的场景。

LPWAN 技术如 LoRa 和 NB-IoT，适用于大范围、低数据速率的应用场景。LPWAN 具有远距离传输、低功耗和强抗干扰能力，适用于广域农业监测。通过 LPWAN 技术，分布在农田各处的传感器数据可以传输到远程数据中心，实现大规模、实时的数据采集和监控。

（2）数据处理技术和方法

数据处理是农业物联网系统中的重要环节，包括数据清洗、数据存储和数据分析。数据清洗是指对采集到的原始数据进行预处理，去除噪声和错误数据，确保数据的准确性和一致性。例如，通过对传感器数据进行过滤和校正，去除异常值和丢失值，保证数据的可靠性。

数据存储涉及将处理后的数据安全、有效地存储起来，以便后续分析和利用。常用的数据存储技术包括关系数据库和分布式数据库系统，根据数据量和访问需求选择合适的存储方案。

数据分析是利用大数据分析技术对采集到的数据进行深入挖掘和分析，提取有价值的信息。例如，通过对历史数据进行时间序列分析，可以预测未来的环境变化趋势，指导农业生产决策。机器学习和人工智能技术的应用，可以实现对复杂农业数据的智能分析和预测，提高农业生产的智能化水平。

（三）机器人技术

1. 机器人硬件技术

（1）农业机器人常用的硬件技术

农业机器人硬件技术是机器人系统的基础，决定了机器人的功能和性能。以下是几种常用的农业机器人硬件技术。

1）机械臂：农业机器人常用机械臂来执行精细操作，如采摘果实、修剪植株、

施肥和喷洒农药。机械臂通常由多个关节和末端执行器组成，具有高度的灵活性和精确性。常见的机械臂类型包括串联机械臂和并联机械臂。串联机械臂结构简单，控制容易，但刚性较低；并联机械臂刚性高、速度快，但控制复杂。

2）底盘：底盘是农业机器人移动的基础，决定了机器人的移动能力和稳定性。常见的底盘类型包括轮式底盘、履带式底盘和步行式底盘。轮式底盘移动速度快、能耗低，适用于平坦地形；履带式底盘适应性强，能在泥泞、坡地等复杂地形上工作；步行式底盘仿生设计，适应性更强，但技术难度大、成本高。

3）动力系统：动力系统为机器人提供能源和驱动力。农业机器人通常采用电池供电，电动机作为主要驱动力。电池供电具有环保、安静的优点，但续航时间有限；内燃机供电则具有续航时间长、功率大的优点，但排放污染较大。新型动力系统如氢燃料电池和太阳能技术也在逐步应用，提供了更多的选择。

（2）不同硬件技术在农业中的应用

1）机械臂在果蔬采摘中的应用：以一个草莓采摘机器人为例，该机器人配备了一个六自由度的串联机械臂和一个专门设计的采摘末端执行器。机械臂通过视觉系统识别成熟草莓的位置和形状，灵活地伸展到目标位置，轻柔地采摘草莓并放入收集篮中。该系统不仅提高了采摘效率，还减少了果实损伤。

2）履带式底盘在田间作业中的应用：履带式底盘在田间作业中具有广泛应用，例如田间植保机器人。该机器人配备履带式底盘，能够在泥泞、不平的农田中平稳行驶。其上装有喷洒装置，通过传感器检测作物健康状况，精准喷洒农药或肥料。这种履带式底盘的应用，显著提高了田间作业的效率和精准度，减少了农药和肥料的浪费。

3）步行式底盘在丘陵地带作业中的应用：在丘陵地带，步行式底盘具有独特优势。例如，某些仿生机器人采用多足步行设计，能够灵活攀爬陡坡，穿越崎岖地形。一个典型的应用案例是用于茶园管理的步行机器人。该机器人能够在丘陵茶园中灵活移动，执行修剪、采摘等任务，提高了丘陵地带农业管理的自动化水平。

4）电动动力系统在温室管理中的应用：温室管理机器人通常采用电动动力系统。以一个温室喷洒机器人为例，该机器人配备电动机驱动，具有低噪音、零排放的优点。机器人在温室内自动巡航，根据预设的路径和喷洒计划，均匀喷洒水分和营养液，保证作物的生长环境。这种电动动力系统的应用，不仅提高了温室管理的效率，还降低了对环境的影响。

5）太阳能动力系统在远程监测中的应用：在一些偏远地区，太阳能动力系统被广泛应用于农业机器人。例如，一种用于牧场管理的监测机器人，配备太阳能电池板，白天通过太阳能充电，夜间使用电池供电，进行牧场巡逻和监测。该系统通过GPS和传感器收集数据，实时传输到管理中心，实现对牧场的远程监控和管理。这种太阳能动力系统的应用，解决了偏远地区能源供应难题，提高了农业管理的智能化水平。

2．机器人软件与算法

（1）农业机器人操作系统和控制算法

1）操作系统：农业机器人操作系统是其硬件与软件的桥梁，常用的操作系统包括 ROS（机器人操作系统）和定制化的实时操作系统。ROS 提供了一套开源的机器人软件框架，支持多种传感器和硬件接口，具备良好的模块化和扩展性，是目前农业机器人开发的主流选择。实时操作系统则保证了系统的实时性和稳定性，适用于对时间敏感的农业作业场景。

2）路径规划：路径规划是农业机器人在田间作业时的重要算法，通过规划最优路径，机器人能够高效地完成任务。常见的路径规划算法包括 A 算法、Dijkstra 算法和基于概率的路径规划方法（如 RRT 算法）。例如，在田间自动导航机器人中，A 算法可以通过网格地图找到从起点到终点的最短路径，避开障碍物，提高导航效率。

3）运动控制：运动控制算法确保机器人能够按照预定轨迹平稳移动，包括位置控制、速度控制和力控制等。PID 控制是常用的运动控制算法，通过调整比例、积分和微分参数，实现对运动的精确控制。在农业机器人中，PID 控制常用于机械臂的运动控制，确保其能够准确到达目标位置，完成采摘、喷洒等任务。

4）机器学习：机器学习在农业机器人中的应用日益广泛，主要用于图像识别、环境感知和决策控制。通过训练模型，机器人可以识别不同类型的作物、病虫害和杂草，进行精准作业。深度学习算法如卷积神经网络（CNN）在图像识别方面表现优异，能够帮助机器人实现高精度的目标识别和分类。

（2）软件与算法在农业作业中的应用效果

1）路径规划在田间作业中的应用：在田间自动导航机器人中，路径规划算法大大提高了作业效率和精度。机器人通过预先生成的田间地图，使用 A 算法或 RRT 算法规划最优路径，避免障碍物，减少重复行走路径。例如，喷洒农药机器人可以根据作物分布情况，规划最短路径进行精准喷洒，节省时间和农药，减少对环境的影响。

2）运动控制在机械臂操作中的应用：在采摘机器人中，运动控制算法确保机械臂能够准确、平稳地到达目标位置，完成采摘任务。通过 PID 控制和力反馈控制，机械臂可以柔和地握住果实，避免损伤。例如，草莓采摘机器人通过运动控制算法，能够准确识别成熟果实并轻柔采摘，极大提高了采摘效率和质量。

3）机器学习在病虫害检测中的应用：机器学习算法在病虫害检测中表现出色，通过训练模型，机器人能够自动识别和分类病虫害，进行精准防治。例如，植保机器人通过安装摄像头和图像识别系统，实时监测作物健康状况，识别病虫害类型并定位，精确喷洒农药，有效控制病虫害传播，提高作物产量和质量。

3．人机交互技术

（1）农业机器人的人机交互技术

1）远程控制：远程控制技术使得农民可以通过手机或电脑对机器人进行远程操

作和监控,实时掌握作业进展。通过无线通信技术,如 Wi-Fi、4G/5G,农民可以远程启动、停止机器人,调整作业参数,极大提高了操作的便捷性。

2)语音识别:语音识别技术使农民可以通过语音命令控制机器人,进一步简化了操作流程。农民只需简单的口头命令,机器人即可执行相应的操作,如启动、停止、路径调整等。语音识别技术提高了操作的便捷性,特别适用于现场操作环境复杂的农业场景。

3)视觉识别:视觉识别技术通过摄像头和图像处理算法,使机器人能够识别作物、障碍物和环境变化。视觉识别技术不仅用于导航和避障,还可以用于作物识别、病虫害检测等。例如,机器人通过摄像头实时监测作物生长情况,识别成熟果实并进行采摘,提高了作业的智能化水平。

(2)人机交互技术在提高机器人操作便捷性和准确性方面的作用

人机交互技术在农业机器人中扮演着关键角色,显著提高了操作的便捷性和准确性。

1)远程控制技术:远程控制技术使得农民能够通过手机、平板或电脑等终端设备,对机器人进行远程操作和监控。这项技术通过无线通信(如 Wi-Fi、4G/5G)连接机器人和远程控制端,使农民无需亲临现场即可实时掌握机器人的作业进展和状态。农民可以远程启动、停止机器人,调整作业参数,并通过实时视频监控作业情况。这种便捷的操作方式不仅节省了人力和时间,还提高了作业的灵活性和效率。例如,在大面积农田中,农民可以同时控制多个机器人进行喷洒作业,而不需要频繁地在田间移动,大大提高了工作效率。

2)语音识别技术:语音识别技术通过自然语言处理,使农民能够通过语音命令控制机器人。这种技术的应用极大地简化了操作流程,使得非专业人士也能轻松操作机器人。农民只需通过简单的口头命令,如"启动机器人""停止喷洒""移动到下一行",即可控制机器人的运行。这不仅提高了操作的便捷性,还减少了对操作人员专业技能的要求。例如,在田间作业中,农民可以一边进行其他工作,一边通过语音指令控制机器人进行田间巡视或喷洒作业,提高了工作效率和作业的灵活性。

3)视觉识别技术:视觉识别技术通过摄像头和图像处理算法,使机器人能够识别作物、障碍物和环境变化。机器人通过摄像头实时捕捉周围环境的图像,并通过算法分析,识别出作物的种类、成熟度、病虫害情况以及周围的障碍物。这种技术不仅用于导航和避障,还可以用于精准作业,如自动采摘成熟果实、喷洒农药或施肥。例如,机器人在行走过程中可以识别前方的障碍物,并自动调整路径避开障碍,确保作业的连续性和安全性。此外,视觉识别技术可以帮助机器人在复杂环境中精准定位和操作,提高了作业的准确性和效果。

4)综合应用效果:这些人机交互技术的应用,不仅显著提高了农业生产效率,还降低了对操作人员专业技能的要求,推动了农业智能化的发展。通过远程控制技术,农民可以在舒适的环境中对农田进行管理和操作，提高了工作效率和舒适度。语音识别技术使操作更为直观和自然，降低了学习和操作的难度。视觉识别技术赋予机器人智能感知和决策能力，使其能够在复杂环境中自主作业，减少人为干预，提高了作业的精准度和效果。综合来看，人机交互技术的应用，不仅提高了农业机器人的操作便捷性和准确性，还促进了农业生产方式的转型升级，推动了农业向智能化和现代化的方向发展。

（四）数据融合与智能决策

1. 数据融合技术

（1）数据融合的基本概念和技术方法

1）数据融合的基本概念：数据融合是指将来自不同传感器、来源的数据进行集成和处理，以产生更加准确、可靠的信息。通过数据融合技术，可以有效利用多源数据的互补性，增强数据的完整性和可信性，为智能决策提供支持。数据融合技术广泛应用于农业物联网和机器人系统中，通过集成各类传感器数据，实现更精准的环境感知和智能决策。

2）传感器数据融合：传感器数据融合是数据融合的一个重要分支，主要涉及将不同类型传感器采集的数据进行综合处理。常见的传感器数据融合方法有下面几种。

卡尔曼滤波（Kalman Filter）：一种递归滤波算法，适用于线性系统，能够在噪声环境下提供状态估计，广泛用于 GPS 和 IMU（惯性测量单元）的数据融合中。

粒子滤波（Particle Filter）：适用于非线性系统，通过一系列随机样本（粒子）来表示概率分布，应用于机器人导航和定位。

信息融合算法：包括加权平均法、贝叶斯估计法等，用于不同传感器数据的加权融合和综合判断。

3）多源数据融合：多源数据融合涉及将来自不同来源、不同类型的数据进行整合，以获得更全面的信息。多源数据融合方法有如下几种。

数据级融合：在传感器数据收集阶段进行融合，主要通过滤波、校正等技术处理原始数据。

特征级融合：在数据处理阶段，对不同来源数据提取的特征进行融合，如图像特征和环境传感器数据的融合。

决策级融合：在数据分析和决策阶段，对来自不同数据源的决策结果进行综合判断，如通过多传感器数据对作物健康状态进行综合评估。

（2）数据融合技术在农业物联网与机器人融合应用中的效果

1）温室环境监控中的数据融合应用：在温室环境监控中，传感器数据融合技术被广泛应用。一个典型案例是温室环境监测系统，通过集成温度传感器、湿度传感器、光照传感器和二氧化碳传感器的数据，形成对温室环境的全面感知。采用卡尔曼滤波算法，对各传感器数据进行滤波和融合，实时提供温室内的精确环境状态信息。通过数据融合技术，不仅提高了环境监测的准确性，还能够及时发现环境变化，自动调节温室内的温度、湿度和光照条件，优化作物生长环境。

2）无人机与地面机器人协同作业中的数据融合应用：在无人机与地面机器人协同作业中，多源数据融合技术发挥了重要作用。无人机通过高清摄像头和多光谱传感器获取农田的高分辨率图像和作物健康数据，地面机器人则通过土壤湿度传感器、植株生长监测传感器获取地面数据。通过特征级融合，将无人机的图像数据与地面机器人的传感器数据相结合，形成对农田的全方位监测和分析。结合粒子滤波和贝叶斯估计算法，对多源数据进行综合处理和分析，生成精确的农田健康状况评估报告，为农民提供精准施肥、灌溉和病虫害防治方案。

3）自动驾驶农机中的数据融合应用：自动驾驶农机通过多种传感器（如 GPS、IMU、激光雷达和摄像头）实现精准导航和作业。一个典型案例是自动驾驶拖拉机系统，利用 GPS 和 IMU 数据进行位置和姿态估计，通过卡尔曼滤波算法融合这两类数据，提供精确的位置信息。同时，激光雷达和摄像头获取的环境数据通过特征级融合，形成对周围环境的三维建模和障碍物识别。结合多源数据融合算法，自动驾驶农机能够在复杂农田环境中精准导航，自动避障，并根据作物生长状态进行精准作业，提高了农业生产的自动化和智能化水平。

2. 智能决策系统

（1）基于数据分析和机器学习的智能决策系统

智能决策系统通过数据分析和机器学习技术，将大量复杂的数据转化为有价值的信息和决策建议。以下是智能决策系统的核心组成部分和技术方法：

1）数据收集与预处理：智能决策系统首先从各种传感器、无人机、卫星和其他数据源中收集数据。这些数据可能包括气象数据、土壤湿度、作物生长状态、病虫害情况等。预处理步骤包括数据清洗、归一化和特征提取，以确保数据质量和一致性。

2）数据分析：数据分析通过统计方法和数据挖掘技术，从数据中提取有用的信息和模式。例如，通过时间序列分析，可以识别农田中不同时间段的环境变化和作物生长趋势。聚类分析可以对农田中的不同区域进行分类，以识别相似的生长条件和问题区域。

3）机器学习：机器学习在智能决策系统中扮演关键角色，能够从大量数据中自动学习和提取模式。常用的机器学习方法包括以下几种。

监督学习：通过标注数据训练模型，如使用已知病虫害数据训练病虫害识别模型。

无监督学习：从未标注数据中发现隐藏模式，如通过聚类分析识别作物生长的不同阶段。

强化学习：通过与环境的交互不断优化决策策略，如优化机器人作业路径。

4）决策支持：基于数据分析和机器学习的结果，智能决策系统生成具体的决策建议和操作指令。这些建议可以通过可视化工具展示给农民或直接下达给自动化设备。例如，通过决策树和随机森林算法生成的病虫害预测模型，可以提示农民采取相应的防治措施。

（2）智能决策系统在农业管理和机器人操作中的应用

1）病虫害预测：病虫害是农业生产中的一大挑战，智能决策系统在病虫害预测和防治中具有重要应用。通过收集和分析作物生长数据、气象数据和历史病虫害数据，智能决策系统可以建立病虫害预测模型。例如，使用支持向量机（SVM）和神经网络等机器学习算法，可以预测不同作物在特定气候条件下可能遭遇的病虫害种类和爆发时间。农民可以根据预测结果，提前采取防治措施，减少病虫害带来的损失。

2）作业优化：智能决策系统在农业机器人操作中也发挥了重要作用，通过数据分析和机器学习，优化作业路径和任务分配。例如，在田间自动导航机器人中，路径规划算法结合实时环境数据，生成最优作业路径，避免障碍物，提高作业效率。通过强化学习算法，机器人可以在实际操作中不断优化其作业策略，如根据作物生长状态调整喷洒农药或施肥的频率和剂量，达到精准农业的目标。

3）资源管理：智能决策系统还可以帮助农民更有效地管理农业资源，如水、肥料和能源。通过对土壤湿度和天气预报数据的分析，智能灌溉系统可以精确控制灌溉时间和用水量，避免浪费和水资源短缺问题。类似地，通过分析作物生长和营养需求数据，智能施肥系统可以实现精准施肥，提高肥料利用效率，减少环境污染。

4）农机协同作业：在大规模农业生产中，智能决策系统可以协调多个农业机器人和设备的协同作业。通过数据共享和统一指挥，系统可以优化各设备的作业时间和区域分配，避免重复作业和资源浪费。例如，在收割季节，智能决策系统可以协调无人机进行作物监测和地面收割机器人进行收割，提高作业效率和收割质量。

（五）系统集成与协同工作

1. 系统集成技术

（1）农业物联网和机器人系统的集成方法和技术

系统集成是指将农业物联网和机器人系统的各个组件无缝连接和协调，使其能够协同工作。以下是一些关键的集成方法和技术：

1）通信协议和标准：在农业物联网和机器人系统中，采用统一的通信协议和标准是实现系统集成的基础。例如，常见的通信协议包括 MQTT、CoAP、Zigbee 和 LoRaWAN。这些协议能够保证不同传感器、设备和机器人之间的数据传输和通信的一致性和可靠性。

2）中间件平台：中间件平台在系统集成中起到桥梁作用，负责管理和协调不同系统之间的数据交换和功能调用。通过中间件平台，农民和技术人员可以统一管理和控制所有的传感器和机器人设备，实现数据的集中处理和共享。常见的中间件平台有

ROS（Robot Operating System）和 FIWARE 等。

3）云计算与边缘计算：云计算和边缘计算的结合可以有效实现数据处理和存储的集成。云计算平台提供大规模数据存储和高性能计算能力，用于复杂的数据分析和模型训练；边缘计算设备则负责本地数据处理和实时响应，减少延迟并提高系统的实时性。例如，传感器数据可以在边缘设备上进行初步处理和过滤，然后将重要数据上传到云端进行深入分析。

（2）系统集成在实现协同作业和资源优化配置中的重要性

系统集成在农业物联网和机器人系统中具有重要意义，能够实现协同作业和资源优化配置。通过系统集成，不同设备和系统之间可以共享数据和资源，提高整体作业效率。例如，温室环境监控系统可以与自动灌溉系统集成，根据实时环境数据自动调节灌溉频率和用水量，实现精准灌溉，节约水资源。

系统集成还可以优化资源配置，避免重复作业和资源浪费。例如，在大规模农场中，多个农业机器人可以通过系统集成进行协调作业，避免在同一区域重复作业，提高作业效率和资源利用率。此外，系统集成可以提供全面的数据和信息支持，帮助农民做出更准确的决策，优化生产计划和管理策略。

2. 协同工作机制

（1）物联网与机器人协同工作的机制和实现方法

物联网与机器人协同工作机制涉及数据共享、任务分配和实时通信。以下是一些实现方法：

1）数据共享：通过物联网平台，传感器和机器人可以实时共享数据。例如，土壤湿度传感器检测到土壤干燥时，可以将数据传送给灌溉机器人，自动启动灌溉作业。数据共享机制保证了不同设备之间的信息互通，提高了反应速度和决策的准确性。

2）任务分配：任务分配机制通过中央控制系统或智能调度算法，实现不同设备的任务协调。中央控制系统根据实时数据和作业需求，将任务分配给合适的机器人或设备。例如，在收割季节，控制系统可以根据作物成熟度数据，将收割任务分配给不同区域的收割机器人，确保收割的及时性和效率。

3）实时通信：实时通信技术确保物联网设备和机器人之间的快速数据传输和指令执行。通过低延迟的无线通信网络，如 5G，设备之间可以实现快速响应和协调。例如，农田中的监控无人机可以实时传输影像数据，地面机器人根据实时影像数据进行路径规划和障碍物避让，实现高效的协同作业。

（2）协同工作在提高农业作业效率和准确性方面的效果

1）精准灌溉：在精准灌溉系统中，土壤湿度传感器和自动灌溉机器人协同工作。传感器实时监测土壤湿度，并将数据传送至中央控制系统。控制系统分析数据后，自动调节灌溉机器人的工作区域和时间。通过这种协同工作机制，系统能够实现精准灌溉，节约用水，提高作物生长效率。

2）智能施肥：在智能施肥系统中，无人机和地面机器人协同作业。无人机通过多光谱相机监测作物生长状态，获取作物的营养需求数据。地面机器人根据无人机传送的数据，精准施肥，避免过度或不足施肥。通过这种协同工作，系统能够优化肥料使用，提高作物产量和质量。

3）病虫害防治：在病虫害防治系统中，监测传感器和喷药机器人协同作业。监测传感器实时检测作物的病虫害情况，并将数据传送至中央控制系统。控制系统分析数据后，自动调度喷药机器人前往病虫害区域进行喷洒作业。通过这种协同工作，系统能够及时发现和处理病虫害问题，减少农药使用量，保护环境。

第二节　融合应用的关键技术

一、信息融合技术

（一）信息融合技术概述

1. 信息融合技术的定义

信息融合技术是一种通过整合来自多个传感器或数据源的信息，以提高系统性能和可靠性的技术。它不仅能够消除单一传感器数据中的噪声和误差，还能通过综合分析多源数据，提供更全面和准确的环境感知。在多个领域中，信息融合技术已经展现出其强大的应用潜力。例如，在军事领域，信息融合技术被用于多传感器数据整合，以提升目标识别和跟踪的准确性；在交通领域，通过整合车辆传感器和道路信息，实现智能交通管理和事故预防；在医疗领域，通过整合患者的多种生理数据，辅助医生进行更精确的诊断和治疗。

2. 信息融合技术的重要性

信息融合技术的重要性体现在以下几个方面。

数据可靠性：通过多源数据校验，提高数据的可靠性和准确性。单一传感器的数据可能由于环境干扰或设备故障而不准确，信息融合技术通过综合多种数据源的信息，可以有效过滤噪声，提高数据的可信度。

信息完整性：单一传感器的数据往往具有局限性，而信息融合技术能够弥补这一不足。通过整合多种传感器的数据，可以获得更完整和全面的环境感知，从而为系统的运行提供更丰富的信息支持。

决策支持：信息融合技术通过对多源数据的综合分析，能够支持更智能和准确的决策。这在农业物联网与机器人融合应用中尤为重要，可以提高农业生产的效率和精度。

3. 信息融合在农业物联网与机器人融合应用中的作用和意义

（1）提升决策精度

在农业生产中，决策的精度直接影响到农作物的产量和质量。通过整合来自土壤传感器、气象站、卫星图像等多种数据源的信息，信息融合技术能够提供精准的农业管理决策支持。例如，土壤湿度传感器的数据与气象数据相结合，可以准确预测最佳灌溉时间，避免过度灌溉或灌溉不足；通过病虫害监测数据和气象数据的整合，可以提前预测病虫害爆发的风险，及时采取防治措施，减少农药使用量，提高农作物的质量和产量。

（2）增强环境感知能力

信息融合技术通过多源数据整合，可以实现对农场环境的全面感知和监测。整合地理信息系统（GIS）、气象数据和土壤分析等多源数据，可以详细了解农田的地形、气候条件和土壤状况。这种综合的信息感知能力，使农民能够更好地掌握农田环境的实时状态，并根据实际情况及时调整农业操作。例如，通过实时监控土壤湿度和气象数据，可以实现对农作物生长环境的动态调整，确保农作物在最佳条件下生长。

（3）优化资源利用效率

信息融合技术在智能灌溉系统和精准施肥技术中的应用，可以显著提高资源利用效率。通过整合土壤湿度、天气预报和作物生长阶段等数据，智能灌溉系统能够实现精准灌溉，避免了水资源的浪费。同时，信息融合技术还能帮助农业机器人进行精准施肥，根据实时数据调整施肥策略，提高肥料的利用效率，减少环境污染。例如，在干旱地区，通过整合土壤湿度和气象数据，可以优化灌溉方案，最大限度地节约用水资源；在肥料管理上，通过整合土壤养分含量和作物需求数据，可以实现精准施肥，避免过量使用化肥导致的土壤污染。

（4）提升系统鲁棒性

信息融合技术还可以提高农业物联网与机器人系统的鲁棒性和可靠性。通过多传感器数据比对，可以及时发现和修复系统故障，保证系统的稳定运行。例如，在农业机器人操作过程中，如果某个传感器出现故障，信息融合技术可以通过其他传感器的数据进行补偿，确保机器人继续正常工作。此外，通过实现数据冗余，信息融合技术可以增加系统的鲁棒性，即使某个数据源失效，系统仍能正常运行。

（5）总结信息融合技术的重要性及未来展望

综上所述，信息融合技术在提升农业物联网与机器人系统性能和决策精度方面具有重要作用。它通过整合多源数据，提高了数据的可靠性和完整性，支持更智能和准确的决策，优化了资源利用效率，增强了系统的鲁棒性，为现代农业生产提供了强有力的技术支持。

未来，随着传感器技术、数据处理技术和算法的不断进步，信息融合技术在农业中的应用前景将更加广阔。未来的研究方向可能包括更高精度的数据融合算法、更智能的决策支持系统以及更广泛的应用场景,进一步推动农业生产的现代化和智能化。通过信息融合技术的不断创新和应用,农业物联网与机器人系统将更好地服务于农业生产,提高生产效率,促进农业可持续发展。

(二)信息融合的基本原理

多源数据整合是从多个不同来源获取的数据进行综合处理和分析的过程,旨在提取更有价值的信息并做出更准确的决策。在农业物联网与机器人融合应用中,这一过程尤为重要,涉及的数据源包括土壤湿度传感器、气象站、卫星遥感、无人机图像、作物生长监测设备等。通过这些数据的整合,能够更全面地了解作物生长环境,从而优化农业管理。

这一整合过程包括几个基本步骤。首先是数据预处理,主要对不同来源的数据进行清洗、去噪和缺失值填补,以确保数据的质量和一致性。接着,特征提取阶段从预处理后的数据中提取关键信息,如土壤湿度、温度、降雨量、光照强度等特征值,以便于进一步分析。然后,数据标准化步骤将不同来源的数据进行标准化处理,消除单位和量纲之间的差异,使数据能够在同一尺度上进行比较和分析。最后,数据融合阶段通过多种算法对不同来源的数据进行综合处理,形成更全面和准确的信息。这些算法包括加权平均法、贝叶斯推理和神经网络等,它们能够有效地整合多源数据,从而提供有价值的洞察和决策支持。

这种综合处理和分析不仅提高了数据的利用效率,还显著提升了农业生产的智能化水平,使得农业物联网与机器人技术能够更好地服务于现代农业的需求。

1. 多源数据整合的综合分析

在现代农业生产中,数据的多源整合为优化决策提供了强大的支持。不同数据来源的整合,包括土壤湿度传感器、气象站、卫星遥感、无人机图像和作物生长监测设备,各自从不同角度提供了关于环境和作物状况的重要信息。例如,土壤湿度传感器实时记录土壤的水分水平,而气象站则提供气温、降水量和风速等关键气象数据。卫星遥感技术和无人机图像则提供了农田的广阔视角和详细的作物生长状态。

通过对这些数据的综合分析,可以显著提高农业管理的精准性和效率。首先,精准灌溉得以实现,通过整合土壤湿度与气象数据,智能灌溉系统能够在适当的时间和地点进行灌溉,避免了不必要的水资源浪费,并确保作物在生长期间获得恰到好处的水分。其次,病虫害监测可以通过分析气象数据和作物生长状态来预测病虫害的发生和传播趋势,使农民能够提前采取有效的防控措施,从而减少作物损失。最后,产量预测依靠卫星遥感数据与地面监测数据的整合,对作物的生长状态进行全面分析,从而准确预测作物产量,这不仅有助于合理规划收获计划,还能优化市场供应链。

2. 数据融合模型

数据融合模型是多源数据整合中的关键工具,通过对不同数据处理层次的优化来提高信息分析的质量。常见的融合模型包括层次融合模型和决策级融合模型,每种模型都有其独特的处理方式和适用场景,以满足不同数据分析需求。

层次融合模型通过三个层次的数据处理来优化信息整合:数据层融合、特征层融合和决策层融合。数据层融合在原始数据阶段进行处理,通过加权平均和卡尔曼滤波等方法直接融合来自不同来源的数据,以减少噪声、填补数据缺失,并提高整体一致性和准确性。特征层融合在特征提取阶段进行,采用主成分分析(PCA)和独立成分分析(ICA)等方法,对提取出的数据特征进行融合,简化数据并增强信息量。这一阶段的目标是将不同来源的数据特征整合成一个综合特征集,便于进一步分析。决策层融合在最终决策阶段进行,使用投票法和贝叶斯推理等技术,综合不同数据源得出的决策结果,以得出更准确和可靠的结论。这一层次确保了最终决策的有效性,并在复杂决策情境中提供稳健支持。层次融合模型特别适用于环境监测、智能农业管理等需要多源数据综合分析的场景,它能够有效整合来自不同数据源的信息,为复杂环境中的决策提供精准支持。

决策级融合模型则专注于整合多个独立决策系统的结果,通过综合不同系统的决策,提高整体决策的准确性和鲁棒性。这种模型减少了单一系统决策带来的误差和偏差,增强了决策的可靠性。决策级融合模型在农业机器人、无人驾驶农业机械等需要综合多个决策结果的应用场景中表现出色,能够优化整体操作效果,实现更高效、更智能的农业机械管理和控制。通过综合多个独立决策系统的输出,决策级融合模型有效提高了系统在处理复杂和动态环境时的适应能力。

(三)传感器数据融合技术

1. 传感器类型及应用

在现代农业中,传感器技术的应用日益广泛,为农民提供实时的环境和作物信息,从而优化农业生产过程。以下是几种常用的农业传感器类型及其应用。

(1)土壤传感器

土壤传感器在农业物联网中发挥着至关重要的作用,其多样的类型和广泛的应用为精准农业提供了关键支持。常见的土壤传感器包括土壤湿度传感器、土壤温度传感器、土壤 pH 传感器和土壤养分传感器,每种传感器都有其特定的功能和应用场景。土壤湿度传感器用于实时监测土壤中的水分含量,通过检测土壤的湿润程度,帮助农民制定精准的灌溉方案。这不仅能够节约水资源,还能防止作物因过多或过少的水分而受到影响。土壤温度传感器则监测土壤的温度变化,这对作物的生长发育有直接影响,因为不同作物对温度的敏感度不同。土壤 pH 传感器测量土壤的酸碱度,以确保土壤环境适合作物生长,土壤的酸碱度直接影响植物的养分吸收和微生物活性。最后,土壤养分传感器检测土壤中的各种养分成分,如氮、磷、钾等,以便根据作物的需求进行科学施肥。这些传感器提供的数据有助于农民及时了解土壤状况，优化农业管理决策，提高作物产量和质量。

（2）气象传感器

气象传感器在农业环境中扮演着至关重要的角色，它们通过监测多种气象因素来提供关键的数据支持。常见的气象传感器包括温度传感器、湿度传感器、风速传感器、降雨传感器和光照传感器。这些传感器能够精确记录农田的气象条件，为作物生长提供全面的环境数据。例如，温度传感器监测气温变化，帮助农民了解作物生长的最佳温度范围；湿度传感器则测量空气中的湿度，以优化灌溉计划和减少病虫害的发生；风速传感器监控风速，帮助评估风对作物的影响；降雨传感器记录降水量，为水资源管理和干旱预警提供支持；光照传感器测量光照强度，帮助调整种植策略，优化作物的光合作用。这些数据不仅可以提高农业生产的精准度和效率，还能有效应对气象灾害，提升农业管理的智能化水平。

（3）作物监测传感器

作物监测传感器在农业生产中发挥着关键作用，它们专门设计用于实时监控农作物的生长状态和健康水平。常见的作物监测传感器包括植物生长传感器、叶片水分传感器和果实成熟度传感器。植物生长传感器可以测量植物的高度、叶面积和生长速度，这些数据帮助农民及时掌握作物的生长动态，进而进行合理的施肥、灌溉和病虫害防治措施。叶片水分传感器则专注于监测植物叶片中的水分含量，提供关于植物水分需求的实时数据，从而优化灌溉计划，防止植物因缺水而导致的生长问题。果实成熟度传感器则用于评估果实的成熟程度，确保果实在最佳时机采摘，最大化其质量和产量。这些传感器通过提供详细的作物数据，不仅帮助农民提高管理效率，还能增强作物生产的精准度和可持续性。

2. 数据预处理与融合

传感器数据融合的方法和技术是实现多源数据有效整合的关键，它通过综合处理不同来源的传感器数据，提取更有价值的信息，并提升系统的决策能力。以下是几种常见的传感器数据融合方法及其应用场景：

（1）卡尔曼滤波

卡尔曼滤波是一种基于线性系统状态估计的递推算法，广泛应用于实时动态系统的状态估计和数据融合中。该方法通过对传感器数据进行迭代更新，有效去除噪声，提高数据的准确性和稳定性。在农业领域中，卡尔曼滤波常用于农业机器人导航系统中，通过融合 GPS 数据和惯性传感器数据，可以获得更加精准的位置信息。这对于提高农业机器人的导航精度和作业效率至关重要，特别是在复杂的农田环境中，它能够减少位置信息的误差，确保农业机器人在田间作业时的稳定性和可靠性。

（2）贝叶斯推理

贝叶斯推理是一种基于概率论的数据融合方法，通过计算不同数据源的后验概率，综合分析多源数据。该方法能够处理数据中的不确定性和模糊性，通过对先验概率和似然函数的不断更新，获得最优的融合结果。在农业应用中，贝叶斯推理被广泛用于病虫害监测系统中，通过融合气象数据和作物生长数据，贝叶斯推理能够更准确地预测病虫害的发生概率。这为农民提供了科学的决策支持，使他们能够提前采取防治措施，从而减少农作物的损失，提升农田的整体管理效率。

（3）神经网络

神经网络是一种模拟人脑神经元结构的数据处理模型，具有强大的数据融合和模式识别能力。通过学习和训练，神经网络可以自动提取数据中的特征和模式，实现多源数据的融合与分析。神经网络在智能农业中具有广泛的应用前景。例如，在智能温室管理系统中，通过神经网络融合温度、湿度和光照数据，可以实现对温室环境的智能控制。这种智能控制能够根据作物的生长需求，自动调节温室内的环境参数，从而为作物提供最优的生长条件，显著提高农作物的产量和质量。此外，神经网络的自适应学习能力使其能够随着数据的增加和环境的变化，持续优化控制策略，为智慧农业的深入发展提供了强有力的技术支持。

3. 案例分析

（1）案例背景

在一个位于气候多变地区的大型农场，农田面积广阔，作物种类繁多。为了应对气候的多样性和复杂性，同时提升作物产量和资源利用效率，减少人工干预和环境影响，农场主决定采用精准农业技术。他们部署了多种传感器，如土壤湿度传感器、气象传感器和作物监测传感器，并通过数据融合技术对采集的数据进行综合分析和处理，旨在实现对农田的全面监控与管理。

（2）技术实现

传感器部署：在农田的不同区域合理布局土壤湿度传感器、气象传感器和作物监测传感器，以实时采集土壤水分、温度、湿度、风速、降雨量以及作物生长的相关数据。通过这种方式，农场能够全面监控环境条件和作物健康状况。

数据预处理：采集的数据在进入分析阶段前，首先要进行数据清洗、去噪和标准化处理。这一步骤旨在去除传感器数据中的噪声和异常值，填补数据缺失，并将不同传感器的数据转换到同一尺度上，确保数据质量和一致性。

（3）数据融合与分析

多源数据整合：将来自不同传感器的数据进行整合，形成一个涵盖农田环境和作物生长信息的综合数据库。这个数据库是进一步数据分析和决策支持的基础。

卡尔曼滤波：为了提高实时数据的准确性和稳定性，使用卡尔曼滤波技术对数据进行迭代更新。此技术通过连续地修正和预测传感器数据，能够提供更加精准的环境信息。

贝叶斯推理：通过贝叶斯推理方法，系统对天气预报数据与作物生长数据进行综合分析，预测病虫害的发生概率及作物生长趋势。贝叶斯推理在处理不确定性和模糊性信息方面具有优势，帮助农场主提前做出应对措施。

神经网络：利用神经网络模型，系统对历史数据和实时数据进行深度学习和训练，生成智能化的灌溉、施肥和病虫害防治方案。通过不断优化，这些方案能够动态适应不同的农田条件，为农场提供高效管理的支持。

（4）效果分析

精准灌溉与施肥：通过实时监测土壤湿度和气象条件，结合智能灌溉系统，农场实现了精准灌溉，节约了约 30% 的水资源。同时，智能施肥系统依据土壤养分传感器的数据，能够在作物最需要的时候进行精准施肥，提高了肥料利用效率，减少了肥料浪费和环境污染。

病虫害预警与防治：通过贝叶斯推理方法，系统可以结合气象数据和作物生长监测数据，提前预测病虫害的发生。在最佳时间进行防治，减少了约 40% 的农药使用量，保护了作物健康，同时也降低了环境污染。

产量预测与优化：通过神经网络模型的学习和训练，系统能够精准预测作物的生长趋势，帮助农场主制定合理的种植和收获计划，显著提高了作物的产量和质量。最终，农场的总体产量增加了约 20%，资源利用效率也得到了显著提升。

（四）信息融合在农业中的应用

1. 精准农业

（1）信息融合技术在精准农业中的应用

信息融合技术在精准农业中的应用体现了现代信息技术对农业生产的深远影响，尤其是在变量施肥和精准灌溉等精细化管理方面。精准农业依赖于多源数据的整合与分析，信息融合技术在这一过程中发挥了至关重要的作用。以变量施肥为例，通过土壤传感器监测土壤养分含量，结合作物生长监测数据，信息融合技术能够对这些数据进行综合分析，生成精确的变量施肥方案。智能施肥设备则根据该方案，自动调整施肥量，确保不同地块获得所需的养分。在某大型农场的实际应用中，农场主利用土壤传感器、作物监测传感器以及无人机航拍数据，通过信息融合技术生成了高效的变量施肥方案。结果显示，农田的养分利用效率显著提高，作物产量增加了 15%，而肥料使用量减少了 20%。这种精准管理不仅提升了农业生产的效率，还减少了资源浪费，展示了信息融合技术在现代农业中的巨大潜力。

精准灌溉是现代农业中一种基于精细数据管理的水分管理方式，通过对土壤湿度、气象条件和作物需水量的实时监测，实现水资源的高效利用。该技术依托土壤湿度传感器、气象传感器和作物生长传感器，能够精确感知农田中各区域的水分状态和作物需求。通过信息融合技术，将这些来自不同来源的数据进行整合和分析，生成优化的灌溉方案。智能灌溉系统根据生成的方案，自动调节灌溉量和时间，确保作物获得所需的水分，同时避免过度灌溉或水资源浪费。在一个智能温室的应用中，农户使用土壤湿度传感器和气象传感器，结合作物生长数据，通过信息融合技术生成了精准灌溉方案。智能灌溉系统按方案执行，结果显示，水资源利用率提高了 30%，温室内作物的生长环境得到了显著改善，产量也因此增加了 20%。这种方法不仅优化了水资源的使用，还提升了作物的生长效率，进一步证明了精准灌溉技术在现代农业中的重要性。

（2）具体案例展示其应用效果

在某农业合作社的大面积玉米种植地中，土壤类型和肥力状况各异，传统的施肥和灌溉方法难以满足精准管理的需求。为了提高生产效率和资源利用率，合作社引入了信息融合技术，实施了精准农业管理。

首先，在多源数据采集中，合作社在不同地块部署了土壤湿度传感器、土壤养分传感器、气象传感器和作物生长传感器，这些传感器实时采集土壤水分、养分、气象条件和作物生长数据。通过物联网技术，所有采集到的数据被传输到中央控制系统，进行实时监测和存储。

在数据预处理与融合阶段，合作社对采集到的数据进行清洗、去噪和标准化处理，以确保数据的准确性和一致性。然后，利用卡尔曼滤波、贝叶斯推理和神经网络等信息融合技术，对多源数据进行综合分析，生成了精准的变量施肥和精准灌溉方案。

在智能决策与执行阶段，合作社利用生成的变量施肥方案，控制智能施肥设备对不同地块进行精准施肥，确保作物获得适量的养分。同时，智能灌溉系统根据精准灌溉方案，自动调节灌溉量，优化了水资源的利用。这种精细化的管理不仅提高了玉米的产量，还显著降低了肥料和水资源的浪费，实现了生产效率和资源利用率的双重提升。

（3）应用效果

在信息融合技术的应用下，该农业合作社取得了显著的应用效果。

1）生产效率提高：通过精准施肥和精准灌溉，玉米的生长环境得到了有效优化，玉米的平均产量提升了 20%。此外，肥料和水资源的利用率也显著提高，肥料使用量减少了 25%，水资源消耗减少了 30%。

2）成本降低：由于精准施肥和精准灌溉技术的应用，农资浪费现象大大减少，导致农资成本降低了 15%。与此同时，智能设备的引入减少了对人工操作的依赖，人工成本也降低了 10%。

3）环境影响减小：精准施肥和精准灌溉的实施减少了肥料和农药的过量使用，从而降低了对土壤和水源的污染。通过优化资源利用，合作社不仅减少了对环境的负面影响，还保护了周边的生态环境，进一步促进了可持续农业的发展。

2. 病虫害监测与防治

信息融合技术在病虫害监测与防治中扮演了至关重要的角色，能够显著提升农业生产的效率和效果，确保作物健康和产量。

（1）早期预警

病虫害的早期预警是实现高效防治的关键步骤。信息融合技术通过整合多种数据源，能够提前预测病虫害的发生风险，帮助农民及时采取措施。具体实现方式包括使用气象传感器、作物监测传感器和虫情监测设备，这些传感器实时采集气象条件、作物健康状况以及虫情变化的数据。信息融合技术对这些数据进行综合分析，预测病虫害的发生概率和时间。例如，在某果园，气象传感器和作物监测传感器配合虫情监测设备，通过信息融合技术实现了病虫害的早期预警。系统能够提前一周发出预警信号，果农因此能够及时采取相应的防治措施，显著减少了病虫害的发生和蔓延，确保了果实的质量和产量。

（2）精准监测

精准监测病虫害对于制定有效的防治策略至关重要。信息融合技术可以通过多种数据来源，实现对病虫害的精准监测，帮助农民全面了解病虫害的分布和发展趋势。采用高光谱成像、无人机航拍和地面传感器来获取病虫害的空间分布和动态变化数据。这些数据经过信息融合技术的综合分析后，能够生成病虫害的精准分布图和发展趋势图。例如，在某大型农场中，结合高光谱成像、无人机航拍和地面传感器的数据，通过信息融合技术生成了病虫害的精准分布图。农民利用这些分布图进行有针对性的防治，不仅减少了农药的使用量，而且显著提高了防治效果。

二、协同控制技术

（一）协同控制技术概述

在现代农业发展中，农业物联网与机器人技术的融合应用正日益受到关注和重视。协同控制技术作为这一融合应用的关键技术之一，发挥着至关重要的作用。本文将介绍协同控制技术的定义、重要性以及其在农业物联网与机器人融合应用中的作用和意义。

1. 协同控制技术的定义和重要性

协同控制技术，顾名思义，是指通过协调多个系统或设备，使其能够共同完成某一特定任务的技术。在农业物联网与机器人技术中，协同控制技术主要体现在多机器人系统、多传感器系统以及机器人与物联网设备之间的协调控制上。其核心目标是通过优化资源配置、提高系统整体性能和效率，来实现农业生产的智能化和自动化。

协同控制技术的重要性体现在以下几个方面。

（1）提高系统的可靠性和稳定性

通过协同控制技术，多个机器人或传感器可以互相补充、相互协作，从而提高系统的可靠性和稳定性。例如，在田间作业中，多台机器人可以通过协同工作来覆盖更大面积，避免单一机器人因故障或资源不足导致的作业中断。

（2）优化资源利用和工作效率

协同控制技术可以实现资源的优化配置，使得各个系统或设备能够在最优状态下工作，从而提高整体工作效率。例如，在智能灌溉系统中，多个传感器可以协同工作，实时监测土壤湿度和气候条件，通过精确控制灌溉设备，实现水资源的高效利用。

（3）增强系统的智能化和自适应能力

协同控制技术使得农业物联网与机器人系统能够根据环境变化和任务需求，自主调整工作模式和策略，从而增强系统的智能化和自适应能力。例如，在温室管理中，机器人可以根据传感器数据和环境变化，自主调整施肥、喷药和采摘策略，提高作业效果。

2. 协同控制在农业物联网与机器人融合应用中的作用和意义

在农业物联网与机器人技术的融合应用中，协同控制技术的作用和意义主要体现在以下几个方面。

（1）促进多系统集成与协作

协同控制技术实现了农业物联网设备与机器人之间的无缝连接与协作。例如，通过协同控制，温室内的传感器可以实时监测环境数据，并与机器人系统进行信息交换和协调控制，从而实现精细化管理和高效生产。

（2）提升生产管理的精准度和效率

协同控制技术使得农业生产管理更加精准和高效。例如，在智能施肥系统中，协同控制技术可以根据土壤养分传感器的数据，精确控制施肥量和施肥时间，避免过度施肥和资源浪费，提高作物产量和品质。

（3）增强系统的鲁棒性和适应性

通过协同控制技术，农业物联网与机器人系统能够更好地应对复杂多变的农业生产环境。例如，在恶劣天气条件下，协同控制技术可以协调多个机器人和传感器，共同完成防灾减灾任务，保障农业生产安全。

（二）协同控制的基本原理

协同控制技术通过协调多个子系统或设备的行为，实现了农业物联网与机器人技术的高效、可靠应用。分布式控制和集中式控制作为常用的协同控制算法，各有其特点和适用场景。

1. 协同控制理论

协同控制理论是指通过协调多个子系统或设备的行为，使其在共同目标下高效、可靠地完成任务的理论。其基本原理包括分布式系统、系统集成、反馈控制等方法。在农业物联网与机器人技术中，协同控制理论可以应用于多机器人系统、多传感器系统及机器人与物联网设备的协同工作。

（1）分布式系统

分布式系统是指将一个复杂的控制任务分解为若干子任务,并将这些子任务分配给不同的子系统或设备独立完成的系统。各子系统通过通信网络进行信息交换和协调控制,从而实现整个系统的协同工作。分布式系统具有良好的可扩展性和鲁棒性,能够适应复杂多变的农业生产环境。

（2）系统集成

系统集成是将不同类型的系统或设备通过标准接口和协议进行集成,使其能够在统一的控制框架下协同工作。通过系统集成,可以实现农业物联网设备和机器人之间的无缝连接与协作,提高系统的整体性能和效率。

（3）反馈控制

反馈控制是通过实时监测系统的状态,并根据反馈信息调整控制策略的控制方法。在协同控制中,反馈控制可以用于监测各子系统的运行状态和环境变化,及时调整各子系统的工作模式和参数,从而实现高效、稳定的协同控制。

2. 协同控制系统的组成和工作原理

一个完整的协同控制系统通常由以下几个部分组成。

（1）感知层

感知层包括各种传感器和数据采集设备,用于实时监测环境和系统的状态。感知层是协同控制系统的基础,为系统的决策和控制提供数据支持。

（2）通信层

通信层负责传输感知层采集的数据,以及各子系统之间的信息交换。通信层的可靠性和实时性对协同控制系统的性能具有重要影响。

（3）控制层

控制层是协同控制系统的核心,负责制定和执行控制策略。控制层通常包括分布式控制器和集中式控制器,用于实现多子系统的协调控制。

（4）执行层

执行层包括各种执行机构,如机器人、机械臂、灌溉设备等。执行层根据控制层的指令,完成具体的农业生产任务。

3. 协同控制算法

在协同控制系统中,常用的控制算法主要包括分布式控制算法和集中式控制算法。

（1）分布式控制

分布式控制是一种将控制任务分散到各个子系统或设备的控制方法。每个子系统独立进行控制决策,并通过通信网络进行信息交换和协调控制。分布式控制具有良好的可扩展性和鲁棒性,适用于大规模、复杂系统的协同控制。

（2）集中式控制

集中式控制是一种将控制任务集中到一个中央控制器的控制方法。中央控制器负责收集各子系统的信息,进行全局优化和控制决策,然后将控制指令分发给各子系统。集中式控制能够实现全局最优控制,但对通信网络的依赖较大,适用于小规模、简单系统的协同控制。

4. 各算法的特点和适用场景

(1) 分布式控制

分布式控制系统具有卓越的可扩展性和鲁棒性。各个子系统能够独立进行控制和决策,从而避免了单点故障对整个系统的影响。这种架构使得系统更加灵活和可靠,能够适应大规模和复杂的应用场景。例如,在多机器人协同作业或大面积农业生产管理中,分布式控制系统能够确保每个子系统根据自身的状态和任务需求做出最优决策,从而提升整体系统的性能和稳定性。

这种系统非常适用于那些需要高可靠性和高度灵活性的农业生产场景。例如,在田间作业中,多台农机具可以通过分布式控制系统实现高效协同工作;在多传感器监测场景中,各传感器节点可以独立处理数据并做出响应,从而提高监测的准确性和实时性;在智能灌溉系统中,各个灌溉单元可以根据土壤湿度、天气条件等信息自主调整灌溉策略,确保作物获得最佳的生长条件。通过分布式控制,各子系统能够根据实际情况自主调整工作模式和策略,大幅提升整体系统的效率和稳定性。

(2) 集中式控制

特点:集中式控制能够实现全局最优控制,中央控制器可以根据全局信息进行优化和控制决策。集中式控制对通信网络的依赖较大,适用于小规模、简单系统的协同控制。

适用场景:集中式控制适用于需要全局优化和统一控制的农业生产场景,如温室管理、精细化施肥和喷药等。在这些场景中,中央控制器可以根据全局信息进行优化控制,提高生产管理的精度和效率。

(三) 协同控制在农业中的应用

1. 自动化农机

自动化农机是现代农业发展的重要方向之一,通过协同控制技术的应用,无人驾驶拖拉机和自动化收割机等设备在农业生产中得到了广泛应用。协同控制技术使得这些自动化设备能够在复杂多变的农业环境中高效、稳定地工作。

(1) 无人驾驶拖拉机

无人驾驶拖拉机是自动化农机的重要组成部分,通过协同控制技术,可以实现拖拉机的自主导航、精确作业和智能调度。无人驾驶拖拉机配备了多种传感器,如 GPS、激光雷达、摄像头等,用于实时监测环境和自身状态。协同控制技术通过整合这些传感器数据,实时调整拖拉机的行驶路径和作业参数,从而实现高效、精准的农业作业。

（2）自动化收割机

自动化收割机通过协同控制技术实现自主收割、自动调节和智能调度。自动化收割机配备了多种传感器和智能控制系统，能够根据作物的生长情况和环境条件，实时调整收割参数和作业路径。协同控制技术使得多台收割机可以协同工作，避免作业重叠和资源浪费，提高收割效率和作物质量。

2. 具体案例展示其应用效果

案例一：John Deere 无人驾驶拖拉机

John Deere 公司推出的无人驾驶拖拉机，通过应用协同控制技术，实现了自主导航和精确作业。该拖拉机配备了 GPS、激光雷达和摄像头等多种传感器，能够实时监测环境和自身状态，进行路径规划和作业调整。在实际应用中，John Deere 无人驾驶拖拉机显著提高了农业作业的效率和精度，减少了人力成本和资源浪费。

案例二：Case IH 自动化收割机

Case IH 公司推出的自动化收割机，通过协同控制技术实现自主收割和智能调度。该收割机配备了多种传感器和智能控制系统，能够根据作物的生长情况和环境条件，实时调整收割参数和作业路径。在实际应用中，Case IH 自动化收割机有效提高了收割效率和作物质量，减少了作业重叠和资源浪费。

3. 多机器人协作

多机器人协作是协同控制技术的重要应用领域之一，通过协同控制技术，可以实现田间作业机器人和温室管理机器人的高效协作，提高农业生产的整体效率和质量。

（1）田间作业机器人

田间作业机器人通过协同控制技术，可以实现多台机器人在田间的高效协作。各机器人根据任务分配和环境变化，自主调整作业路径和参数，避免作业重叠和资源浪费。协同控制技术使得田间作业机器人能够在大面积农田中进行精细化管理，如播种、施肥、喷药等，提高农业生产效率和作物质量。

（2）温室管理机器人

温室管理机器人通过协同控制技术，实现多台机器人在温室内的高效协作。各机器人根据传感器数据和环境变化，自主调整作业策略和参数，进行精细化管理，如温度调节、湿度控制、光照调节等。协同控制技术使得温室管理机器人能够在复杂多变的温室环境中高效工作，保证作物的健康生长和高产量。

4. 实际案例展示其效果和意义

案例一：Fendt 田间作业机器人

Fendt 公司推出的田间作业机器人，通过协同控制技术实现多台机器人在田间的高效协作。各机器人配备了 GPS、激光雷达、摄像头等多种传感器，能够实时监测环境和自身状态，进行路径规划和作业调整。在实际应用中，Fendt 田间作业机器人显著提高了农业作业的效率和精度，减少了人力成本和资源浪费。

案例二：Iron Ox 温室管理机器人

Iron Ox 公司推出的温室管理机器人，通过协同控制技术实现多台机器人在温室内的高效协作。各机器人配备了多种传感器和智能控制系统，能够根据传感器数据和环境变化，自主调整作业策略和参数，进行精细化管理。在实际应用中，Iron Ox 温室管理机器人有效提高了温室管理的效率和质量，保证了作物的健康生长和高产量。

三、云计算与大数据处理

（一）云计算与大数据处理概述

1. 云计算与大数据处理的定义和重要性

云计算是一种通过互联网提供计算资源（如服务器、存储、数据库、网络等）的模式，用户可以按需获取和使用这些资源，而无需管理和维护底层的硬件和软件基础设施。云计算具有高可扩展性、灵活性和成本效益，是现代信息技术的重要组成部分。

大数据处理是指对海量、多样化和高速生成的数据进行收集、存储、分析和处理的技术和方法。大数据处理可以从复杂的数据集中提取有价值的信息和知识，支持决策和创新。大数据处理的关键技术包括数据挖掘、机器学习、数据可视化等。

云计算和大数据处理的重要性在于它们能够提供强大的计算和存储能力，支持复杂的数据分析和处理任务，为各行各业提供高效、灵活和智能化的解决方案。

2. 云计算与大数据在农业物联网与机器人融合应用中的作用和意义

在农业物联网和机器人技术的融合应用中，云计算和大数据处理发挥着至关重要的作用。

云计算为农业物联网和机器人系统提供了强大的计算和存储能力，使得大规模数据处理和复杂算法执行成为可能。通过云计算，农业物联网和机器人系统可以实现实时数据处理和分析，快速响应环境变化和作业需求，提高系统的效率和灵活性。例如，通过云计算平台，农民可以远程监控和管理农田、温室和畜牧场的实时状况，进行智能决策和调度。

大数据处理在农业物联网和机器人系统中，通过对海量传感器数据、图像数据和作业数据的分析，可以提取有价值的信息和知识，支持精准农业和智能管理。大数据处理技术可以用于作物生长监测、病虫害预测、土壤质量评估、农业机械优化等方面，提高农业生产的精度和效率。例如，通过大数据分析，可以预测病虫害的发生，提前采取防控措施，减少农药使用和作物损失。

（二）云计算技术

1. 云计算平台

云计算平台是提供计算资源和服务的基础设施。以下是几个常见的云计算平台：

（1）Amazon Web Services（AWS）

AWS 是亚马逊公司提供的云计算服务平台，是目前全球市场占有率最高的云计算平台之一。AWS 提供了广泛的服务，包括计算、存储、数据库、分析、人工智能、机器学习等。其主要服务有 Amazon EC2（弹性计算云）、Amazon S3（简单存储服务）和 Amazon RDS（关系数据库服务）。

（2）Microsoft Azure

Azure 是微软公司提供的云计算服务平台，也是全球主要的云服务提供商之一。Azure 提供的服务包括虚拟机、应用服务、数据库服务、AI 和机器学习服务等。其主要服务有 Azure Virtual Machines（虚拟机）、Azure Blob Storage（对象存储）和 Azure SQL Database（SQL 数据库）。

（3）GoogleCloudPlatform（GCP）

GCP 是谷歌公司提供的云计算服务平台，凭借谷歌在大数据和机器学习方面的技术优势，GCP 在这些领域有着强大的能力。GCP 提供的服务包括计算引擎、存储服务、数据库服务、机器学习平台等。其主要服务有 Google Compute Engine（计算引擎）、Google Cloud Storage（云存储）和 Big Query（大数据分析）。

2. 云计算平台在农业数据处理中的应用

云计算平台在农业数据处理中发挥了重要作用，通过提供强大的计算和存储能力，支持大规模数据处理和分析，推动农业生产的智能化和高效化发展。

（1）数据存储与管理

云计算平台提供的存储服务可以高效管理农业生产中产生的大量数据，如传感器数据、图像数据、气象数据等。例如，农田传感器收集的土壤湿度、温度、光照等数据可以实时上传到云存储中，进行集中管理和分析。

（2）数据分析与处理

云计算平台提供的计算服务支持复杂的数据分析和处理任务，如数据挖掘、机器学习、图像处理等。例如，通过云计算平台的机器学习服务，可以对作物生长数据进行分析，预测作物产量，优化种植方案。

（3）实时监控与决策支持

云计算平台提供的实时处理能力，使得农业生产中的实时监控和智能决策成为可能。例如，农民可以通过云平台实时监控农田的环境状况和作物生长情况，基于分析结果进行智能决策，如调整灌溉、施肥方案等。

3. 云服务与资源管理

云服务根据提供的服务层次和功能，可以分为三种主要类型：基础设施即服务（IaaS）、平台即服务（PaaS）和软件即服务（SaaS）。

（1）基础设施即服务（IaaS）

IaaS 提供基础的计算资源，如虚拟机、存储、网络等，用户可以按需获取和使用这些资源。IaaS 的特点是灵活性高、控制力强，用户可以自由配置和管理计算资源。典型的 IaaS 服务包括 AWSE C2、Azure Virtual Machines 和 Google Compute Engine。

（2）平台即服务（PaaS）

PaaS 提供了一个开发和部署应用的平台，用户可以在这个平台上开发、测试、部署和管理应用，而无需关注底层的基础设施。PaaS 的特点是简化了应用开发和部署过程，提高了开发效率。典型的 PaaS 服务包括 AWS Elastic Beanstalk、Azure App Services 和 Google App Engine。

（3）软件即服务（SaaS）

SaaS 直接向用户提供应用软件和服务，用户可以通过互联网访问和使用这些软件和服务，而无需关心软件的安装、配置和维护。SaaS 的特点是易于使用、成本低、维护简单。典型的 SaaS 服务包括 Google Workspace、Microsoft 365 和 Sales force。

4. 云资源管理的方法和技术

云资源管理是指在云计算环境中，对计算资源进行分配、调度和优化的过程，以确保资源的高效利用和系统的稳定运行。常见的云资源管理方法和技术包括虚拟化和容器化。

（1）虚拟化

虚拟化是一种通过抽象物理资源，创建多个虚拟资源的方法。虚拟化技术可以在一台物理服务器上创建多个虚拟机，每个虚拟机都有独立的操作系统和应用程序。虚拟化的优点包括提高资源利用率、简化资源管理和提高系统的灵活性。常见的虚拟化技术包括 VM ware、KVM 和 Hyper V。

（2）容器化

容器化是一种通过将应用及其依赖打包到一个独立的容器中的方法，容器可以在任何环境中运行，而无需担心环境的差异。容器化的优点包括提高应用的可移植性、简化部署和管理过程、提高系统的资源利用率。常见的容器化技术包括 Docker 和 Kubernetes。

5. 云计算在农业中的具体应用案例

（1）智能灌溉系统

在智能灌溉系统中，通过云计算平台，农田传感器采集的土壤湿度、温度、气象数据等实时上传到云端存储和处理系统。云计算平台通过分析这些数据，生成智能灌溉方案，控制灌溉设备的开启和关闭，实现精准灌溉，节约水资源，提高作物产量。

（2）精准农业管理平台

通过云计算和大数据处理技术，构建精准农业管理平台。该平台整合了土壤数据、气象数据、作物生长数据等多种数据源，通过大数据分析和机器学习模型，为农民提供精准种植建议、病虫害预警和产量预测等服务，帮助农民提高农业生产的效率和效益。

（三）大数据处理技术

1. 大数据存储

（1）HDFS（Hadoop Distributed File System）

HDFS 是一种分布式文件系统，设计用于大规模数据集的存储和处理。它将数据分块存储在集群中的多个节点上，提供高容错性和高吞吐量。HDFS 的主要特点是可扩展性和可靠性，能够处理 TB 级别甚至 PB 级别的数据。HDFS 通常与 Hadoop 生态系统中的其他组件（如 Map Reduce、Hive 等）一起使用，用于大数据处理和分析。

（2）No SQL 数据库

No SQL 数据库是一类非关系型数据库，专为处理大规模和高复杂度的数据而设计。与传统的关系型数据库（如 My SQL、Postgre SQL）不同，No SQL 数据库不依赖固定的表结构，具有更高的灵活性和可扩展性。常见的 No SQL 数据库包括：

Mongo DB：一种基于文档的数据库，使用 JSON 格式存储数据，适用于存储结构化和半结构化数据。

Cassandra：一种分布式列存储数据库，提供高可用性和可扩展性，适用于处理大量的写操作和查询。

Redis：一种基于内存的键值存储数据库，提供极快的数据读取和写入速度，适用于缓存和实时数据处理。

2. 大数据存储在农业中的应用

在农业中，大数据存储技术用于管理和处理海量的农业数据，如传感器数据、气象数据、土壤数据、作物生长数据等。以下是大数据存储在农业中的具体应用：

（1）农田传感器数据存储

农田中部署的传感器采集大量的环境数据，如土壤湿度、温度、光照强度等。这些数据需要实时存储和管理，以便进行后续的分析和处理。通过 HDFS 或 NoSQL 数据库，可以高效地存储和管理这些大规模数据，确保数据的高可用性和可靠性。

（2）气象数据存储

农业生产高度依赖于气象条件，气象数据对于农业决策至关重要。气象站和卫星遥感技术每天生成海量的气象数据，这些数据需要高效存储和管理。通过 HDFS 和 NoSQL 数据库，可以实现对气象数据的分布式存储和管理，确保数据的及时性和准确性。

（3）农业研究数据存储

农业研究涉及大量的实验数据和观测数据，这些数据的存储和管理至关重要。通过使用 HDFS 和 NoSQL 数据库，可以实现对农业研究数据的高效存储和管理，支持大规模数据的处理和分析，推动农业科学研究的发展。

3. 大数据分析

（1）Map Reduce

Map Reduce 是一种编程模型，用于处理和生成大规模数据集。它将数据处理任务分为两个阶段：Map 阶段和 Reduce 阶段。在 Map 阶段，输入数据被分割成小块，并分配给多个节点进行并行处理；在 Reduce 阶段，Map 阶段的输出结果被汇总和整理，生成最终结果。Map Reduce 具有高可扩展性和容错性，适用于处理 TB 级别甚至 PB 级别的数据。

（2）Spark

Spark 是一个开源的大数据处理框架，设计用于快速、通用的数据处理。与 MapReduce 相比，Spark 提供了内存中数据处理能力，提高了数据处理的速度。Spark 支持多种数据处理任务，包括批处理、交互式查询、流处理和机器学习等。Spark 的主要组件包括 Spark Core、Spark SQL、Spark Streaming、MLlib（机器学习库）和 Graph X（图计算库）。

4. 大数据分析在农业数据处理中的应用

大数据分析技术在农业数据处理中发挥了重要作用，通过对海量农业数据的分析和处理，支持精准农业和智能农业的发展。以下是大数据分析在农业数据处理中的具体应用：

（1）作物生长监测与预测

通过对作物生长数据和环境数据的分析，可以实时监测作物的生长情况，预测作物产量和生长趋势。使用 Map Reduce 和 Spark 技术，可以高效处理和分析大规模的作物生长数据，生成生长模型和预测结果，帮助农民优化种植方案，提高作物产量。

（2）病虫害预测与防控

病虫害是影响农业生产的重要因素，通过大数据分析技术，可以预测病虫害的发生，提前采取防控措施。通过对气象数据、作物生长数据和历史病虫害数据的分析，使用 Spark 的机器学习算法，可以构建病虫害预测模型，提供精准的防控建议，减少农药使用，降低病虫害损失。

（3）农田环境监测与管理

农田环境的监测和管理对于农业生产至关重要，通过大数据分析技术，可以实现对农田环境的实时监测和智能管理。通过对传感器数据和气象数据的分析，使用 Map Reduce 和 Spark 技术，可以生成农田环境模型，提供环境调控建议，如灌溉管理、施肥管理等，优化农业生产，提高资源利用效率。

（4）农业市场分析与决策支持

农业市场的分析和决策对于农业经营者来说非常重要，通过大数据分析技术，可以分析市场供需关系、价格趋势和市场风险。通过对农业生产数据、市场交易数据和经济数据的分析，使用 Spark 的批处理和实时流处理技术，可以生成市场分析报告，提供决策支持，帮助农业经营者制定科学的市场策略，降低市场风险。

第三节　融合应用的实践案例

一、智慧农田管理系统

（一）智慧农田管理系统概述

1. 智慧农田管理系统的定义和背景

智慧农田管理系统是一种基于物联网、云计算、大数据分析和人工智能技术的现代农业管理系统。它通过部署在农田中的传感器网络和其他智能设备，实时采集土壤、水分、气象等环境数据，并将这些数据传输到云平台进行存储和分析。系统通过大数据分析和智能算法，为农民提供科学的农业生产建议和决策支持，优化农业生产过程，提高农田管理的效率和效益。

智慧农田管理系统的发展背景源于农业生产的现代化需求。随着全球人口的不断增加和气候变化带来的挑战，传统农业面临着提高产量、减少资源浪费和环境保护等多重压力。智慧农田管理系统应运而生，通过融合先进的技术手段，旨在实现农业生产的精准化、智能化和可持续化，满足现代农业的多样化需求。

2. 智慧农田管理系统在现代农业中的重要性和应用前景

智慧农田管理系统在现代农业中具有重要的意义和广泛的应用前景。以下是其主要的重要性和应用前景：

（1）提高农业生产效率

智慧农田管理系统通过实时监测和数据分析，为农民提供精准的农业生产建议，如灌溉、施肥、病虫害防治等。通过优化农业生产过程，可以大幅提高农业生产效率，减少资源浪费，降低生产成本。

（2）提升农产品质量

智慧农田管理系统可以通过精准管理，提高农作物的生长环境，优化生产方案，提升农产品的质量和产量。例如，通过精准施肥和灌溉，确保作物在最佳条件下生长，提高农产品的品质和市场竞争力。

（3）促进可持续农业发展

智慧农田管理系统有助于实现农业的可持续发展。通过科学管理和数据驱动决策，可以减少化肥和农药的使用，保护土壤和水资源，减少对环境的污染，促进农业生态环境的良性循环。

（4）支持农业政策和科学研究

智慧农田管理系统通过积累和分析海量农业数据，为农业政策制定和科学研究提供数据支持。政府和科研机构可以利用这些数据，制定科学的农业政策，推动农业科技创新和发展，提高农业生产的整体水平。

（5）应对气候变化挑战

智慧农田管理系统可以帮助农民应对气候变化带来的挑战。通过实时监测气象数据和环境条件，系统可以提供针对性的农业生产建议，帮助农民调整种植计划和管理策略，减少气候变化对农业生产的不利影响。

3. 智慧农田管理系统的应用前景

随着科技的不断进步和农业现代化需求的增加，智慧农田管理系统在未来将有更广泛的应用前景。以下是几个关键的应用方向。

1）精准农业：智慧农田管理系统将进一步推动精准农业的发展，实现对农田的精细化管理，提高资源利用效率。

2）智能农机：通过与智能农机的结合，实现农田作业的自动化和智能化，降低劳动强度，提高作业效率。

3）数据驱动决策：利用大数据和人工智能技术，实现对农业生产的精准预测和科学决策，提高农业生产的科学性和可预测性。

4）农业生态保护：智慧农田管理系统将进一步推动农业生态保护，实现农业生产的绿色发展和可持续发展。

（二）系统架构与功能

智慧农田管理系统通过融合物联网、云计算、大数据和人工智能技术，实现对农田的全面监测和智能管理。系统架构包括数据采集层、数据传输层、数据处理层和控制中心，核心功能涵盖环境监测、作物生长监控、灌溉管理和施肥管理。

1. 系统架构

（1）智慧农田管理系统的总体架构

智慧农田管理系统由硬件和软件两大部分组成，通过物联网、云计算、大数据和人工智能技术的深度融合，实现对农田的全面监测和智能管理。系统的总体架构可以分为以下几个主要部分：数据采集层、数据传输层、数据处理层和控制中心。

（2）硬件组成

1）传感器网络：包括各种类型的传感器，如土壤湿度传感器、温度传感器、光照传感器、气象站等。这些传感器安装在农田中，实时监测环境数据和作物生长情况。

2）智能设备：如智能灌溉系统、智能施肥系统、无人机、自动化农机等。这些设备可以根据系统的指令执行相应的农业操作。

3）网关设备：用于数据的初步处理和传输，将传感器采集的数据通过无线通信技术（如 LoRa、NB-IoT、Wi-Fi 等）传输到云端或本地服务器。

（3）软件组成

1）数据采集模块：负责从传感器和智能设备中采集数据，并进行初步处理和过滤，确保数据的准确性和可靠性。

2）数据传输模块：利用无线通信技术，将采集到的数据传输到云端或本地服务器，实现数据的实时传输和远程监控。

3）数据处理模块：在云端或本地服务器上，对接收到的数据进行存储、分析和处理。利用大数据分析和人工智能技术，从海量数据中提取有价值的信息和模式，支持系统的智能决策。

4）控制中心：系统的核心部分，包括用户界面和控制逻辑。用户可以通过控制中心实时监控农田状况，查看数据分析结果，并对智能设备进行远程控制和管理。

2. 主要模块

（1）数据采集

数据采集模块是智慧农田管理系统的基础，负责从各种传感器和智能设备中采集环境数据和作物生长数据。数据采集的主要内容包括：

1）环境数据采集：监测土壤湿度、温度、光照强度、气象数据（如风速、降雨量、气压等）。

2）作物生长数据采集：监测作物的生长状态，如叶片颜色、茎秆高度、病虫害情况等。

数据采集模块通过传感器网络实时采集数据，并将数据传输到网关设备进行初步处理和传输。

（2）数据传输

数据传输模块利用无线通信技术（如 LoRa、NB-IoT、Wi-Fi 等），将采集到的数据从网关设备传输到云端或本地服务器。数据传输的关键在于确保数据的实时性和可靠性，同时保证数据的安全性和隐私性。

（3）数据处理

数据处理模块是系统的核心部分，负责对接收到的数据进行存储、分析和处理。数据处理的主要任务包括以下几点。

1）数据存储：利用云计算技术，对海量数据进行分布式存储，确保数据的安全性和可靠性。

2）数据分析：利用大数据分析和人工智能技术，对数据进行深度分析和挖掘，提取有价值的信息和模式。

3）智能决策：基于数据分析结果，利用机器学习算法和专家系统，生成科学的农业生产建议和决策支持。

（4）控制中心

控制中心是系统的用户界面和控制逻辑，负责与用户进行交互，并对智能设备进行远程控制。控制中心的主要功能包括：

1）实时监控：用户可以通过控制中心实时查看农田的环境数据和作物生长情况，掌握农田的最新动态。

2）数据分析结果展示：系统将数据分析结果以图表、报表等形式展示给用户，帮助用户理解和利用数据。

3）智能设备控制：用户可以通过控制中心对智能设备（如灌溉系统、施肥系统、无人机等）进行远程控制，执行相应的农业操作。

3. 核心功能

（1）环境监测

环境监测是智慧农田管理系统的基础功能，通过传感器网络实时监测农田的环境数据。传感器采集的数据通过无线通信技术传输到云端或本地服务器，进行存储和分析。

1）传感器部署：在农田中部署土壤湿度传感器、温度传感器、光照传感器和气象站等，实时采集环境数据。

2）数据传输：利用无线通信技术（如 LoRa、NB-IoT、Wi-Fi 等），将传感器采集的数据传输到云端或本地服务器。

3）数据处理：在云端或本地服务器上，对数据进行存储、分析和处理，生成环境监测报告。

（2）作物生长监控

作物生长监控通过传感器和智能设备实时监测作物的生长状态，如叶片颜色、茎秆高度、病虫害情况等。数据通过无线通信技术传输到云端或本地服务器，进行分析和处理。

1）传感器和摄像设备部署：在农田中部署摄像头和传感器，监测作物的生长状态。

2）数据传输：利用无线通信技术，将采集到的数据传输到云端或本地服务器。

3）数据处理和分析：利用大数据和人工智能技术，对作物生长数据进行分析，生成作物生长报告和管理建议。

（3）灌溉管理

灌溉管理通过智能灌溉系统，根据土壤湿度、温度等环境数据，自动调整灌溉方案，实现精准灌溉，优化水资源利用。

1）智能灌溉系统部署：在农田中部署智能灌溉系统，连接传感器网络和控制中心。

2）数据采集和分析：实时采集土壤湿度、温度等数据，上传到云端进行分析。

3）灌溉控制：根据数据分析结果和智能算法，自动调整灌溉方案，控制灌溉设备的运行，实现精准灌溉。

（4）施肥管理

施肥管理通过智能施肥系统，根据土壤养分数据和作物生长需求，自动生成施肥方案，实现精准施肥，优化肥料使用。

1）智能施肥系统部署：在农田中部署智能施肥系统，连接传感器网络和控制中心。

2）数据采集和分析：实时采集土壤养分数据，上传到云端进行分析。

3）施肥控制：根据数据分析结果和智能算法，自动生成施肥方案，控制施肥设备的运行，实现精准施肥。

（三）技术实现与应用案例

1. 传感器网络

（1）传感器网络的构建和应用

传感器网络在现代农业中起着至关重要的作用，通过收集和分析环境数据，农民可以做出更明智的决策。传感器网络的构建包括土壤湿度传感器、温度传感器、光照传感器等的部署。土壤湿度传感器可以实时监测土壤的湿度水平，帮助农民确定灌溉的最佳时间和量。温度传感器则用于监测农作物生长环境的温度，确保农作物在适宜的温度范围内生长。光照传感器可以检测光照强度，为农作物的光合作用提供必要的光照数据支持。

（2）传感器数据的采集和传输过程

传感器网络中的各类传感器通过无线通信技术将采集到的数据传输到中央数据处理系统。通常，这些数据会通过低功耗广域网（LPWAN）或蜂窝网络传输，以确保数据的及时传送。数据采集和传输过程如下：

1）数据采集：传感器通过模拟或数字信号将环境参数转换为电信号。

2）数据传输：采集到的信号通过无线通信模块，如 LoRa、NB-IoT 或 ZigBee 等，发送至中央数据处理系统。

3）数据存储：传输到中央系统的数据存储在云端数据库中，便于后续的数据处理和分析。

2. 数据处理与决策支持

（1）数据处理技术

传感器网络收集的大量数据需要经过处理才能为决策提供支持。数据处理过程包括数据清洗、数据分析和数据可视化。

1）数据清洗：对原始数据进行筛选和修正，去除错误数据和噪声，保证数据的准确性和一致性。

2）数据分析：通过统计分析和机器学习算法，挖掘数据中的潜在模式和趋势，为农业生产提供有价值的洞察。例如，通过分析土壤湿度数据，可以预测未来的灌溉需求。

3）数据可视化：将分析结果以图表、地图等形式直观展示，帮助农民快速理解数据和发现问题。

（2）基于数据的决策支持系统

决策支持系统（DSS）基于传感器网络收集和处理的数据，帮助农民做出科学的管理决策。具体案例如下。

智能灌溉系统：通过分析土壤湿度和天气预报数据，系统可以自动确定灌溉的时间和量，节约用水，提高农作物产量。

病虫害监测与预警：通过数据分析，系统能够提前预测病虫害的发生，并提出防治建议，减少农药使用，保护环境。

3．智能控制系统

（1）智能控制系统的组成和工作原理

智能控制系统在农业生产中实现了许多自动化操作，如自动灌溉和自动施肥。这些系统通常由传感器、控制器、执行机构和管理平台组成。

1）传感器：实时监测环境参数，如土壤湿度、温度、光照强度等。

2）控制器：根据传感器数据和预设的阈值，控制器通过算法计算出最佳操作方案。

3）执行机构：根据控制器的指令，执行相应的操作，如开启或关闭灌溉系统、施肥系统等。

4）管理平台：通过云端平台，用户可以远程监控和控制系统，实现精细化管理。

（2）实际应用中的案例展示

1）自动灌溉系统：某农场部署了智能自动灌溉系统，通过土壤湿度传感器监测土壤含水量，结合天气预报数据，系统自动调节灌溉时间和水量。该系统不仅减少了水资源浪费，还提高了农作物的生长效率。

2）自动施肥系统：在温室大棚中，智能施肥系统通过监测土壤营养状况，自动配比和施放肥料，确保作物得到均衡的养分供应。该系统显著提高了肥料利用率，减少了人工成本，并改善了作物品质。

二、农业无人机应用

（一）农业无人机应用概述

农业无人机，也被称为农业无人驾驶航空器（UAVs），是专门用于农业领域的无人飞行器。它们配备了各种传感器和相机，能够在田间飞行，实时收集和传输农田数据。农业无人机的应用背景可以追溯到无人机技术的快速发展和农业生产对精准农业需求的不断增加。

农业无人机在现代农业中的重要性日益凸显。首先，它们可以显著提高农业生产的效率。传统的农田监测和管理依赖人工，费时费力，而无人机能够快速覆盖大面积农田，提供高分辨率的图像和数据，实现对农田的实时监测；其次，农业无人机能够提高农作物管理的精准度。通过搭载多光谱相机和热成像设备，无人机可以检测作物的健康状况、土壤湿度以及病虫害情况，从而为精准灌溉、施肥和病虫害防治提供科学依据。

此外，农业无人机还具有成本效益高、操作简便和灵活性强的特点。相较于传统的地面设备和人力，无人机的应用成本较低，且不受地形和环境条件的限制，适用于各种农业场景。

农业无人机的应用前景非常广阔。随着无人机技术的不断进步和普及，未来农业无人机将在以下几个方面发挥更大的作用。

1）精准农业：通过无人机实时监测农田环境数据，可以实现精准农业管理，优化资源利用，提高作物产量和质量。

2）智能灌溉和施肥：无人机结合传感器和大数据分析，可以精准定位需要灌溉和施肥的区域，提高资源利用效率，减少浪费和环境污染。

3）病虫害防治：无人机可以实时监测农作物健康状况，及早发现病虫害，并通过喷洒农药进行精准防治，减少农药使用量，降低环境污染。

4）农田地理信息系统（GIS）：无人机可以快速采集农田的高分辨率地理信息，为农田管理提供科学依据，提升农业生产的科学化和智能化水平。

（二）无人机类型与功能

1. 无人机类型

农业无人机根据其结构和飞行方式，可以分为三种主要类型：固定翼无人机、多旋翼无人机和垂直起降无人机（VTOL）。

（1）固定翼无人机

固定翼无人机拥有类似于传统飞机的设计，机翼提供升力，通过前方的螺旋桨或喷气发动机推动飞行。这种无人机的特点是飞行速度快、航程长、覆盖范围广，非常适用于大面积农田的监测和数据采集。

固定翼无人机具有飞行时间长；飞行速度快；抗风能力强等特点，如表4-1所示。

表 4-1　固定翼无人机的特点

特点	描述
飞行时间长	由于固定翼设计，其续航能力较强，一次飞行可以覆盖大面积的农田
飞行速度快	固定翼无人机的飞行速度较多旋翼无人机快，适合进行大范围的快速数据采集
抗风能力强	固定翼结构提供了较强的抗风能力，适合在风力较大的环境中作业

固定翼无人机适用于以下场景：

1）大规模农田的监测与数据采集，能够利用其长飞行时间和快速飞行速度覆盖广阔地区；

2）长距离的巡检任务，利用其高效的续航能力和稳定的飞行特性进行广泛范围的巡视；

3）以及高效的航拍和地图绘制，通过其抗风能力强的设计在各种环境条件下稳定操作，提供精确的地图和影像数据。

（2）多旋翼无人机

多旋翼无人机，顾名思义，是由多个旋翼（通常是四个、六个或八个）提供升力和推力。这种无人机的特点是起降灵活、悬停能力强，适合在小面积农田和复杂地形中作业。

多旋翼无人机具有起降灵活；悬停能力强；操作简单等特点，如表4-2所示。

表4-2　多旋翼无人机的特点

特点	描述
起降灵活	可以在有限的空间内进行垂直起降，适应多样化的地形和环境
悬停能力强	可以在空中悬停，进行精细的农田监测和作业
操作简单	多旋翼无人机通常配备简单易用的控制系统，便于农民操作

多旋翼无人机适用于以下场景：

1）小规模农田和温室的监测与管理，能够灵活适用于有限的空间内，提供精准的监测数据。

2）精准喷洒农药和肥料，利用其悬停能力强可以在空中精确操作，减少药剂浪费，提高作业效率。

3）局部区域的详细数据采集，可以针对局部区域进行精细化数据采集，为农业生产提供详尽的信息支持。

（3）垂直起降无人机（VTOL）

垂直起降无人机结合了固定翼和多旋翼无人机的优点，既可以像多旋翼无人机一样垂直起降，又可以像固定翼无人机一样高速飞行。VTOL无人机的特点是灵活性和效率兼具，适合多种农业应用场景。

垂直起降无人机具有灵活起降；高效飞行；多功能性等特点，如表4-3所示。

表4-3　垂直起降无人机的特点

特点	描述
灵活起降	能够在狭小区域内垂直起降，适应性强
高效飞行	具备固定翼无人机的高速和长航程能力
多功能性	适合进行多种类型的农业作业，包括监测、喷洒和播种

该类型无人机适用于大中型农田的综合管理，能够高效地进行监测和作业，并兼顾飞行效率和起降灵活性的需求。其多功能性使其可以满足多样化的农业作业需求，包括监测、喷洒和播种等多种作业类型，为农民提供了全方位的农业解决方案。

2. 核心功能

农业无人机的核心功能主要包括农田监测、喷洒作业和播种作业。下面详细描述这些功能的工作原理和实现方法。

（1）农田监测

农业无人机搭载多种传感器，如 RGB 相机、多光谱相机和热成像仪，飞行过程中实时采集农田的影像和数据。这些数据通过无线通信技术传输到地面站或云端平台，进行处理和分析。

农田监测实现方法如下。

1）图像采集与处理：无人机飞行过程中拍摄高分辨率图像，通过软件拼接生成农田的全景图或地图。

2）数据分析：利用多光谱和热成像数据，分析作物的健康状况、土壤湿度和温度等参数，生成农田的数字模型。

3）病虫害检测：通过图像处理和机器学习算法，识别作物的病虫害情况，生成相应的处理建议。

（2）喷洒作业

农业无人机搭载农药或肥料喷洒系统，利用精确的导航和控制技术，按照预设的路径和剂量进行喷洒作业。喷洒作业实现方法如下。

1）任务规划：根据农田的地形和作物分布，规划喷洒路线和剂量。

2）精准导航：利用 GPS 和惯性导航系统，确保无人机按照预设路径飞行，避免漏喷或重复喷洒。

3）喷洒控制：通过压力传感器和流量控制系统，精准控制喷洒剂量，确保均匀覆盖目标区域。

（3）播种作业

农业无人机配备播种设备，能够在飞行过程中均匀播撒种子，实现快速高效的播种作业。播种作业实现方法如下。

1）播种规划：根据作物种类和农田条件，确定播种密度和路径。

2）均匀播撒：通过旋转播撒器或气压播撒系统，将种子均匀分布在目标区域。

3）实时监控：利用无人机的监控系统，实时观察播种效果，及时调整播种参数。

（三）技术实现与应用案例

1. 飞行控制技术

农业无人机的飞行控制系统是其实现高效作业的核心技术，主要包括自动驾驶仪、导航系统和避障系统。

（1）自动驾驶仪

自动驾驶仪是无人机实现自主飞行的关键组件。它通过多种传感器，如陀螺仪、加速度计、磁力计和气压计，实时监测无人机的姿态和位置，并进行数据融合和计算，控制无人机的飞行姿态和轨迹。

自动驾驶仪利用传感器数据和预设的飞行参数，实时调整无人机的电机转速和舵面角度，保持无人机的稳定飞行。飞行过程中，自动驾驶仪根据导航系统提供的位置数据，修正飞行路径，确保无人机按照预设的航线飞行。

1）姿态控制：通过陀螺仪和加速度计，检测无人机的三维姿态，并通过 PID 控制算法，调整电机转速和舵面角度，保持无人机的稳定飞行。

2）高度控制：利用气压计和超声波传感器，测量无人机的飞行高度，通过控制电机转速，实现精确的高度保持。

3）航向控制：根据磁力计和 GPS 数据，确定无人机的航向，通过调整舵面角度，保持无人机的预设航线。

（2）导航系统

导航系统是无人机实现精准飞行的基础，主要包括 GPS、GLONASS、北斗等全球卫星导航系统，以及惯性导航系统（INS）。

导航系统通过接收卫星信号，确定无人机的实时位置，并将位置信息传输给自动驾驶仪，进行路径修正。惯性导航系统则通过加速度计和陀螺仪，计算无人机的相对位置和速度，提供辅助导航。

导航系统的实现方法包括以下几个方面：首先，通过接收多个 GPS 卫星信号，利用三角测量法确定无人机的三维位置，并实时更新位置信息，这就是 GPS 导航。其次，利用加速度计和陀螺仪测量无人机的加速度和角速度，通过积分计算无人机的相对位置和速度，从而提供短时精准的位置信息，这称为惯性导航。最后，将 GPS 和惯性导航系统的数据进行融合，利用卡尔曼滤波等算法提高位置信息的准确性和稳定性。

（3）避障系统

避障系统是保障无人机安全飞行的重要技术，主要通过超声波传感器、红外传感器和激光雷达（LiDAR）等设备，实现对周围环境的感知和避障。

避障系统利用传感器探测无人机前方的障碍物，通过数据处理和分析，计算障碍物的距离和方位，并实时调整飞行路径，避免碰撞。

避障系统的实现方法包括以下几个方面：首先，超声波避障利用超声波传感器发射超声波，接收反射信号，测量障碍物的距离，并通过调整电机转速和舵面角度避开障碍物。其次，红外避障利用红外传感器检测前方障碍物的热辐射，通过数据处理判断障碍物的位置和距离，实现自动避障。最后，LiDAR 避障利用激光雷达发射激光束，接收反射信号，构建三维环境模型，通过路径规划算法调整飞行路线，避开障碍物。

2. 任务规划与执行

农业无人机的任务规划技术是其高效作业的重要保障，主要包括路径规划和任务调度。

（1）路径规划

路径规划是无人机实现精准作业的关键技术，通过预设作业区域和飞行参数，生成最优的飞行路径。

路径规划利用地理信息系统（GIS）数据和农田实际情况，确定无人机的起降点、作业区域和飞行路径。通过路径优化算法，生成最优的飞行路线，确保无人机高效完成作业任务。

路径规划方法包括以下几个方面：首先，根据农田的地形和作物分布进行区域划分，确定无人机的飞行范围和重点作业区域。其次，利用 A 算法、Dijkstra 算法等路径优化算法生成无人机的飞行路径，确保路径最短且覆盖率最高。最后，根据作业任务的需求设置无人机的飞行高度、速度和航向，确保精准作业。

（2）任务调度

任务调度是无人机在农田作业中高效执行任务的保障，通过合理的任务分配和调度，确保无人机协同作业，提高作业效率。

任务调度系统根据作业任务的优先级和紧急程度，合理分配无人机的作业任务，确保资源的最优利用。调度过程中，实时监控无人机的状态和作业进展，进行动态调整。

任务调度的实现方法包括以下几个方面：首先，根据作业任务的类型和农田的实际情况合理分配无人机的作业任务，确保任务的优先级和紧急程度得到充分考虑。其次，利用地面站和云平台实时监控无人机的飞行状态和作业进展，确保作业任务按计划进行。最后，根据实际作业情况和突发事件，动态调整无人机的任务分配和飞行路径，确保作业任务的高效完成。

三、农业物联网与机器人协同作业

（一）农业物联网与机器人协同作业概述

1. 农业物联网与机器人协同作业的定义和背景

农业物联网与机器人协同作业是一种结合物联网技术和机器人技术的新型农业管理模式。物联网通过部署在农田中的各种传感器实时监测环境数据，如土壤湿度、温度、光照强度等，并将这些数据传输到云端进行存储和分析。机器人则通过执行这些分析结果，进行精准灌溉、施肥、病虫害防治等农业操作，实现智能化、自动化的农田管理。

这一模式的发展背景源于全球农业现代化的需求。随着世界人口的不断增长和气候变化带来的挑战,传统农业面临着提高产量、减少资源浪费、保护环境等多重压力。农业物联网与机器人协同作业应运而生,通过融合先进技术,旨在提升农业生产效率,保障食品安全,实现可持续农业发展。

2. 农业物联网与机器人协同作业在现代农业中的重要性和应用前景

(1)提高农业生产效率

通过实时监测和数据分析,农业物联网可以为农民提供科学的农业生产建议。机器人根据这些建议,进行精准操作,如自动化灌溉、精准施肥、病虫害防治等,从而大幅提高农业生产效率,减少资源浪费,降低生产成本。

(2)提升农产品质量

农业物联网与机器人协同作业可以优化农业生产过程,提供精准管理,提高农作物的生长环境,从而提升农产品的质量和产量。这种精准管理确保了作物在最佳条件下生长,提升了农产品的品质和市场竞争力。

(3)促进可持续农业发展

协同作业模式有助于实现农业的可持续发展。通过精准控制化肥和农药的使用,可以减少对环境的污染,保护土壤和水资源,促进农业生态环境的良性循环。

(4)应对气候变化挑战

农业物联网与机器人协同作业可以帮助农民应对气候变化带来的挑战。通过实时监测气象数据和环境条件,系统可以提供针对性的农业生产建议,帮助农民调整种植计划和管理策略,减少气候变化对农业生产的不利影响。

(二)系统架构与功能

1. 系统架构

农业物联网与机器人协同作业系统通过将物联网技术和机器人技术相结合,实现对农田的全面监测和智能管理。系统的总体架构可以分为硬件和软件两个组成部分,各部分相互协作,确保系统的高效运行。

(1)硬件组成

1)传感器网络:包括土壤湿度传感器、温度传感器、光照传感器、气象站等。这些传感器实时采集农田环境数据,提供精准的农田信息。

2)智能设备:如智能灌溉系统、智能施肥系统、无人机、自动化农机等。通过执行系统指令,这些设备完成各种农业操作,如灌溉、施肥、播种和收割。

3)网关设备:负责数据的初步处理和传输,将传感器采集的数据通过无线通信技术(如 LoRa、NB-IoT、Wi-Fi 等)传输到云端或本地服务器。

（2）软件组成

1）数据采集模块：从传感器和智能设备中采集数据，并进行初步处理和过滤，确保数据的准确性和可靠性。

2）数据传输模块：利用无线通信技术，将采集到的数据传输到云端或本地服务器，实现数据的实时传输和远程监控。

3）数据处理模块：在云端或本地服务器上，对接收到的数据进行存储、分析和处理，利用大数据分析和人工智能技术，从海量数据中提取有价值的信息和模式，支持系统的智能决策。

4）机器人控制中心：系统的核心部分，包括用户界面和控制逻辑。用户可以通过控制中心实时监控农田状况，查看数据分析结果，并对智能设备进行远程控制和管理。

2. 主要模块

（1）数据采集

数据采集模块是系统的基础，负责从传感器和智能设备中采集环境数据和作物生长数据。数据采集的主要内容包括：

环境数据采集：监测土壤湿度、温度、光照强度、气象数据（如风速、降雨量、气压等）。

作物生长数据采集：监测作物的生长状态，如叶片颜色、茎秆高度、病虫害情况等。

数据采集模块通过传感器网络实时采集数据，并将数据传输到网关设备进行初步处理和传输。

（2）数据传输

数据传输模块利用无线通信技术（如 LoRa、NB-IoT、Wi-Fi 等），将采集到的数据从网关设备传输到云端或本地服务器。数据传输的关键在于确保数据的实时性和可靠性，同时保证数据的安全性和隐私性。

（3）数据处理

数据处理模块是系统的核心部分，负责对接收到的数据进行存储、分析和处理。数据处理的主要任务包括：

数据存储：利用云计算技术，对海量数据进行分布式存储，确保数据的安全性和可靠性。

数据分析：利用大数据分析和人工智能技术，对数据进行深度分析和挖掘，提取有价值的信息和模式。

智能决策：基于数据分析结果，利用机器学习算法和专家系统，生成科学的农业生产建议和决策支持。

（4）机器人控制中心

机器人控制中心是系统的用户界面和控制逻辑，负责与用户进行交互，并对智能设备进行远程控制。控制中心的主要功能包括：

实时监控：用户可以通过控制中心实时查看农田的环境数据和作物生长情况，掌握农田的最新动态。

数据分析结果展示：系统将数据分析结果以图表、报表等形式展示给用户，帮助用户理解和利用数据。

智能设备控制：用户可以通过控制中心对智能设备（如灌溉系统、施肥系统、无人机等）进行远程控制，执行相应的农业操作。

3. 核心功能

（1）实时监控

实时监控功能通过传感器网络和无线通信技术，实时采集和传输农田环境数据和作物生长数据。用户可以通过控制中心查看实时数据，掌握农田的最新动态。

1）传感器部署：在农田中部署传感器，实时采集环境和作物生长数据。

2）数据传输：利用无线通信技术，将数据传输到云端或本地服务器。

3）数据展示：在控制中心，通过图表、报表等形式展示实时数据，便于用户监控和管理。

（2）协同作业

协同作业功能通过系统的智能算法和控制逻辑，实现多种智能设备的协同工作。根据环境数据和作物需求，系统生成科学的农业操作方案，并通过智能设备执行这些方案，实现精准管理。

1）智能算法：利用大数据分析和机器学习算法，生成农业操作方案。

2）设备控制：通过控制中心，对智能设备发送控制指令，执行灌溉、施肥、播种、收割等操作。

3）任务协调：实现多种智能设备的协同工作，提高农业操作的效率和效果。

（3）数据共享

数据共享功能通过云计算和大数据技术，实现数据的集中存储和共享。用户和系统可以共享农田环境数据和作物生长数据，支持科学决策和精准管理。

1）数据存储：利用云计算技术，对数据进行集中存储和管理。

2）数据共享平台：建立数据共享平台，用户和系统可以访问和共享数据。

3）数据权限管理：通过权限管理，确保数据的安全性和隐私性

（三）技术实现与应用案例

1. 多传感器融合

多传感器融合技术在农业机器人中的应用非常广泛。通过融合多种传感器的数

据，可以提高环境监测和作物生长监测的准确性和可靠性。多传感器融合技术主要包括数据采集、数据处理和数据融合三个步骤。

在环境监测中，农业机器人可以配备多种传感器，如温湿度传感器、光照传感器、气体传感器等。这些传感器可以实时监测农田环境的各项参数，如温度、湿度、光照强度和二氧化碳浓度等。通过多传感器数据融合，可以更加全面和准确地反映环境的实际情况，从而为农业生产提供科学依据。

在作物生长监测中，多传感器融合技术也发挥着重要作用。农业机器人可以配备成像传感器（如 RGB 相机、近红外相机）、激光雷达（LiDAR）、超声波传感器等。这些传感器可以获取作物的生长状态、冠层结构、叶片厚度等信息。通过对多传感器数据的融合处理，可以准确评估作物的生长情况、检测病虫害以及预测产量。

多传感器数据的采集和处理过程包括以下几个步骤：

1）数据采集：通过安装在农业机器人上的不同传感器，实时采集农田环境和作物生长的各种数据。

2）数据预处理：对采集到的原始数据进行去噪、滤波和校正等预处理，以提高数据质量。

3）数据融合：利用数据融合算法（如卡尔曼滤波、粒子滤波和信息融合等）对多传感器数据进行融合处理，得到更加准确和全面的信息。

4）数据分析：对融合后的数据进行分析和处理，提取有用的信息，并用于指导农业生产。

通过多传感器融合技术，农业机器人可以更加智能化地进行环境监测和作物生长监测，提高农业生产的精细化管理水平。

2. 机器人协同作业

机器人协同作业技术是指多个机器人之间或机器人与物联网设备之间，通过协调与合作，共同完成某项任务的技术。在农业生产中，机器人协同作业可以大大提高作业效率和精度，降低劳动成本。

多机器人协同作业是其中的一种形式。在田间作业中，多台农业机器人可以通过无线通信技术，实现信息共享和任务分配。例如，在播种、施肥和收割等作业中，多台机器人可以分工合作，相互配合，快速高效地完成任务。通过多机器人协同作业，不仅可以提高作业效率，还可以减少对土壤的压实，保护农田生态环境。

机器人与物联网设备的协同作业是另一种形式。在温室管理中，农业机器人可以与温室内的各种物联网设备（如自动灌溉系统、温控系统、光照控制系统等）进行协同工作。例如，当环境传感器监测到温室内的温湿度超过设定值时，农业机器人可以自动启动相应的调控设备，进行通风降温或加湿增温，从而保持温室内适宜的生长环境。此外，农业机器人还可以通过物联网平台获取农田的实时数据，结合自身的传感器数据，进行智能决策和自主作业。

下面是一些具体的协同作业案例。

1）田间作业协同：在农田中，多台农业机器人可以协同完成播种、施肥和除草等作业。例如，播种机器人可以按照预定路线进行精准播种，施肥机器人紧随其后，根据作物的需求进行精准施肥。通过协同作业，可以提高播种和施肥的准确性和均匀性，促进作物的健康生长。

2）温室管理协同：在温室中，农业机器人可以与自动灌溉系统、温控系统等物联网设备进行协同工作。例如，当环境传感器监测到温室内的湿度过低时，灌溉机器人可以自动启动，进行精准灌溉。同时，温控系统可以根据温度传感器的数据，自动调节温室内的温度，确保作物的生长环境始终处于最佳状态。

第五章 农业物联网与农业机器人的发展趋势与挑战

第一节 农业物联网与农业机器人的发展趋势

一、技术创新趋势

（一）农业物联网与农业机器人的技术创新趋势

随着科技的快速发展，农业生产正经历着一场前所未有的变革。农业物联网和农业机器人技术的应用，正在改变传统的农业生产方式，提高农业生产效率和精度。这些技术通过数据的实时采集和分析，以及自动化设备的精准操作，帮助农民更好地管理农田、温室和畜牧场，推动了农业的智能化发展。

农业物联网是指通过传感器、网络和云计算技术，将农田、温室、畜牧场等农业生产场景中的各种数据进行实时采集、传输和处理，实现对农业生产全过程的监控和管理。通过农业物联网技术，农民可以实时了解土壤湿度、气温、光照强度、病虫害情况等信息，从而进行科学决策，优化农业生产过程。

农业机器人则是指应用于农业生产中的自动化设备，包括播种机器人、除草机器人、收割机器人、施肥机器人等。这些机器人通过精准导航、智能决策和自动操作，替代了传统农业中的大量人工劳动，提高了生产效率和作业精度。例如，播种机器人可以根据预设的路线和参数，精准播种每一颗种子；除草机器人则可以通过视觉识别技术，精准识别并清除田间杂草。

在当前的农业发展中，技术创新起着至关重要的作用。通过不断的技术创新，农业物联网和农业机器人技术得到了快速发展和广泛应用。技术创新不仅提高了农业生产的效率和精度，还带来了资源利用的优化和环境保护的效益。例如，通过精准施肥和灌溉技术，可以减少化肥和水资源的浪费，保护土壤和水资源的健康；通过病虫害监测和智能化防治技术，可以减少农药的使用，降低环境污染。

技术创新在推动农业智能化中的重要性主要体现在以下几个方面。

（1）提高生产效率

通过技术创新，农业生产过程中的各种操作可以实现自动化和智能化，大幅度提高了生产效率。例如，传统的播种和施肥操作需要大量人工劳动，而智能农业机器人可以在短时间内完成这些操作，大大节省了时间和人力成本。

（2）提升作业精度

技术创新使得农业生产中的各种操作更加精准。例如，通过农业物联网技术，可以实时监测土壤湿度和作物生长情况，进行精准灌溉和施肥，确保作物在最佳条件下生长，提高了作物产量和质量。

（3）优化资源利用

技术创新使得农业生产中的资源利用更加科学和高效。例如，通过精准施肥和灌溉技术，可以根据作物的实际需求，合理使用化肥和水资源，避免资源浪费和环境污染。

（4）促进可持续发展

技术创新为农业的可持续发展提供了有力支持。例如，通过智能化病虫害防治技术，可以减少农药的使用，保护生态环境；通过精准农业技术，可以提高土壤肥力和水资源利用率，促进农业的可持续发展。

总之，技术创新是推动农业智能化发展的关键力量。通过不断的技术创新，农业物联网和农业机器人技术将更加智能化、高效化，为现代农业的发展提供更加科学和有效的解决方案。

（二）农业物联网与农业机器人的前沿技术

1. 人工智能与机器学习

人工智能（AI）和机器学习（ML）技术在农业中的应用正在快速扩展，推动了农业智能化的深度发展。

（1）作物健康监测

应用：人工智能和机器学习技术可以通过分析传感器数据、遥感图像和气象数据，实时监测作物的健康状况。通过图像识别技术，可以检测作物的叶片颜色、形态变化等，从而识别出病虫害和营养不良等问题。

工作原理：通过机器学习算法训练模型，将大量标注的作物健康数据输入模型进行学习。模型训练完成后，可以对新的作物图像进行分类和识别，判断作物的健康状态。

实现方法：采用卷积神经网络（CNN）等深度学习算法，对作物图像进行特征提取和模式识别。通过构建和训练大规模数据集，提高模型的识别精度和泛化能力。

（2）病虫害预测

应用：人工智能和机器学习技术可以通过分析历史气象数据、作物生长数据和病虫害数据，预测未来病虫害的发生和传播情况，为农民提供预警和防治建议。

工作原理：利用时间序列分析、回归分析等机器学习算法，对历史数据进行建模和预测。结合传感器实时数据，更新预测模型，提高预测的准确性。

实现方法：采用长短期记忆网络（LSTM）、随机森林（Random Forest）等算法，建立病虫害预测模型。通过不断更新数据和模型参数，增强模型的预测能力。

2. 物联网技术

物联网技术在农业中的应用范围广泛，涵盖了从数据采集到数据传输和处理的全过程。

（1）智能传感器

应用：智能传感器用于实时监测土壤湿度、温度、光照强度、二氧化碳浓度等环境参数。通过传感器网络，农民可以随时获取农田环境数据，进行科学决策。

工作原理：传感器将物理参数转换为电信号，通过无线网络将数据传输到中央控制系统。传感器可以独立运行，并具备低功耗和高精度的特点。

实现方法：采用多种传感器技术，如电容式湿度传感器、热电偶温度传感器、光电二极管光照传感器等，构建多传感器融合系统，提高数据的准确性和可靠性。

（2）数据采集与传输

应用：物联网技术可以实现农田数据的实时采集与传输。通过无线传感器网络和云计算平台，农田数据可以快速传输和处理，为农民提供实时的农业信息。

工作原理：传感器采集数据后，通过无线通信模块（如 LoRa、ZigBee、NB-IoT）将数据传输到网关设备，网关再通过互联网将数据上传到云平台。

实现方法：构建物联网数据采集系统，包括传感器节点、无线通信模块、网关设备和云平台。通过数据加密和网络安全技术，确保数据传输的安全性和可靠性。

（3）实际应用案例

智能灌溉系统：通过土壤湿度传感器和气象站实时监测土壤和气象数据，自动调节灌溉量，提高水资源利用效率。例如，某农场采用智能灌溉系统后，水资源利用效率提高了 20%，作物产量提高了 15%。

环境监测系统：在温室中部署多种传感器，实时监测温室内的温湿度、光照强度和二氧化碳浓度，自动调节温控和通风系统，确保作物在最佳环境下生长。例如，某温室通过环境监测系统，实现了温湿度的自动调节，作物生长率提高了 30%。

3. 机器人技术

机器人技术在农业中的应用越来越广泛，从自动化播种到收割，机器人正在改变农业生产的各个环节。

（1）自动化播种

应用：自动化播种机器人可以根据预设的播种路径和深度,精准播种每一颗种子,确保作物的均匀分布和良好生长。

工作原理：播种机器人配备高精度 GPS 导航系统和自动控制系统，根据预设路径进行导航，利用机械臂或播种器进行种子投放。

实现方法：采用高精度 GPS 和 RTK（实时动态差分）技术，确保播种路径的准确性。结合图像识别和传感器技术，实时监测播种情况，自动调整播种深度和速度。

（2）收割机器人

应用：收割机器人可以自动进行作物的收割、分拣和包装，减少了人工劳动，提高了收割效率和质量。

工作原理：收割机器人利用视觉识别技术和机械臂，根据作物的成熟度和位置进行精准收割。通过传感器监测和自动控制系统，确保收割过程的高效和稳定。

实现方法：采用机器视觉技术，实时识别作物的成熟度和位置。结合机械臂和多自由度运动控制系统，实现高精度的作物收割和分拣。通过无线通信和数据处理系统，实现远程监控和自动化管理。

（3）其他应用

除草机器人：通过视觉识别技术，识别田间杂草，并利用机械臂或激光技术进行精准除草，减少了化学除草剂的使用。

施肥机器人：根据土壤传感器数据，自动调整施肥量和施肥路径，确保作物获得均衡的营养，提高施肥效率。

（三）技术集成与系统优化

1. 多技术集成

多种先进技术在农业中的集成应用，推动了农业智能化和现代化的发展。将人工智能（AI）、物联网（IoT）和机器人技术相结合，可以实现更高效、精准和智能的农业管理。

（1）数据采集与分析

通过 IoT 技术，部署在农田和温室中的传感器实时采集环境数据（如温度、湿度、光照强度）和作物生长数据（如叶面积指数、病虫害情况）。这些数据通过无线网络传输到云平台，由 AI 系统进行实时分析和处理。

传感器节点通过 LoRa、ZigBee 等低功耗广域网络（LPWAN）将数据传输到网关设备，网关再通过 4G/5G 网络将数据上传到云平台。AI 系统通过机器学习和深度学习算法，分析和预测作物生长状况和环境变化。

（2）智能决策与控制

AI 系统根据数据分析结果，生成优化的农业管理方案。例如，根据土壤湿度和天气预报数据，AI 系统可以自动生成灌溉计划，指导灌溉机器人进行精准灌溉。通过建立农业知识图谱和专家系统，AI 系统能够理解复杂的农业环境和作物需求。结合强化学习算法，AI 系统可以不断优化决策过程，提高农业管理的智能化水平。

（3）自动化作业与协同控制

机器人技术在农业中的应用，通过与 AI 和 IoT 技术的集成，实现自动化作业和协同控制。例如，多台农业机器人可以协同完成播种、施肥、除草等作业，提高作业效率和精准度。机器人配备高精度 GPS 和 RTK 技术，实现精准导航和定位。通过无线通信技术（如 Wi-Fi、ZigBee），机器人可以相互通信和协同工作。AI 系统通过云平台实时监控和调度机器人，提高作业的协同效率。

2. 系统优化

系统优化是提高农业生产效率和管理水平的重要手段。通过智能算法优化和系统仿真等技术方法，可以实现农业系统的整体优化，提升生产效率和资源利用率。

（1）智能算法优化

智能算法优化通过应用各种优化算法，提升农业生产系统的效率和效果。常用的优化算法包括遗传算法、粒子群优化算法、蚁群优化算法等。

遗传算法：通过模拟自然选择和遗传变异过程，优化农业生产参数（如播种深度、施肥量、灌溉量）。遗传算法通过选择、交叉和变异操作，不断优化解空间，找到最优参数组合。

粒子群优化算法：通过模拟鸟群觅食行为，优化农业生产路径和资源分配。粒子群优化算法通过更新粒子位置和速度，找到最优路径和资源分配方案。

蚁群优化算法：通过模拟蚂蚁觅食路径，优化农业作业路径和任务调度。蚁群优化算法通过信息素的积累和挥发，找到最优作业路径和任务调度方案。

（2）系统仿真

系统仿真通过构建虚拟的农业生产环境和作业过程，模拟和评估不同方案的效果，为农业管理提供科学依据。

仿真模型构建：通过建立农田、温室和作物生长的数学模型，模拟真实的农业生产环境。仿真模型包括环境参数（如温度、湿度）、作物生长参数（如生长速度、产量）、资源利用参数（如水资源、肥料）。

仿真软件应用：通过使用仿真软件（如 MATLAB、AnyLogic），对不同管理方案进行模拟和评估。仿真软件可以提供详细的模拟结果和分析报告，帮助农民选择最优的管理方案。

虚拟现实技术：通过虚拟现实（VR）技术，构建虚拟的农业生产场景，进行仿真和培训。农民可以在虚拟环境中进行操作和学习，提高管理技能和决策能力。

（3）系统优化在提高农业生产效率中的具体应用案例

1）智能灌溉优化：某农场应用智能灌溉系统，通过遗传算法优化灌溉参数，提高了水资源利用效率。系统实时采集土壤湿度和气象数据，通过遗传算法计算最优灌溉量和灌溉时间，指导灌溉系统进行精准灌溉。智能灌溉系统显著提高了水资源利用效率和作物产量。农场的水资源利用效率提高了 25%，作物产量提高了 15%。

2）机器人路径优化：某农场应用蚁群优化算法，对农业机器人的作业路径进行优化，提高了作业效率和资源利用率。系统通过蚁群优化算法计算最优作业路径，指导机器人进行播种、施肥和除草作业。机器人路径优化系统显著提高了作业效率和资源利用率。农场的作业时间缩短了 30%，燃料消耗降低了 20%。

（四）创新驱动的研究方向

1. 新型传感器与数据处理

在农业物联网和机器人技术的持续发展中，新型传感器和数据处理技术不断涌现，为实现更高效、更精准的农业管理提供了技术支持。

（1）新型传感器的发展趋势

1）高精度传感器：高精度传感器的发展趋势是通过提高测量精度和可靠性，满足精准农业的需求。这些传感器可以提供更加准确和细致的环境和作物数据，为农业管理提供科学依据。采用先进的材料和制造工艺，如 MEMS（微机电系统）技术，制造高精度传感器。同时，通过多传感器融合技术，综合利用不同类型传感器的数据，提高测量的整体精度和可靠性。

2）低成本传感器：低成本传感器的发展趋势是通过降低制造成本和使用成本，使先进的传感器技术更广泛地应用于农业领域。这些传感器可以帮助农民减少生产成本，提高农业生产的经济效益。

3）技术实现：采用大规模集成电路技术和 3D 打印技术，降低传感器的制造成本。同时，通过优化传感器设计和批量生产，进一步降低使用成本。

（2）新型数据处理技术

1）实时数据处理：实时数据处理技术的发展趋势是通过高效的数据处理和分析算法，实现农田数据的实时监控和决策。实时数据处理可以帮助农民快速响应环境变化和作物需求，提升农业管理的及时性和精准度。采用流数据处理框架（如 Apache Kafka、Apache Flink），实现大规模数据的实时处理和分析。结合机器学习和深度学习算法，快速提取数据中的关键信息，生成优化的农业管理方案。

2）边缘计算：边缘计算的发展趋势是通过将数据处理和分析从云端转移到靠近数据源的边缘节点，提高数据处理的速度和效率。边缘计算可以减少数据传输的延迟和带宽需求，提升农业物联网系统的响应速度和可靠性。在传感器节点和网关设备上部署边缘计算模块，利用本地计算资源进行数据处理和分析。采用容器化技术（如 Docker），提高边缘计算的部署和管理效率。结合人工智能算法，实现边缘智能，提升数据处理的自主性和智能化水平。

3. 自主决策与智能控制

农业机器人在自主决策和智能控制方面的发展趋势，将推动农业生产的进一步自动化和智能化。

（1）农业机器人自主决策的发展趋势

农业机器人自主决策的发展趋势是通过集成先进的人工智能算法，实现机器人在复杂农业环境中的自主感知、理解和决策。这些机器人可以自主完成播种、施肥、除草、收割等作业，提高农业生产的效率和精准度。

采用深度学习、强化学习等人工智能算法，训练机器人识别作物、土壤和环境特征，进行自主决策。结合传感器数据和先验知识，构建机器人知识图谱和决策树，指导机器人进行智能作业。

（2）农业机器人智能控制的发展趋势

农业机器人智能控制的发展趋势是通过集成高精度传感器和先进的控制算法，实现机器人在动态农业环境中的精准控制。这些机器人可以根据实时数据调整作业参数，确保作业的高效和稳定。

采用 PID 控制、模糊控制、自适应控制等先进控制算法，实现机器人的精准控制。结合多传感器融合技术，实时监测机器人位置、姿态和作业状态，调整控制参数，确保作业的稳定性和精准度。

（五）未来展望

1. 技术发展预测

随着科学技术的快速进步，未来 5～10 年内，农业物联网和机器人技术将迎来更加深远的发展和广泛应用。这些技术的发展将对农业生产方式、管理模式和产业结构产生重大影响，推动农业智能化进程迈上新台阶。

（1）农业物联网技术的发展趋势

1）更广泛的传感器应用：未来，传感器技术将更加成熟和普及，高精度、低成本、低功耗的传感器将广泛应用于农业领域。这些传感器可以实时监测土壤、水分、气象、作物生长等参数，为农业管理提供科学依据。通过更广泛的传感器应用，农业物联网系统可以实现更全面、更精准的数据采集和监测，提高农业生产的精度和效率。

2）边缘计算与云计算的结合：随着边缘计算和云计算技术的不断发展，农业物联网系统将实现边缘计算与云计算的无缝结合。在数据处理和分析过程中，边缘计算可以实现实时数据处理和响应，云计算可以提供强大的计算能力和存储资源。边缘计算与云计算的结合，将大幅提升农业物联网系统的数据处理效率和智能化水平，为精准农业和智能农业提供技术支持。

3）人工智能在农业物联网中的深度应用：未来，人工智能技术将在农业物联网系统中得到更加广泛和深入的应用。通过机器学习和深度学习算法，农业物联网系统可以实现数据的智能分析和预测，提供优化的农业管理方案。人工智能技术的深度应用，将显著提升农业物联网系统的智能化水平和决策能力，推动农业生产的智能化和高效化发展。

（2）农业机器人技术的发展趋势

1）更高的自主性和智能化水平：未来，农业机器人技术将实现更高的自主性和智能化水平。通过集成先进的传感器、人工智能算法和控制系统，农业机器人可以在复杂的农业环境中自主完成各种作业任务。自主性和智能化水平的提升，将使农业机器人更加适应不同作业场景和需求，提高作业效率和精准度，降低劳动强度和生产成本。

2）多机器人协同作业：未来，多机器人协同作业技术将得到广泛应用。通过无线通信和协同控制算法，多台农业机器人可以协同完成播种、施肥、除草、收割等作业，提高作业的协同性和效率。多机器人协同作业技术的应用，将显著提升农业生产的效率和效果，实现大规模、全自动化的农业生产模式。

3）机器人与物联网的深度融合：未来，农业机器人与物联网技术将实现深度融合。通过与农业物联网系统的实时数据交互和智能控制，农业机器人可以更加精准地执行各种作业任务，提高作业的智能化和精度。机器人与物联网的深度融合，将为农业生产提供全方位、智能化的解决方案，推动农业生产方式的革命性变化。

（3）强调技术创新的重要性

在推动农业智能化进程中，技术创新起着关键作用。通过不断探索和应用新技术，农业生产可以实现效率和效益的双提升。

1）技术创新推动农业智能化：技术创新是推动农业智能化发展的重要动力。通过不断研发和应用新技术，农业生产可以实现自动化、智能化和精准化，提升生产效率和资源利用率。如智能温室管理系统的应用，通过传感器、边缘计算和人工智能技术，实现温室环境的智能监控和调控，大幅提升作物生长速度和产量。再如多机器人协同作业，通过无线通信和智能控制技术，实现机器人在田间的自主作业和协同作业，提高作业效率和效果。

2）技术创新带来的社会效益：技术创新不仅推动了农业生产方式的变革，还带来了显著的社会效益。通过提高农业生产效率和资源利用率，技术创新可以有效缓解粮食安全问题，促进农业可持续发展。如精准农业技术的应用，通过高精度传感器和数据分析算法，实现精准播种、精准施肥和精准灌溉，提高农作物产量和质量，减少资源浪费和环境污染。

二、应用领域拓展

（一）应用领域拓展概述

1. 概述

当前，农业物联网和机器人技术在全球范围内的农业生产中得到了广泛应用，并在多个领域展现出显著的成效。这些技术通过精准监测和智能控制，提高了农业生产效率、资源利用率和作物产量，为农业现代化提供了强有力的技术支撑。

（1）农业物联网的发展现状

精准农业：在精准农业领域，物联网技术通过部署各种传感器和智能设备，实时监测土壤湿度、温度、光照、气象等环境参数，实现对作物生长状态的精准管理。通过数据分析和智能决策，农民可以科学调整灌溉、施肥和病虫害防治措施，提高作物产量和质量，降低资源浪费和环境污染。

智能温室：在智能温室领域，物联网技术通过传感器和自动化控制系统，实现对温室内环境的智能监控和调控。通过对温度、湿度、光照、二氧化碳浓度等参数的精准控制，确保作物在最优环境下生长，显著提升作物产量和品质。

牲畜管理：在牲畜管理领域，物联网技术通过安装在牲畜身上的智能设备，实时监测牲畜的健康状态和行为模式。通过数据分析，农民可以及时发现和处理健康问题，提高牲畜养殖的效率和效益。

（2）农业机器人技术的发展现状

自动化播种：农业机器人在自动化播种方面得到了广泛应用。通过精密控制和导航系统，机器人可以精准地将种子播种在指定位置，提高播种的均匀性和效率，减少种子的浪费。

自动化收割：在自动化收割方面，农业机器人通过集成传感器和机械臂，能够高效、精准地收割各种作物，减少人工劳动强度，提高收割效率和作物质量。

植保机器人：植保机器人在病虫害防治方面发挥了重要作用。通过视觉识别和喷洒系统，植保机器人能够精准识别和处理病虫害问题，减少农药使用量，降低环境污染。

2. 应用领域拓展的重要性

（1）推动农业智能化

描述：应用领域的拓展是推动农业智能化的重要途径。通过在更多领域应用物联网和机器人技术，可以实现农业生产的全方位、全过程智能化管理，提升农业生产的整体效率和效益。

案例分析：如在果园管理中应用无人机和智能传感器，实现对果树生长状态和病虫害的实时监测和智能防治，提高果园管理的精度和效率。

（2）提高资源利用率

描述：应用领域的拓展可以显著提高资源利用率。通过在更多领域应用精准监测和智能控制技术，可以科学管理土地、水资源、肥料和农药，减少资源浪费和环境污染。

案例分析：如在灌溉管理中应用智能传感器和自动化控制系统，根据土壤湿度和气象条件精准控制灌溉量，减少水资源浪费，提升灌溉效率。

（3）增强农业抗风险能力

描述：应用领域的拓展可以增强农业生产的抗风险能力。通过在更多领域应用智能监测和预警系统，可以及时发现和应对自然灾害、病虫害等风险因素，保障农业生产的稳定和安全。

案例分析：如在大田种植中应用气象监测和智能预警系统，提前预警极端天气和病虫害，指导农民采取相应防范措施，减少损失。

（二）新兴应用领域

1. 智慧养殖

智慧养殖是物联网和机器人技术在畜牧业中的创新应用。通过智能设备和自动化系统，实现对养殖环境和动物状态的实时监控和智能管理，从而提高养殖效率、优化资源利用、保障动物健康。智慧养殖技术涵盖了智能饲喂系统、环境监控系统、健康监测系统等多个方面，提供了全面的智能化解决方案。

（1）智能饲喂系统

智能饲喂系统通过传感器和自动化设备，实时监控动物的进食情况和身体状态，根据动物的需求精准调配饲料。系统能够自动记录饲料消耗量和动物生长数据，为科学饲养提供依据。智能饲喂系统通常包括自动饲料投放装置、饲料消耗监测设备和数据分析平台，能够根据不同动物的生长阶段和健康状况，提供个性化的饲喂方案。

智能饲喂系统可以大幅提高饲料利用率，减少浪费，确保动物营养均衡。例如，一家养猪场通过使用智能饲喂系统，显著降低了饲料成本，提高了猪肉产量和质量。具体而言，通过智能饲喂系统，该养猪场将饲料利用率提高了 15%，同时减少了 10% 的饲料浪费，猪的生长速度和健康状况也得到了显著改善。

（2）环境监控系统

环境监控系统通过安装在养殖场的各种传感器，实时监测温度、湿度、空气质量等环境参数。系统根据监测数据自动调节通风、加热、湿度控制等设备，保持适宜的养殖环境。环境监控系统还可以结合视频监控技术，实时观察养殖场的整体情况，及时发现并解决潜在问题。

环境监控系统可以有效提高动物的健康水平，减少疾病发生率。例如，一家奶牛养殖场通过环境监控系统，保持了稳定的温度和湿度，显著提高了奶牛的产奶量和质量。具体案例显示，该养殖场通过环境监控系统将奶牛的产奶量提高了 20%，并且由于环境的优化，奶牛的疾病发生率下降了 30%。

（3）健康监测系统

健康监测系统通过智能设备和传感器，实时监控动物的生理参数和行为模式。系统可以检测到动物的体温、心率、呼吸频率等指标，及时发现异常情况，并通过数据分析提供健康管理建议。健康监测系统还可以结合人工智能技术，进行疾病预测和预防。

健康监测系统可以显著提高养殖的管理水平，减少动物疾病的发生。例如，一家鸡场通过健康监测系统，实时监测鸡的健康状态，及时发现并处理健康问题，提高了鸡肉的品质和产量。具体案例显示，该鸡场通过健康监测系统将鸡的疾病发生率降低了40%，并且鸡肉的品质得到了显著提升。

2. 精准农业

精准农业是通过物联网和机器人技术，精准管理农业生产的各个环节，以实现高效、可持续的农业生产模式。精准农业涵盖了精准施肥、精准灌溉、病虫害防治等多个方面，提供了全方位的智能化解决方案。

（1）精准施肥

精准施肥系统通过土壤传感器和无人机等设备，实时监测土壤养分含量和作物生长状态，根据监测数据精准调整施肥量。系统可以根据不同作物的需求，提供个性化的施肥方案。精准施肥系统通常包括土壤传感器、无人机、数据分析平台和自动化施肥设备，能够实现施肥的精确控制和科学管理。

精准施肥系统可以大幅提高肥料利用率，减少肥料使用量，降低环境污染。例如，一片玉米田通过精准施肥系统，实现了肥料的精准投放，提高了玉米产量和品质，同时减少了化肥用量。具体案例显示，通过精准施肥系统，该玉米田的化肥使用量减少了20%，玉米产量提高了15%，并且玉米的品质得到了显著提升。

（2）精准灌溉

精准灌溉系统通过土壤湿度传感器和自动化灌溉设备，实时监测土壤水分状况，根据监测数据精准控制灌溉量。系统可以根据不同作物的需水量，提供最优化的灌溉方案。精准灌溉系统通常包括土壤湿度传感器、自动化灌溉设备和数据分析平台，能够实现灌溉的精确控制和科学管理。

应用效果：精准灌溉系统可以显著提高水资源利用率，减少水资源浪费。例如，一个果园通过精准灌溉系统，实现了对果树的精准灌溉，提高了果实产量和品质，同时减少了灌溉用水。具体案例显示，通过精准灌溉系统，该果园的灌溉用水减少了25%，果实产量提高了18%，并且果实的品质得到了显著提升。

（3）病虫害防治

病虫害防治系统通过传感器和无人机等设备，实时监测作物的健康状态和病虫害发生情况，根据监测数据精准实施防治措施。系统可以结合人工智能技术，进行病虫害预测和预防，减少农药使用量。病虫害防治系统通常包括作物健康监测传感器、无人机、数据分析平台和自动化防治设备，能够实现病虫害防治的精确控制和科学管理。

病虫害防治系统可以显著提高病虫害防治的效果，减少农药使用量，降低环境污染。例如，一片水稻田通过病虫害防治系统，实现了病虫害的精准防治，提高了水稻产量和品质，同时减少了农药用量。具体案例显示，通过病虫害防治系统，该水稻田的农药使用量减少了 30%，水稻产量提高了 20%，并且水稻的品质得到了显著提升。

3. 农业物流

农业物流是物联网和机器人技术在农业供应链中的创新应用，通过自动化设备和智能系统，实现农业产品从生产到市场的高效流通。农业物流涵盖了自动化仓储、物流机器人、冷链物流等多个方面，提供了全方位的智能化解决方案。

（1）自动化仓储

自动化仓储系统通过机器人和智能控制系统，实现农业产品的自动化分拣、包装和存储。系统可以根据订单需求，自动调度和分配仓储资源，提高仓储管理的效率和精度。自动化仓储系统通常包括自动化分拣设备、智能仓储管理系统和机器人搬运设备，能够实现仓储管理的智能化和自动化。

自动化仓储系统可以大幅提高仓储效率，减少人工成本，提高产品的出库速度和准确性。例如，一家农产品加工企业通过自动化仓储系统，实现了产品的自动化管理，显著提高了仓储效率和准确性。具体案例显示，通过自动化仓储系统，该企业的仓储效率提高了 30%，人工成本降低了 20%，并且产品的出库速度和准确性得到了显著提升。

（2）物流机器人

物流机器人通过自动导航和智能调度系统，实现农业产品在仓库和配送中心的自动搬运和分拣。机器人可以根据订单需求，自动选择最优路径和搬运方案，提高物流效率。物流机器人通常包括自动导航系统、智能调度系统和机器人搬运设备，能够实现物流搬运的智能化和自动化。

物流机器人可以显著提高物流效率，减少人力成本，提高配送速度和准确性。例如，一家生鲜配送企业通过物流机器人，实现了生鲜产品的自动化分拣和配送，提高了配送效率和客户满意度。具体案例显示，通过物流机器人，该企业的物流效率提高了 25%，人力成本降低了 15%，并且配送速度和准确性得到了显著提升。

（3）冷链物流

冷链物流系统通过物联网技术和自动化设备，实现农业产品在低温环境下的全程监控和管理。系统可以实时监测冷链物流的温度、湿度等参数，确保产品在运输和储存过程中的质量和安全。

（三）区域拓展

1. 发展中国家的应用

物联网和机器人技术在农业领域的应用，正逐步渗透到发展中国家。这些技术为发展中国家提供了提高农业生产效率、优化资源利用、提升农业经济效益的全新手段。然而，由于发展中国家的基础设施、技术水平和经济状况的限制，这些技术的应用也面临诸多挑战。

（1）应用现状

在发展中国家，物联网和机器人技术的应用主要集中在提升生产效率、改善作物管理和优化资源利用等方面。许多发展中国家的农业依赖于小规模农场和传统农业方法，这些技术的引入为农民提供了现代化的农业解决方案。例如，通过物联网传感器和智能灌溉系统，农民可以实时监测土壤湿度和作物生长情况，精准控制灌溉和施肥，提高作物产量。

在印度，智能灌溉系统的推广使得农民可以根据土壤湿度和天气预报，精准调控灌溉用水，显著提高了水资源利用效率。一项研究显示，使用智能灌溉系统的农场水资源利用效率提高了 30%，作物产量提高了 20%。

（2）应用潜力

物联网和机器人技术在发展中国家具有巨大的应用潜力，尤其是在提高农业生产效率和减少资源浪费方面。通过推广这些技术，发展中国家可以有效应对农业生产中的各种挑战，如气候变化、资源短缺和劳动力不足。例如，自动化播种和收割机器人可以减少对人力的依赖，提高农业生产的自动化水平。

在肯尼亚，自动化播种机器人已经开始在部分农场应用，这些机器人能够精准播种，提高种植效率，减少种子浪费。一项研究显示，使用自动化播种机器人的农场播种效率提高了 25%，种子浪费减少了 15%。

（3）挑战

尽管物联网和机器人技术在发展中国家具有巨大的应用潜力，但其推广和应用仍面临诸多挑战。首先是基础设施的不足，许多发展中国家的农村地区缺乏必要的电力和网络设施。其次是技术水平和教育水平的限制，农民对于新技术的接受度和使用能力较低。此外，经济条件的限制也使得许多农民难以负担这些技术的初期投资成本。

在孟加拉国，尽管智能农业技术已经显示出显著的优势，但由于基础设施和经济条件的限制，其应用范围仍然有限。许多农民无法负担智能灌溉系统和自动化设备的高昂成本，同时缺乏相关的技术培训和支持。

2. 发达国家的创新应用

发达国家在农业物联网和机器人技术的应用方面走在了前列，通过不断的创新和实践，这些国家在提高农业生产效率、优化资源利用和改善农业管理方面取得了显著成效。发达国家的经验为其他国家提供了宝贵的参考和借鉴。

（1）创新应用现状

发达国家在农业物联网和机器人技术的应用方面，已经形成了完善的技术体系和应用模式。这些技术广泛应用于农作物生产、畜牧业管理、农产品加工和物流等各个环节。例如，通过无人机和传感器网络，农民可以实时监测农田的情况，及时采取相应的管理措施，提高农作物的产量和质量。

在美国，智能农田管理系统已经成为许多大规模农场的标配。通过无人机和地面传感器，农民可以实时监测土壤湿度、病虫害情况和作物生长状态，根据监测数据进行精准施肥、灌溉和病虫害防治。一项研究显示，使用智能农田管理系统的农场作物产量提高了 20%，农药和化肥使用量减少了 15%。

（2）具体案例

发达国家在农业物联网和机器人技术方面的创新应用，涵盖了从生产到销售的整个农业产业链。通过自动化设备和智能系统，发达国家的农业生产更加高效、精细和可持续。例如，自动化温室管理系统可以通过传感器和智能控制设备，实时调节温室内的温度、湿度和光照条件，确保作物在最优环境下生长。

在荷兰，温室农业已经实现了高度的自动化和智能化。通过物联网传感器和智能控制系统，温室内的环境参数可以实现实时监测和自动调节，提高作物生长速度和产量。一项研究显示，使用自动化温室管理系统的温室作物产量提高了 30%，能源消耗减少了 20%。

（3）经验分享

发达国家在农业物联网和机器人技术应用方面的成功经验，为其他国家提供了宝贵的借鉴。首先，完善的基础设施是技术推广的基础，发达国家在电力、网络和通信方面的优势，为智能农业技术的应用提供了良好的条件。其次，政策支持和资金投入也是技术推广的重要保障，发达国家通过政府补贴和科研资金，推动了农业物联网和机器人技术的快速发展。

在日本，政府通过一系列政策支持和资金投入，推动了智能农业技术的发展。政府提供的补贴和贷款帮助农民负担智能设备的初期投资成本，同时开展了大量的技术培训和推广活动，提高了农民对新技术的接受度和使用能力。这些措施显著加快了智能农业技术在日本的普及和应用。

（四）市场需求与应用前景

1. 市场需求分析

农业物联网和机器人技术正在迅速改变农业生产方式，其在全球市场上的需求日益增加。不同类型的农场和农业组织对这些技术的需求各不相同，因此有必要对其市场需求进行详细分析。

（1）小型农场的需求

小型农场通常面临资源有限、劳动力短缺和生产效率低等问题。物联网技术可以帮助小型农场实现精细化管理，提高资源利用效率。例如，智能传感器可以监测土壤湿度、温度和作物生长状态，帮助农民精准施肥和灌溉，减少资源浪费。

在中国农村地区，许多小型农场开始采用智能灌溉系统，这些系统通过传感器实时监测土壤湿度，自动调节灌溉用水。一项研究显示，使用智能灌溉系统的小型农场水资源利用效率提高了 35%，作物产量提高了 15%。

（2）大型农场的需求

大型农场通常具有较强的经济实力和技术基础，能够承担高成本的智能农业设备和技术投资。这些农场通过采用农业机器人和自动化系统，实现大规模生产的高效管理。例如，自动化播种机器人和收割机器人可以显著提高播种和收割效率，减少劳动力需求。

在美国，一些大型农场采用了自动化播种和收割机器人，这些机器人通过精确定位和高效操作，显著提高了生产效率。一项研究显示，使用自动化播种和收割机器人的大型农场作物产量提高了 25%，劳动力成本减少了 20%。

（3）合作社的需求

农业合作社作为农民合作组织，能够通过集体力量购买和使用高成本的智能农业设备和技术。合作社通过集中管理和集体作业，实现资源的最优化配置和生产效率的提高。例如，合作社可以集中购买无人机和传感器网络，用于统一管理和监测农田。

在巴西，一些农业合作社通过购买无人机和传感器网络，实现了对大面积农田的统一管理和监测。这些技术帮助合作社及时发现农田问题，采取相应措施，提高了作物产量和质量。一项研究显示，使用无人机和传感器网络的合作社作物产量提高了 30%，管理成本减少了 15%。

（4）市场需求数据

根据市场研究数据，全球农业物联网和机器人技术市场需求呈现快速增长趋势。研究显示，预计到 2025 年，全球农业物联网市场规模将达到 200 亿美元，农业机器人市场规模将达到 150 亿美元。这一增长主要得益于技术的不断进步和应用范围的扩大。

根据某研究机构的数据，全球农业物联网市场的年均增长率（CAGR）为 15%，农业机器人市场的年均增长率为 12%。这些数据表明，农业物联网和机器人技术在未来几年内将继续保持强劲的市场需求和增长潜力。

2. 应用前景展望

农业物联网和机器人技术的应用前景十分广阔，这些技术不仅能够提高农业生产效率，还能推动农业的智能化和可持续发展。以下是对不同应用领域的发展前景展望。

（1）智能农田管理

智能农田管理通过物联网传感器、无人机和自动化系统，实现对农田的精细化管理。未来，随着技术的不断进步，智能农田管理系统将更加智能化和自动化，能够实时监测和分析农田数据，提供精准的管理建议和决策支持。

预计未来 5～10 年，智能农田管理系统将在全球范围内广泛应用，尤其是在大型农场和农业合作社中。这些系统将显著提高农田管理的效率和精度，推动农业生产向智能化和精准化方向发展。

（2）智能温室管理

智能温室管理系统通过物联网传感器和智能控制设备，实现对温室环境的实时监测和自动调节。未来，智能温室管理系统将进一步发展，集成更多的先进技术，如人工智能和机器学习，实现对温室作物生长的全面智能化管理。

预计未来5～10年，智能温室管理系统将在温室农业中得到广泛应用，尤其是在高附加值作物的种植中。这些系统将显著提高温室作物的产量和质量，推动温室农业向高效、智能和可持续方向发展。

（3）智能畜牧业管理

智能畜牧业管理系统通过物联网传感器和自动化设备，实现对畜牧场环境和牲畜健康的实时监测和管理。未来，随着技术的不断进步，智能畜牧业管理系统将更加智能化和精细化，能够提供更精准的管理和养殖方案。

预计未来5～10年，智能畜牧业管理系统将在畜牧业中广泛应用，尤其是在大规模养殖场中。这些系统将显著提高养殖效率和牲畜健康水平，推动畜牧业向智能化和可持续方向发展。

（4）智能农业物流

智能农业物流系统通过物联网技术和自动化设备，实现对农产品加工、仓储和运输的全流程智能化管理。未来，智能农业物流系统将进一步发展，集成更多的先进技术，如区块链和大数据分析，实现对农产品物流的全面智能化管理。

预计未来5～10年，智能农业物流系统将在农产品物流中广泛应用，尤其是在农产品出口和跨境物流中。这些系统将显著提高农产品物流的效率和透明度，推动农业物流向高效、智能和可持续方向发展。

（五）未来展望

随着农业物联网和机器人技术的快速发展，未来5～10年内这些技术将在多个应用领域实现显著的拓展和深入应用。以下是对未来应用领域拓展趋势的展望：

（1）智能农田管理的深入应用

在未来几年内，智能农田管理系统将进一步普及，尤其是在大规模农业生产中。这些系统将集成更多的先进技术，如高精度传感器、无人机、自动化机械和人工智能算法，实现对农田环境、土壤状况和作物生长的全面监测和管理。

智能农田管理系统的广泛应用将显著提高农田管理的精确度和效率，减少资源浪费，提高作物产量和质量，推动农业生产向高效、智能和可持续方向发展。

（2）智能温室管理的扩展应用

未来5～10年，智能温室管理系统将在高附加值作物的种植中得到更广泛的应用。这些系统将利用物联网传感器、智能控制设备和机器学习算法，实现对温室环境的实时监测和自动调节，提供最佳的作物生长条件。

智能温室管理系统的应用将显著提高温室作物的产量和质量，减少能源消耗和环境污染，推动温室农业向高效、环保和智能化方向发展。

（3）智慧养殖的深入发展

在未来几年内，智慧养殖系统将进一步发展，特别是在大规模养殖场中。这些系统将利用物联网传感器和自动化设备，实现对养殖环境、饲料管理和牲畜健康的实时监测和智能化管理。

智慧养殖系统的广泛应用将显著提高养殖效率和牲畜健康水平，减少疾病传播和资源浪费，推动畜牧业向高效、环保和智能化方向发展。

（4）农业物流的智能化转型

未来5~10年，智能农业物流系统将在农产品加工、仓储和运输中得到更广泛的应用。这些系统将利用物联网技术、自动化设备和区块链技术，实现对农产品物流的全流程智能化管理，确保农产品的质量和安全。

智能农业物流系统的应用将显著提高农产品物流的效率和透明度，减少物流成本和损耗，推动农业物流向高效、智能和可持续方向发展。

（5）精准农业的广泛应用

未来几年，精准农业技术将在全球范围内得到更广泛的应用，特别是在中小型农场和农业合作社中。这些技术将利用物联网传感器、无人机和自动化设备，实现对作物生长的精准监测和管理，提供个性化的农艺指导和优化方案。

精准农业技术的广泛应用将显著提高农业生产的精确度和效率，减少资源浪费和环境污染，推动农业生产向高效、智能和可持续方向发展。

三、产业链协同发展

（一）产业链协同发展概述

当前，农业物联网和机器人技术在全球范围内取得了显著的发展，并迅速应用于农业生产的各个环节。这些技术通过集成传感器、数据采集与分析、自动化设备等，显著提高了农业生产的效率和精准度，为农业现代化带来了前所未有的变革。

（1）农业物联网产业链的发展现状

农业物联网技术的核心在于通过各种传感器和数据采集设备，实时监测农田、温室、畜牧场等农业生产环境的数据，并通过无线通信技术将数据传输到中央系统进行分析和处理。当前，农业物联网产业链已经形成了从传感器制造、数据采集与传输、数据处理与分析到智能决策支持的完整链条。

在中国的一些智慧农业示范区，物联网技术已被广泛应用于土壤湿度监测、气象条件监控、病虫害预警等方面，实现了对农田环境的实时监测和精准管理。

（2）农业机器人产业链的发展现状

农业机器人技术的核心在于通过自动化机械设备的应用，实现农业生产的自动化和智能化。农业机器人产业链涵盖了从机器人设计与制造、传感器集成、控制系统开发到应用场景的具体实施。目前，农业机器人已经在播种、施肥、收割、除草等多个环节得到了应用。

在欧洲的一些大型农场，自动化收割机器人已经被广泛应用。这些机器人通过高精度的传感器和智能控制系统，实现了对作物的精准收割，显著提高了生产效率。

（3）产业链协同发展的重要性

农业物联网和机器人技术的发展，不仅需要单一技术的突破，还需要产业链上下游的紧密协同。只有通过传感器制造商、数据服务提供商、机器人制造商和农民等各方的合作，才能实现技术的综合应用和效益的最大化。

产业链的协同发展能够促进资源的优化配置和技术的快速推广。例如，传感器和机器人技术的集成应用，可以实现对农田环境的全面监测和作业的自动化，提高生产效率和资源利用率，推动农业向智能化方向发展。

（二）产业链构成与现状

1. 主要环节

农业物联网和机器人产业链可以分为几个关键环节，包括研发、生产、销售和服务。每个环节在整个产业链中扮演着重要的角色，共同推动着农业智能化的发展。

（1）研发环节

研发是产业链的起点，主要涉及传感器、数据采集与处理、机器人硬件和软件系统的研究与开发。高效的研发环节是确保技术创新和持续进步的基础。

目前，全球各地的高校、科研机构和科技公司都在积极投入农业物联网和机器人技术的研发。研究内容涵盖从基础科学到应用技术，如开发高精度的土壤湿度传感器、研究作物健康监测的算法、设计更智能的农业机器人等。

未来的研发将更加注重跨学科合作和技术集成，尤其是在人工智能、大数据和边缘计算等新兴技术的应用上，以进一步提升农业物联网和机器人的智能化水平。

（2）生产环节

生产环节主要包括传感器、通信设备、机器人硬件等的制造。高质量的生产过程是确保技术应用效果的关键。

目前，农业物联网和机器人设备的生产已经形成一定规模。以中国和美国为例，两国的科技公司和制造企业在这一领域占据了重要位置，能够提供从基础硬件到整套系统的生产服务。

未来，随着技术的不断进步，生产环节将更加自动化和智能化，生产效率和产品质量将进一步提升。此外，绿色制造和可持续发展也将成为生产环节的重要方向。

（3）销售环节

销售环节主要涉及产品和服务的市场推广和销售。有效的销售策略是技术广泛应用的保障。

目前，农业物联网和机器人产品的市场推广主要依靠展会、技术交流会和政府支持等方式。在一些发达国家，农业企业和合作社已经成为主要的购买群体，而在发展中国家，市场推广还面临一定的挑战。

未来，随着技术的成熟和市场需求的增长，销售环节将更加注重市场细分和精准营销。同时，电子商务和数字化销售平台的应用将进一步提升产品的市场覆盖率。

（4）服务环节

服务环节主要包括技术支持、维修维护和数据服务等。完善的服务体系是技术长期稳定运行的保障。

目前，许多科技公司和农业企业已经建立了完善的售后服务体系，包括提供技术培训、设备维修和数据分析服务等。这些服务在提高客户满意度和技术应用效果方面起到了重要作用。

未来，服务环节将更加注重智能化和个性化。例如，利用人工智能技术提供智能诊断和远程维护服务，以及根据不同农场的需求提供定制化的数据分析和决策支持服务。

3. 主要参与者

在农业物联网和机器人产业链中，有许多关键参与者共同推动着产业的发展，包括科技公司、农业企业和政府机构等。

（1）科技公司

科技公司是农业物联网和机器人技术的主要研发者和生产者。它们通过持续的技术创新和产品开发，为产业链提供了核心技术和设备。

例如，John Deere 和 Trimble 等公司在农业机械和智能设备领域处于领先地位，提供从智能拖拉机到精准农业解决方案的全套服务。中国的华为和大疆也在物联网设备和无人机技术方面做出了突出贡献。

（2）农业企业

农业企业是农业物联网和机器人技术的主要应用者和推动者。它们通过购买和应用这些技术，提升了农业生产的效率和精准度。

例如，美国的 Monsanto 和 Cargill 等大型农业企业，通过引入先进的农业物联网和机器人技术，实现了从种植到收割的全程智能化管理，提高了生产效率和收益。

（3）政府机构

政府机构在农业物联网和机器人技术的推广和应用中扮演着重要的支持和监管角色。它们通过政策引导、资金支持和监管措施，促进了产业的健康发展。

例如，中国政府通过实施"互联网+农业"战略，推动农业物联网和机器人技术的普及和应用。美国政府则通过农业部（USDA）和各州农业部门的支持，促进了农业科技的研发和应用。

（4）科研机构和高校

科研机构和高校是农业物联网和机器人技术的重要研发力量。它们通过基础研究和技术开发，为产业链提供了理论支持和技术储备。

例如，美国的加州大学戴维斯分校和荷兰的瓦赫宁根大学，在农业物联网和机器人技术研究方面处于世界领先地位，培养了大量专业人才，推动了技术进步。

（三）协同发展模式

1. 协同创新

在农业物联网和机器人产业链中，各环节的协同创新是推动技术进步和应用落地的重要方式。协同创新模式包括产学研合作和企业联合研发，通过多方合作，共同促进产业链的整体发展。

（1）产学研合作

产学研合作是指企业、高校和科研机构之间通过合作研究、技术转移和人才培养等方式，共同推动技术创新和产业发展。这种合作模式能够将学术研究的前沿成果转化为实际应用，提高技术的实用性和市场竞争力。

以中国农业大学和京东集团的合作为例，双方共同研发了基于物联网和机器人技术的智慧农业解决方案。通过校企合作，京东集团不仅获得了先进的技术支持，还通过农业大学的研究平台和专家团队，提升了自身的研发能力和创新水平。这一合作模式显著提高了农业生产的效率和智能化水平，获得了良好的市场反馈。

产学研合作不仅能提高技术研发的效率和质量，还能促进科研成果的快速转化和应用。同时，通过合作，企业能够获得更多的技术支持和人才资源，高校和科研机构则能够更好地了解市场需求，调整研究方向，实现双赢。

（2）企业联合研发

企业联合研发是指多家企业通过共同投资和资源共享，联合开展技术研发和产品开发。通过这种模式，企业能够降低研发成本，共享技术成果，提高市场竞争力。

美国的 John Deere 和 Monsanto 公司通过联合研发，推出了基于物联网和人工智能技术的精准农业解决方案。通过合作，John Deere 提供先进的农业机械设备，Monsanto 提供作物基因组学和数据分析技术，双方共同开发了高效的农业生产系统。这一合作模式不仅提高了双方的技术水平，还扩大了市场份额，取得了显著的经济效益。

企业联合研发能够集聚多方资源，提高研发效率和成果质量。通过合作，企业可以实现优势互补，共同应对技术和市场的挑战，推动整个产业链的协同发展。

2. 资源整合

产业链资源整合是指通过整合技术资源、市场资源等，实现资源的最优配置和效益最大化。资源整合模式和方法多样，包括技术资源整合、市场资源整合等。

（1）技术资源整合

技术资源整合是指通过集成多种技术资源，实现技术的协同应用和创新。通过整合不同领域的技术优势，能够提高技术的综合应用水平，提升产品和服务的竞争力。

荷兰瓦赫宁根大学与多家农业科技公司合作，整合了物联网、人工智能和机器人技术，开发了智能温室管理系统。该系统通过集成多种传感器和数据分析技术，实现了温室环境的智能监控和管理，提高了作物生产的效率和质量。这一技术资源整合的案例展示了跨领域技术集成的巨大潜力和实际效果。

技术资源整合能够实现技术的协同创新和综合应用，提高技术水平和市场竞争力。同时，通过整合不同领域的技术资源，能够促进技术的跨界融合，推动技术进步和产业发展。

（2）市场资源整合

市场资源整合是指通过整合市场渠道、客户资源等，实现市场的拓展和优化。通过整合市场资源，企业能够更好地满足市场需求，提高市场占有率。

中国的阿里巴巴集团通过其电商平台，整合了众多农业科技公司的市场资源，推出了"农业物联网+电商"模式。通过这一模式，阿里巴巴不仅为农业科技公司提供了广阔的市场渠道，还通过其大数据分析和客户资源，实现了精准营销和服务优化。这一市场资源整合的案例展示了互联网平台在推动农业科技产品市场化方面的巨大潜力。

市场资源整合能够提高市场拓展和优化的效率，促进技术和产品的快速应用和推广。同时，通过整合市场资源，企业能够更好地满足客户需求，提高客户满意度和市场竞争力。

3. 协同创新的实际案例

案例一：荷兰瓦赫宁根大学与多家农业科技公司合作

荷兰瓦赫宁根大学与多家农业科技公司合作，整合了物联网、人工智能和机器人技术，开发了智能温室管理系统。该系统通过集成多种传感器和数据分析技术，实现了温室环境的智能监控和管理，提高了作物生产的效率和质量。

这一技术资源整合的案例展示了跨领域技术集成的巨大潜力和实际效果。通过技术资源整合，实现了技术的协同创新和综合应用，提高了技术水平和市场竞争力。

案例二：中国农业大学和京东集团的合作

中国农业大学和京东集团共同研发了基于物联网和机器人技术的智慧农业解决方案。通过校企合作，京东集团获得了先进的技术支持，农业大学的研究平台和专家团队提升了京东的研发能力和创新水平。

这一合作模式显著提高了农业生产的效率和智能化水平，获得了良好的市场反馈。产学研合作不仅能提高技术研发的效率和质量，还能促进科研成果的快速转化和应用，实现双赢。

案例三：美国 John Deere 和 Monsanto 公司的联合研发

John Deere 和 Monsanto 公司通过联合研发，推出了基于物联网和人工智能技术的精准农业解决方案。通过合作，John Deere 提供先进的农业机械设备，Monsanto 提供作物基因组学和数据分析技术。

这一合作模式不仅提高了双方的技术水平，还扩大了市场份额，取得了显著的经济效益。企业联合研发能够集聚多方资源，提高研发效率和成果质量，共同应对技术和市场的挑战。

（四）政策支持与市场推动

1. 政策支持

政府在推动农业物联网和机器人产业链协同发展中发挥着至关重要的作用，通过制定和实施相关政策措施，促进技术创新和应用推广。

（1）政策措施

资金支持：政府通过提供专项资金和补贴，支持农业物联网和机器人技术的研发和应用。例如，中国政府设立了"现代农业产业技术体系"专项资金，用于支持农业物联网和机器人技术的研发和应用推广。这一政策有效地缓解了企业的资金压力，促进了技术的快速发展。

税收优惠：为了激励企业进行技术创新，政府提供了税收优惠政策。例如，美国政府通过《研究与实验税收抵免法案》，为进行研发活动的企业提供税收优惠，鼓励企业增加研发投入，推动技术进步。

标准制定：政府通过制定和推广技术标准，规范产业发展，确保技术的兼容性和互操作性。例如，欧盟发布了《农业物联网技术标准》，为农业物联网技术的研发和应用提供了统一的标准和规范，促进了技术的推广和应用。

（2）政策案例

中国的智慧农业政策：中国政府通过发布《智慧农业发展规划（20162025 年）》，提出了加快农业物联网和机器人技术发展的具体措施，包括设立专项资金、提供税收优惠、制定技术标准等。通过这些政策措施，中国的农业物联网和机器人技术得到了快速发展，有效提升了农业生产的效率和智能化水平。

欧盟的农业物联网政策：欧盟通过《农业物联网发展计划》，支持各成员国在农业领域推广物联网技术。该计划包括提供资金支持、制定技术标准、推广示范项目等，通过这些政策措施，欧盟成员国的农业物联网技术应用得到了显著提升。

美国的精准农业政策：美国政府通过《农业研究、推广和教育法》，提供资金支持和技术指导，促进精准农业技术的发展和应用。该法案鼓励农业企业和科研机构开展合作，推动技术创新和应用落地，提高农业生产的效率和可持续性。

2. 市场推动

市场在推动农业物联网和机器人产业链协同发展中同样发挥着重要作用，通过市场需求和竞争机制，促进技术的应用和推广。

（1）市场作用

需求拉动：市场需求是推动技术应用和推广的主要动力。随着农业生产对效率和智能化的需求不断增加，市场对农业物联网和机器人技术的需求也在不断增长。例如，精准农业和智慧养殖的兴起，为物联网和机器人技术提供了广阔的市场空间。

竞争机制：市场竞争促使企业不断进行技术创新和优化，提升产品和服务的质量和竞争力。例如，在农业机器人市场中，各大公司通过不断推出新产品和改进现有技术，提高了农业生产的自动化和智能化水平。

（2）市场案例

京东智慧农业：京东集团通过其电商平台和物流体系，推动了智慧农业技术的市场化应用。京东智慧农业项目整合了物联网和机器人技术，为农民提供智能化的农业解决方案，提高了农业生产的效率和质量。市场的需求和竞争促使京东不断优化和创新其技术和服务，推动了智慧农业的发展。

John Deere 的精准农业解决方案：John Deere 公司通过其精准农业解决方案，推动了物联网和机器人技术在农业中的应用。该公司利用物联网技术和大数据分析，为农民提供精准施肥、灌溉和作物健康监测等服务。市场对高效、精准农业技术的需求，促使 John Deere 不断创新和改进其技术和服务，取得了显著的市场效果。

西班牙农业机器人公司 Agro Bot：Agro Bot 公司开发的农业机器人，通过市场推广和应用，成功实现了技术的市场化。Agro Bot 的农业机器人能够自动进行采摘、种植和监测，提高了农业生产的效率和质量。市场的需求和反馈促使 Agro Bot 不断优化其产品，推动了农业机器人技术的发展。

（五）未来展望

1. 产业链发展预测

在未来的 5～10 年里，农业物联网和机器人产业链将经历快速发展和变革。以下是对这一发展趋势的几点预测。

（1）技术持续创新

随着人工智能、物联网、大数据和机器人技术的不断进步，农业物联网和机器人产业链的各个环节将持续创新。新型传感器、先进的数据处理技术和智能化的机器人将逐步应用于农业生产的各个领域。

例如，高精度、低成本的传感器将大规模应用，实时数据处理和边缘计算技术将提高农业生产的智能化水平，自主决策和智能控制技术将使农业机器人更加高效和智能。

（2）市场需求扩大

随着全球人口增长和食品需求增加，市场对高效、智能的农业生产技术需求将不断扩大。精准农业、智慧养殖和智能农场等应用领域将成为市场的热点。

特别是在发展中国家，物联网和机器人技术的应用将极大提升农业生产效率，解决劳动力短缺和资源浪费等问题。而在发达国家，市场将更加关注技术的创新和应用的优化，以进一步提升农业生产的效益和可持续性。

（3）产业链协同发展

产业链各环节之间的协同发展将成为推动农业智能化的重要动力。通过产学研合作、企业联合研发和资源整合，产业链将更加紧密地联系在一起，实现技术、资源和市场的高效整合。

政府、企业和科研机构将通过协同创新，推动技术的快速应用和推广。标准化和规范化的技术和产品将提高产业链的效率和稳定性，为农业生产提供更加可靠和高效的解决方案。

（4）政策支持和市场推动并重

政府将继续通过政策支持，推动农业物联网和机器人产业链的发展。专项资金、税收优惠和技术标准将为产业链的协同发展提供有力支持。

同时，市场需求和竞争将促使企业不断进行技术创新和优化，提高产品和服务的质量和竞争力。政策和市场的双重推动将加速农业智能化的进程。

第二节　面临的挑战

一、技术成熟度与成本问题

（一）技术成熟度与成本问题概述

在当今快速发展的科技时代，农业物联网和农业机器人技术正逐渐成为现代农业的重要支撑。农业物联网通过传感器、通信网络和数据处理技术的结合，实现了农业生产过程中信息的实时采集、传输和处理，从而提升了农业生产的效率和智能化水平。而农业机器人则通过自动化的机械装置和智能控制系统，完成各种农业操作，如播种、施肥、除草和采摘等，显著减少了人力劳动，提高了生产效率。

然而，尽管农业物联网和农业机器人技术展示了巨大的潜力，但其在实际应用中仍面临诸多挑战，其中技术成熟度和成本问题尤为突出。技术成熟度指的是这些新兴技术在实际应用中的稳定性、可靠性和适用性，而成本问题则涉及到这些技术在推广过程中所需的资金投入，包括设备采购、安装调试、维护保养和技术培训等各方面的费用。

（1）技术成熟度的重要性

技术成熟度直接影响农业物联网和农业机器人技术在农业生产中的应用效果。成熟的技术不仅能够保证系统的稳定运行，减少故障和停机时间，还能提升系统的易用性，使得农民能够更快地掌握和使用新技术。此外，技术的成熟度还决定了其在不同农业场景中的适应性，能够有效应对各种复杂的农业环境和作业需求。例如，在田间作业中，农业机器人需要面对不同的地形、天气和作物生长状态，只有技术成熟的设备才能在这些条件下正常运行，完成预定的任务。

然而，目前许多农业物联网和机器人技术尚处于研发和试验阶段，技术成熟度较低。在实际应用中，常常出现设备故障频发、数据传输不稳定、系统操作复杂等问题，限制了这些技术的广泛应用。因此，提高技术成熟度，提升设备的可靠性和操作简便性，是推进农业智能化发展的关键。

（2）成本问题的挑战

成本问题是农业物联网和农业机器人技术推广应用的另一大障碍。高昂的设备采购成本、复杂的安装调试过程以及后续的维护保养费用，往往让许多农民望而却步。特别是对于中小型农场主来说，这些高成本投入无疑是他们接受新技术的一大阻力。

此外，技术培训也是一项重要的成本支出。农业物联网和机器人技术的使用需要一定的专业知识和技能，农民需要接受相关的培训才能掌握这些新技术的操作和维护。这不仅增加了时间成本，也增加了培训费用，进一步提高了总体成本。

为了解决成本问题，降低农业物联网和机器人技术的使用门槛，政府和企业可以采取一系列措施。例如，政府可以提供财政补贴和优惠政策，鼓励农民引进新技术；企业可以通过技术创新和规模化生产，降低设备成本，提高产品性价比。此外，建立完善的售后服务体系，提供及时的技术支持和培训服务，也有助于降低农民的使用成本，促进技术的普及应用。

（二）技术成熟度的挑战

1. 技术开发与测试

（1）新技术开发过程及其挑战

新技术的开发是一个复杂而漫长的过程，特别是在农业物联网和机器人技术领域。这个过程通常包括以下几个阶段：

1）需求分析：了解农业生产中的具体需求，确定新技术的开发方向和目标。

2）概念设计：根据需求分析，进行技术概念的设计，包括硬件设计、软件开发、系统集成等。

3）原型开发：将概念设计转化为可测试的原型，包括硬件设备的制造和软件系统的编写。

4）实验测试：在实验室环境中对原型进行初步测试，验证其功能和性能。

5）现场试验：将原型应用到实际农业生产环境中，进行大规模的现场测试，收集数据和反馈，进行进一步的优化和改进。

在这个过程中，开发团队需要面对诸多技术挑战。例如，在概念设计阶段，需要综合考虑设备的耐用性、环境适应性和操作简便性；在原型开发阶段，需要解决硬件和软件的兼容性问题，确保系统的整体性能；在实验测试和现场试验阶段，需要克服复杂多变的农业环境因素，确保设备在实际应用中的稳定性和可靠性。

（2）技术成熟度不足的影响

技术成熟度不足会对农业物联网和机器人技术的实际应用带来显著影响。具体表现在以下几个方面：

1）设备故障率高：由于技术不成熟，设备在实际应用中容易出现各种故障，如传感器失灵、通信中断、数据丢失等。这不仅影响了农业生产的连续性和效率，还增加了维护成本和农民的负担。

2）数据准确性差：技术不成熟导致数据采集和处理过程中的误差较大，影响了农业生产决策的准确性。例如，土壤传感器的数据偏差可能导致施肥量的误判，从而影响作物的生长和产量。

3）操作复杂性高：技术不成熟的设备往往操作复杂，需要专业知识和技能，增加了农民的学习成本和使用难度。特别是对于年长的农民或技术能力较弱的用户，操作复杂性更是一个重大障碍。

4）适应性不足：技术不成熟的设备在不同的农业环境中表现不一致，难以适应各种复杂的农业场景。例如，农业机器人在不同地形、天气和作物生长状态下的表现可能大相径庭，限制了其应用范围和效果。

2. 可靠性与稳定性

（1）可靠性与稳定性问题

农业物联网和机器人技术在实际应用中的可靠性和稳定性是决定其技术成熟度的关键因素。这些技术在农业生产中面临的可靠性和稳定性问题主要包括：

1）硬件可靠性：农业生产环境复杂多变，设备需要面对高温、低温、高湿、干旱、泥泞、灰尘等多种恶劣条件。硬件设备的设计和制造必须保证其在各种环境条件下的稳定性和耐用性。然而，目前许多设备在长期使用中容易出现硬件损坏和性能衰减的问题。

2）软件稳定性：农业物联网和机器人技术依赖于复杂的软件系统，包括数据采集、传输、处理和控制等多个环节。软件系统的稳定性直接影响整个系统的运行效果。常见的问题包括软件崩溃、数据丢失、通信中断等，这些问题会严重影响农业生产的连续性和效率。

3）系统集成性：农业物联网和机器人技术通常涉及多种设备和系统的集成，如传感器网络、无线通信系统、数据处理平台和机械控制系统等。各子系统之间的兼容性和协同性是保证系统稳定运行的重要因素。然而，目前的技术在系统集成方面仍存在不少挑战，容易出现各子系统之间的兼容性问题和通信障碍。

3. 具体案例分析

通过具体案例，我们可以更直观地了解技术不成熟带来的可靠性和稳定性问题。

案例一：温室环境监控系统

某温室农场引入了一套环境监控系统，包括温度、湿度、光照、CO_2浓度等多种传感器，以及无线通信网络和数据处理平台。系统运行初期，传感器数据的准确性较高，农民能够根据实时数据进行科学管理。然而，随着时间的推移，传感器逐渐出现故障，部分传感器数据丢失或出现较大偏差。与此同时，通信网络频繁中断，导致数据无法实时传输。最终，系统的整体稳定性和可靠性大大降低，农民不得不频繁进行维护和修理，增加了生产成本和管理难度。

案例二：田间自动化灌溉系统

某农场安装了一套田间自动化灌溉系统，通过土壤湿度传感器监测土壤含水量，并根据设定的阈值自动控制灌溉设备。然而，由于技术不成熟，系统在运行过程中频繁出现故障，主要表现为传感器数据误差大，导致灌溉量不准确；灌溉设备的机械故障频发，影响灌溉效果；系统控制软件不稳定，常常出现自动控制失效的情况。这些问题不仅影响了作物的正常生长，还增加了农民的劳动强度和维护成本。

案例三：果园机器人采摘系统

某果园引入了一套机器人采摘系统，利用机器人完成果实的自动采摘。然而，技术的不成熟导致机器人在实际应用中表现不佳。首先，机器人的导航和定位系统不够精确，经常出现定位偏差，影响采摘效率和准确性。其次，机器人的机械臂和末端执行器设计不合理，容易对果实造成损伤，降低了果品质量。最后，系统的整体稳定性较差，频繁出现软件崩溃和通信中断的问题，需要频繁进行人工干预和维修，影响了果园的生产效率和经济效益。

（三）成本问题的挑战

1. 设备成本

（1）农业物联网和机器人设备的成本构成

农业物联网和机器人设备的成本构成主要包括以下几个方面。

1）硬件成本：这是设备成本中最直观的一部分，包括传感器、执行器、控制器、通信模块、能源系统等组件的费用。例如，土壤传感器、环境监测传感器、无人机、自动化机械臂等设备的采购费用。高精度的传感器和先进的机器人部件通常价格昂贵，导致整体硬件成本居高不下。

2）软件成本：农业物联网和机器人技术需要复杂的软件系统支持，包括数据采集、处理、分析和控制的软件。这些软件的开发和维护成本同样不可忽视。特别是定制化的软件开发，需要专业的技术团队进行长期投入。

3）集成成本：将各种硬件和软件集成到一个完整的系统中，确保其正常运行，这一过程需要大量的人力和物力投入。系统集成需要考虑设备的兼容性、通信协议的统一、数据处理的协调等方面的问题，通常需要专业团队进行设计和实施。

4）安装和调试成本：设备采购后，需要进行安装和调试，使其适应具体的农业生产环境。安装和调试过程同样需要技术人员的参与，确保设备能够正常工作。这一过程的成本也需要计入设备的总成本中。

5）培训成本：农业物联网和机器人技术的使用需要一定的专业知识和技能，农民需要接受相关培训才能掌握设备的操作和维护。这部分成本包括培训课程的费用、培训期间的时间成本以及培训场地和设备的使用费用。

（2）高成本对农业生产者的影响

高昂的设备成本对农业生产者，特别是中小型农场主，带来了诸多不利影响：

1）资金压力大：高成本的设备需要大量的资金投入，许多农民难以负担这笔巨额开支。特别是对于中小型农场来说，资金有限，难以在短时间内筹集到足够的资金购买这些高科技设备。

2）投资回报期长：由于设备成本高，农民需要较长的时间才能通过提高生产效率和降低人力成本来收回投资。这种长期的投资回报期增加了农民的经济压力，降低了他们的投资意愿。

3）技术接受度低：高成本设备的普及度低，导致技术接受度低。许多农民由于资金不足或对投资回报的不确定性，选择继续使用传统的农业生产方式，限制了新技术的推广和应用。

4）竞争力受限：无法使用高科技设备的农场主在市场竞争中处于不利地位。现代农业越来越依赖于高效的生产方式和智能化的管理手段，高成本设备的缺乏使得这些农场在生产效率和产品质量上难以与使用先进技术的农场竞争。

2. 维护与运营成本

除了初始购买成本，农业物联网和机器人技术的维护和运营成本也是一笔不小的开支。维护和运营成本主要包括以下几个方面：

1）定期维护费用：农业物联网和机器人设备需要定期进行维护，包括硬件检查、软件更新、故障排除等。定期维护可以延长设备的使用寿命，确保其正常运行，但也需要专业技术人员进行操作，产生相应的维护费用。

2）维修费用：设备在使用过程中难免会出现故障，需要进行维修。特别是农业环境复杂多变，设备容易受到损坏，维修费用相对较高。高精度的传感器和复杂的机器人部件的维修费用尤其昂贵。

3）运营费用：农业物联网和机器人设备的运营需要一定的能耗，如电力、燃料等。此外，数据传输和处理也需要一定的网络和计算资源，这些都是日常运营的成本。

4）培训费用：设备操作人员需要接受持续的培训，掌握最新的技术和操作方法。培训费用包括培训课程的费用、培训期间的时间成本，以及可能的外聘讲师费用等。

5）技术支持费用：农业物联网和机器人技术的使用过程中，需要专业的技术支持团队提供咨询、指导和技术帮助。这部分费用包括技术支持服务的费用，以及紧急情况下的现场技术支持费用。

3. 具体数据和案例

以下是一些具体数据和案例，展示维护和运营成本对农业生产者的影响：

案例一：温室环境监控系统

某温室农场安装了一套环境监控系统，包括温度、湿度、光照、CO_2浓度等传感器。初始设备购置费用为 30 万元。设备投入使用后，每年的定期维护费用约为 2 万元，维修费用根据故障情况有所不同，一年大约为 1 万元。此外，数据传输和处理需要网络和计算资源，每年的运营费用约为 1.5 万元。技术支持和培训费用每年约为 0.5万元。因此，总的维护和运营成本每年约为 5 万元，占设备初始投资的 16.7%。

案例二：田间自动化灌溉系统

某农场安装了一套田间自动化灌溉系统，初始设备购置费用为 20 万元。系统投入使用后，每年的定期维护费用约为 1.5 万元，维修费用根据故障情况有所不同，一年大约为 0.8 万元。此外，灌溉系统的运营需要电力和网络，每年的运营费用约为 1.2万元。技术支持和培训费用每年约为 0.3 万元。因此，总的维护和运营成本每年约为 3.8 万元，占设备初始投资的 19%。

案例三：果园机器人采摘系统

某果园引入了一套机器人采摘系统，初始设备购置费用为 50 万元人民币。系统投入使用后，每年的定期维护费用约为 4 万元，维修费用根据故障情况有所不同，一年大约为 2 万元。此外，机器人系统的运营需要电力和网络，每年的运营费用约为2.5 万元。技术支持和培训费用每年约为 1 万元。因此，总的维护和运营成本每年约为 9.5 万元，占设备初始投资的 19%。

4. 高维护成本对技术普及的影响

高昂的维护和运营成本对农业物联网和机器人技术的普及产生了以下影响：

1）增加经济负担：高昂的维护和运营成本增加了农民的经济负担，使得许多农民即使能够负担初始设备费用，也难以长期承担高昂的维护费用，导致设备无法持续使用。

2）降低技术接受度：高维护成本使得农民对新技术的接受度降低，许多农民担心后续的高昂费用而选择放弃使用新技术，限制了技术的推广和应用。

3）影响技术推广速度：高昂的维护和运营成本限制了农业物联网和机器人技术的推广速度。只有少数大型农场或有资金支持的农场能够承担这些费用，技术的普及范围受到限制。

4）阻碍农业现代化进程：高昂的维护和运营成本使得许多农民无法享受到新技术带来的便利和效益，阻碍了农业现代化进程。农业生产效率和产品质量的提升受到限制，影响了整个农业产业链的发展。

（四）解决技术成熟度问题的策略

1. 技术改进与优化

（1）提高技术成熟度的方法

通过技术改进和优化，可以显著提高农业物联网和机器人技术的成熟度。以下是一些关键方法：

1）持续研发与创新：加大对农业物联网和机器人技术的研发投入，推动技术创新。通过不断改进传感器、执行器、控制器等核心部件，提高设备的性能和可靠性。例如，研发更加耐用的传感器，提高其在复杂农业环境中的适应性。

2）改进算法与软件：优化数据处理和分析算法，提高系统的智能化水平和数据处理效率。通过改进软件系统的架构和代码质量，提升系统的稳定性和安全性。例如，应用机器学习和人工智能算法，提高农作物病虫害识别和预测的准确性。

3）强化测试与验证：在设备投入使用前，进行全面的测试和验证，包括实验室测试和现场试验。通过模拟各种农业生产环境，发现并解决潜在的问题，提高设备的可靠性和稳定性。例如，通过多次现场试验，验证自动化灌溉系统在不同土壤类型和气候条件下的表现。

4）用户反馈与优化：收集和分析用户的使用反馈，针对性地进行优化和改进。通过不断的迭代和更新，提升设备的用户体验和实际应用效果。例如，根据农民的反馈，优化农业机器人的人机交互界面，使其操作更加简便和直观。

（2）技术改进的具体案例

案例一：智能温室管理系统

某农业科技公司开发了一套智能温室管理系统，包括温度、湿度、光照、CO_2浓度等传感器，和自动化控制系统。初期版本的系统在实际应用中遇到了一些问题，如传感器数据不准确、控制系统响应慢等。公司通过技术改进和优化，提高了系统的成熟度：

改进传感器精度：通过研发更加高精度的传感器，提高数据采集的准确性。

优化控制算法：应用先进的控制算法，提高系统的响应速度和控制精度。

加强系统测试：进行多次现场试验，验证系统在不同温室环境中的表现，解决了数据偏差和控制失效的问题。

改进后的系统在多个温室农场中得到应用，显著提高了温室环境的控制效果，降低了能源消耗和运营成本。

案例二：田间自动化灌溉系统

某农场引入了一套田间自动化灌溉系统，通过土壤湿度传感器监测土壤含水量，并根据设定的阈值自动控制灌溉设备。初期版本的系统在实际应用中出现了灌溉量不准确、设备故障频发等问题。农场与设备制造商合作，通过以下改进措施提高了系统的成熟度：

升级传感器技术：采用更加耐用和高精度的土壤湿度传感器，提高数据的准确性和可靠性。

优化灌溉算法：引入智能灌溉算法，根据作物生长阶段和天气预报动态调整灌溉计划。

强化设备维护：制定定期维护和检测计划，及时发现和解决设备故障问题。

改进后的系统显著提高了灌溉效果和水资源利用效率，减少了设备故障率，降低了维护成本。

2．标准化与模块化

（1）标准化和模块化对提高技术成熟度的作用

标准化和模块化是提高农业物联网和机器人技术成熟度的重要手段：

1）标准化：通过制定统一的技术标准和规范，确保各类设备和系统之间的兼容性和互操作性。标准化有助于简化设备的设计、生产和维护过程，提高技术的稳定性和可靠性。例如，制定农业物联网传感器的数据格式和通信协议标准，确保不同品牌的传感器能够无缝集成。

2）模块化：通过模块化设计，将复杂的系统分解为多个独立的功能模块，简化系统的开发和维护。模块化有助于提高系统的灵活性和可扩展性，便于技术的升级和优化。例如，将农业机器人分解为导航模块、操作模块、通信模块等，分别进行开发和优化。

（2）标准化和模块化的具体案例

案例一：农业物联网传感器网络

某农业物联网公司通过标准化和模块化设计，开发了一套传感器网络系统。系统包括土壤湿度、温度、光照、CO_2浓度等传感器，通过统一的通信协议和数据格式进行数据传输和处理。标准化和模块化设计带来了以下效果：

标准化：制定了传感器数据格式和通信协议标准，确保不同传感器之间的兼容性和互操作性，简化了系统的集成和扩展。

模块化：将系统分解为传感器模块、通信模块、数据处理模块等，分别进行开发和优化，提高了系统的灵活性和可扩展性。

通过标准化和模块化设计，系统实现了快速部署和稳定运行，降低了设备的维护和运营成本，提高了数据的准确性和可靠性。

案例二：农业机器人平台

某农业机器人公司通过标准化和模块化设计，开发了一套农业机器人平台。平台包括导航模块、操作模块、通信模块等，支持不同应用场景下的定制化配置。标准化和模块化设计带来了以下效果：

标准化：制定了机器人各模块的接口标准，确保不同模块之间的兼容性和互操作性，简化了系统的集成和升级。

模块化：将机器人分解为导航模块、操作模块、通信模块等，分别进行开发和优化，提高了系统的灵活性和可扩展性。

通过标准化和模块化设计，平台实现了快速开发和部署，支持不同农业应用场景下的定制化需求，提高了机器人的性能和可靠性。

（五）降低成本的策略

1. 规模化生产

（1）通过规模化生产降低设备成本的方法

规模化生产是降低农业物联网和机器人设备成本的有效方法。以下是几种通过规模化生产降低成本的关键策略：

1）大规模采购和生产：通过大规模采购原材料和组件，获得更低的单价。大批量生产可以摊薄固定成本，如研发、设计和模具制造成本，降低每台设备的平均成本。

2）自动化生产线：引入自动化生产线，提高生产效率，减少人工成本。自动化生产线可以实现标准化操作，减少人为错误，提高产品一致性和质量。

3）优化供应链管理：通过优化供应链管理，减少库存成本和物流费用。与供应商建立长期合作关系，确保稳定的原材料供应和合理的价格。

4）规模效应：通过规模效应，降低生产和运营成本。大规模生产和销售可以带来规模效应，提高企业的市场竞争力和议价能力。

5）技术标准化：通过技术标准化，简化生产流程，减少设备的多样性和复杂性。标准化设计和生产可以提高生产效率，降低生产成本。

（2）规模化生产的具体案例

案例一：智能农业传感器生产

某农业科技公司通过规模化生产智能农业传感器，显著降低了设备成本。公司采用以下策略实现规模化生产：

大规模采购和生产：公司与多家传感器供应商签订长期采购合同，获得更低的采购价格。通过大批量生产，降低了传感器的生产成本。

自动化生产线：公司引入了全自动化的传感器生产线，提高了生产效率，减少了人工成本。自动化生产线实现了标准化操作，提高了产品的一致性和质量。

优化供应链管理：公司通过优化供应链管理，减少了库存成本和物流费用。与供应商建立长期合作关系，确保稳定的原材料供应和合理的价格。

通过规模化生产，公司成功将智能农业传感器的成本降低了 30%，使得更多农民能够负担得起这项技术，提高了智能农业技术的普及率。

案例二：农业机器人生产

某农业机器人公司通过规模化生产农业机器人，降低了设备成本，提高了市场竞争力。公司采用以下策略实现规模化生产：

大规模采购和生产：公司与机器人零部件供应商签订大规模采购合同，降低了零部件的采购成本。通过大批量生产，摊薄了研发和设计成本，降低了每台机器人的平均成本。

自动化生产线：公司引入了机器人装配自动化生产线，提高了生产效率，减少了人工成本。自动化生产线实现了标准化装配，提高了产品的一致性和可靠性。

技术标准化：公司通过技术标准化，简化了生产流程，减少了机器人的多样性和复杂性。标准化设计和生产提高了生产效率，降低了生产成本。

通过规模化生产，公司成功将农业机器人的成本降低了 25%，使得更多农场主能够购买和使用农业机器人，提高了农业生产的效率和质量。

2. 政府补贴与金融支持

（1）政府补贴和金融支持在降低设备成本中的作用

政府补贴和金融支持是降低农业物联网和机器人设备成本的重要手段。以下是几种通过政府补贴和金融支持降低成本的关键策略。

1）设备购置补贴：政府提供设备购置补贴，直接降低农民购买设备的成本。通过补贴政策，鼓励农民采用先进的农业物联网和机器人技术，提高农业生产效率和质量。

2）研发补贴：政府提供研发补贴，支持企业进行农业物联网和机器人技术的研发和创新。通过研发补贴，降低企业的研发成本，推动技术进步和产品升级。

3）低息贷款：政府提供低息贷款，帮助农民和农业企业获得资金支持，用于购买农业物联网和机器人设备。低息贷款可以缓解农民的资金压力，促进技术的推广和应用。

4）税收优惠：政府提供税收优惠政策，减免农业物联网和机器人设备生产企业的税收负担。通过税收优惠，提高企业的利润率，鼓励企业扩大生产规模，降低设备成本。

5）保险支持：政府提供农业保险支持，降低农民在使用新技术过程中可能面临的风险。通过保险支持，增加农民对新技术的信心，提高技术的推广和应用率。

（2）政府补贴和金融支持的具体案例

案例一：智能农业设备购置补贴

某地区政府实施了一项智能农业设备购置补贴政策，直接降低了农民购买设备的成本。具体措施包括：

设备购置补贴：政府对购买智能农业设备的农民提供 30%的购置补贴，降低了农民的购买成本。

低息贷款：政府与银行合作，提供低息贷款，帮助农民筹集资金购买智能农业设备。

通过这项政策，农民购买智能农业设备的成本大幅降低，智能农业技术的普及率显著提高。该地区的农民纷纷采用智能灌溉系统、环境监控系统和自动化机械，农业生产效率和质量大幅提升。

案例二：农业机器人研发补贴

某国家政府实施了一项农业机器人研发补贴政策，支持企业进行农业机器人技术的研发和创新。具体措施包括：

研发补贴：政府对从事农业机器人技术研发的企业提供 50%的研发费用补贴，降低了企业的研发成本。

税收优惠：政府对农业机器人生产企业提供税收优惠政策，减免企业的税收负担，提高企业的利润率。

通过这项政策，农业机器人生产企业加大了研发投入，推出了一系列性能更优、成本更低的农业机器人产品。农民购买和使用农业机器人的成本大幅降低，农业生产效率和质量显著提高。

案例三：农业物联网保险支持

某地区政府实施了一项农业物联网保险支持政策，降低了农民在使用新技术过程中可能面临的风险。具体措施包括：

农业保险：政府与保险公司合作，提供农业物联网设备的保险支持，降低设备损坏和故障带来的经济损失。

技术培训：政府组织技术培训，提高农民对农业物联网设备的使用和维护能力，减少设备故障率。

通过这项政策，农民对农业物联网技术的接受度大幅提高，设备的应用范围不断扩大。农民通过使用农业物联网设备，显著提高了农业生产的效率和质量。

二、数据安全与隐私保护

（一）数据安全与隐私保护概述

随着农业物联网和农业机器人技术的迅速发展，数据安全与隐私保护成为了一个日益重要的问题。现代农业依赖于传感器、无人机、自动化设备和云计算等技术，通过这些技术，农民可以实时监控作物生长情况、土壤湿度、天气条件等关键数据，从而提高农业生产效率和产量。然而，这些技术的大规模应用也带来了数据泄露和隐私侵犯的风险。

（1）农业物联网和农业机器人数据安全与隐私保护的现状

当前，农业物联网和农业机器人技术在全球范围内得到了广泛应用。例如，智能灌溉系统可以根据实时数据自动调节水量，减少水资源浪费；无人机可以精确喷洒农药，降低农药使用量。然而，这些系统在采集、传输和存储数据的过程中，存在数据泄露、篡改和丢失的风险。农民和农业企业在使用这些技术时，往往忽视了数据安全和隐私保护的重要性，导致数据泄露事件频发。

一些常见的数据安全问题包括：

数据泄露：农业设备和传感器在采集和传输数据的过程中，可能会受到黑客攻击，导致敏感数据泄露。

数据篡改：数据在传输和存储过程中可能被恶意篡改，影响农业决策的准确性。

数据丢失：由于设备故障或网络中断，可能导致数据丢失，影响农业生产。

此外，农业数据中包含了大量的个人信息和商业机密，例如农场位置、作物种类、生产计划等，这些信息一旦泄露，可能会对农民和农业企业造成严重损失。

（2）数据安全与隐私保护在农业智能化发展中的重要性

在农业智能化发展的过程中，数据安全与隐私保护的重要性不容忽视。首先，数据是农业智能化的核心资源，通过对数据的分析和利用，农民可以做出更科学的农业决策，提高农业生产效率和收益。数据的安全性和完整性直接关系到农业生产的效果和质量。

其次，隐私保护是农民和消费者信任的重要基础。农民需要保护自己的生产数据不被泄露，以防止竞争对手获取商业机密。同时，消费者也越来越关注食品安全和生产过程透明度，保护农业数据的隐私有助于提高消费者的信任度，促进农业产品的市场推广。

最后，数据安全与隐私保护也是农业技术推广和应用的关键因素。如果农民和农业企业对新技术的安全性和隐私保护措施缺乏信心，他们可能会拒绝采用这些技术，阻碍农业智能化的发展。因此，确保数据安全和隐私保护，是推动农业物联网和农业机器人技术广泛应用的必要前提。

（3）现状与挑战

尽管各国政府和企业在数据安全与隐私保护方面采取了一些措施，但仍存在许多挑战。首先，农业物联网设备种类繁多、分布广泛，缺乏统一的安全标准和规范，使得数据安全难以保障。其次,农民和农业企业对数据安全与隐私保护的意识普遍不足,缺乏必要的技术支持和培训。此外,黑客攻击手段不断升级,传统的安全措施难以有效应对新型威胁。

(二)数据安全的挑战

1. 数据传输安全

(1)数据传输过程中面临的安全挑战

农业物联网和农业机器人技术在数据传输过程中面临诸多安全挑战。数据传输安全性直接关系到数据的完整性和机密性,主要面临以下几个挑战:

1)数据泄露:在数据传输过程中,数据可能被未授权的第三方截获,导致敏感信息泄露。例如,农田的地理位置、作物生长状况等数据如果被不法分子获取,可能会导致农民和农业企业的商业机密泄露。

2)数据篡改:黑客可能在数据传输过程中对数据进行篡改,使得接收到的数据不准确或被恶意修改。这不仅会影响农业决策的准确性,还可能导致农作物损失或农业生产效率下降。

3)中间人攻击:中间人攻击是指黑客在数据传输的过程中截获和修改数据包,然后将修改后的数据发送给接收方,使得发送方和接收方都无法察觉数据已被篡改。

4)拒绝服务攻击(DOS 攻击):黑客可能通过发送大量无效请求来瘫痪数据传输网络,使得合法的数据无法正常传输,导致农业物联网系统失效。

(2)具体案例展示数据传输安全问题

案例一:某农场的智能灌溉系统遭受数据泄露

某大型农场采用智能灌溉系统,通过传感器监测土壤湿度,并将数据传输到中央控制系统进行分析和决策。然而,由于传输协议缺乏加密措施,数据在传输过程中被黑客截获。黑客获取了该农场的地理位置和灌溉策略等敏感信息,并将这些信息出售给竞争对手。结果,农场的生产计划和策略被竞争对手获知,导致商业损失。

案例二:某农业机器人遭遇中间人攻击

某农业机器人公司开发了一款用于自动采摘果实的机器人。机器人通过无线网络将采集到的数据传输到云端进行处理。然而,在数据传输过程中,黑客实施了中间人攻击,篡改了数据包中的果实位置和数量信息。机器人根据错误的数据进行操作,导致大量果实未被正确采摘,造成了农场主的经济损失。

2. 数据存储安全

(1)数据存储中的安全挑战

农业物联网和农业机器人技术在数据存储过程中同样面临严峻的安全挑战。数据存储的安全性直接关系到数据的可用性和可靠性,主要面临以下几个挑战。

1）数据丢失：由于设备故障、自然灾害或人为错误等原因，数据可能会丢失。特别是在没有备份措施的情况下，数据丢失将对农业生产造成严重影响。

2）数据被盗：黑客可能通过入侵存储系统获取存储在其中的敏感数据，例如农场的生产数据、财务数据等。一旦数据被盗，农民和农业企业将面临严重的经济和法律风险。

3）数据篡改：黑客可能在数据存储过程中对数据进行篡改，使得存储的数据不准确或被恶意修改。这将直接影响农业决策的正确性和可靠性。

4）数据不可用：由于存储系统的故障或网络中断，数据可能在需要时无法被访问，导致农业生产受到影响。

（2）具体案例展示数据存储安全问题

案例一：某农业企业的数据中心遭遇数据丢失

某大型农业企业在数据中心存储了大量的农业生产数据和客户信息。然而，由于数据中心的一次重大设备故障，导致部分数据丢失。由于没有备份措施，企业无法恢复这些丢失的数据，导致生产计划中断和客户信息丢失，对企业的运营造成了严重影响。

案例二：某智能农业系统的数据被盗

某智能农业系统通过云平台存储和管理农场的生产数据和设备状态数据。由于云平台的安全漏洞，黑客成功入侵并窃取了大量的敏感数据，包括农场的生产计划、作物种类和产量预测等。黑客将这些数据出售给竞争对手，使得农场的商业秘密被泄露，导致严重的经济损失。

通过以上案例可以看出，数据传输和存储安全在农业物联网和农业机器人技术应用中至关重要。农民、农业企业和技术供应商需要采取有效的安全措施，保护数据在传输和存储过程中的安全性和完整性。例如，可以采用数据加密、访问控制、数据备份和灾难恢复等措施，提高数据的安全性和可靠性，确保农业生产的顺利进行。

（三）隐私保护的挑战

1. 数据隐私泄露

（1）数据隐私泄露的原因和影响

在现代农业中，物联网和机器人技术的广泛应用虽然大大提升了生产效率，但也带来了数据隐私泄露的风险。数据隐私泄露的原因包括以下几个方面：

1）数据采集和传输不当：许多农业物联网设备和传感器在数据采集和传输过程中缺乏足够的加密措施，这使得数据在传输过程中容易被未授权的第三方截获和窃取。例如，无人机在监控农田时拍摄的影像数据和土壤传感器记录的湿度数据，如果在传输过程中没有加密，可能会被黑客轻易获取。

2）数据存储安全不足：农业数据通常存储在本地服务器或云平台上，但这些存储系统如果没有采取足够的安全措施,如访问控制和数据加密,就可能成为黑客攻击的目标。特别是一些小型农场和企业,出于成本和技术能力的限制,往往忽视了数据存储的安全性。

3)权限管理不当:农业企业内部对数据访问权限的管理不严格可能导致数据泄露。内部员工可能滥用权限,非法访问和泄露敏感数据。例如,一个负责数据管理的员工,如果没有严格的权限控制,可能会将数据出售给竞争对手或其他不法分子。

4)第三方合作伙伴的安全漏洞:农业企业与多个第三方合作伙伴共享数据,而这些合作伙伴的安全措施不到位也会带来隐私泄露的风险。比如,一些数据分析服务商和云服务提供商,如果他们的系统存在漏洞,农业数据就有可能通过他们的系统被泄露。

5)恶意软件和网络攻击:随着技术的进步,黑客的攻击手段也越来越高级。通过恶意软件和网络攻击,黑客可以窃取和篡改农业数据,导致数据隐私泄露。例如,利用钓鱼邮件、恶意网站等手段感染农业企业的计算机系统,然后窃取存储在系统中的数据。

(2)数据隐私泄露对农业企业和农民造成的影响

1)经济损失:敏感数据泄露可能导致农业企业的商业机密被竞争对手获取,从而影响市场竞争力,导致直接经济损失。比如,农场的生产计划、作物种植策略等信息一旦被泄露,可能被竞争对手利用,造成市场竞争中的不利局面。

2)声誉受损:数据隐私泄露事件会严重损害农业企业和农民的声誉,降低客户和合作伙伴的信任度,影响未来的业务合作。客户和合作伙伴一旦对数据安全产生怀疑,可能会选择与其他更为安全的企业合作。

3)法律风险:数据隐私泄露可能违反相关法律法规,农业企业和农民可能面临法律诉讼和罚款。例如,许多国家对数据隐私保护有严格的法律要求,一旦企业被发现违反这些法律,可能会面临高额罚款和法律诉讼。

(3)具体案例展示隐私泄露的问题

案例一:某农场管理系统的数据泄露事件

某大型农场使用一款农场管理系统,通过该系统实时监控作物生长情况和生产计划。然而,由于系统开发商未对数据传输进行加密,黑客通过网络攻击截获了大量农场的生产数据和商业计划。这些数据被泄露后,竞争对手获取了该农场的核心商业秘密,导致农场的市场竞争力大幅下降,造成了严重的经济损失。此事件不仅使该农场遭受了直接的经济损失,还极大地影响了其在行业内的声誉。

案例二:某农业企业的客户数据泄露事件

某大型农业企业在一次网络攻击中,客户数据被黑客窃取。被泄露的数据包括客户的联系方式、购买记录和农业生产数据。由于客户信息泄露,企业面临大量客户投诉和法律诉讼，企业的声誉和市场信任度受到严重影响，导致客户流失和业务损失。此事件不仅对企业的财务状况产生了负面影响，也使得客户对企业的数据保护能力产生质疑，进一步影响了其市场地位。

2. 用户隐私保护

（1）用户隐私保护的挑战

1）数据匿名化：在保护用户隐私的前提下，如何有效利用数据是一个重要挑战。数据匿名化是一种常用的方法，通过移除或模糊敏感信息，使得数据无法直接识别个人。然而，数据匿名化的技术复杂度高，且可能影响数据的分析价值。例如，过度匿名化可能导致数据分析结果失真，影响农业生产决策。

2）隐私政策的制定和执行：农业企业需要制定和执行严格的隐私政策，确保用户数据在采集、存储和使用过程中的隐私保护。然而，隐私政策的制定和执行需要专业知识和资源投入，且需要不断更新以应对新的隐私保护需求。很多企业在实际操作中可能由于资源和技术的限制，难以持续有效地执行这些政策。

3）用户知情同意：在数据采集过程中，如何确保用户知情并同意数据的使用是一个挑战。农民和农业企业可能对隐私政策和数据使用条款缺乏足够的了解，导致隐私保护措施不到位。特别是在技术快速发展的背景下，用户往往难以全面了解数据使用的复杂性和潜在风险。

4）跨境数据传输：农业物联网和机器人技术的应用可能涉及跨境数据传输，不同国家和地区的隐私保护法规不一致，增加了隐私保护的复杂性和难度。例如，在跨境合作项目中，如何协调不同法律法规的要求，确保数据隐私得到充分保护，是一个亟待解决的问题。

5）技术和法规的快速变化：数据隐私保护技术和相关法规在不断变化，农业企业需要及时更新和调整隐私保护措施，以应对新的挑战和要求。这不仅需要企业具备敏锐的技术前瞻性，还需要其有足够的资源和能力去快速应对和调整策略。

（2）具体案例展示隐私保护的措施

案例一：某智能农业平台的数据匿名化实践

某智能农业平台通过传感器和无人机收集农场数据，包括土壤湿度、作物生长情况和天气条件等。为了保护用户隐私，该平台采用了先进的数据匿名化技术，将数据中的个人信息和地理位置进行模糊处理，使得数据在分析和利用过程中无法直接识别具体农场和用户。通过数据匿名化，该平台不仅保护了用户隐私，还能继续利用数据进行农业生产优化和决策支持。这一措施有效降低了数据隐私泄露的风险，同时保持了数据的高利用价值。

案例二：某农业企业的隐私政策和用户知情同意措施

某大型农业企业在使用农业物联网设备时，制定了详细的隐私政策，明确规定了数据的采集、存储和使用方式，并确保用户在使用设备前知情并同意隐私政策。企业通过多种渠道向用户解释隐私政策和数据使用条款,确保用户充分了解和同意数据的使用。同时,企业定期审查和更新隐私政策,及时应对新的隐私保护需求和法律要求。这一举措不仅提升了用户对企业数据保护能力的信任,也促进了企业在行业内的良好声誉。

(四)提升数据安全的策略

提升数据安全的策略在农业物联网和农业机器人技术的应用中至关重要。通过引入先进的加密技术和严格的访问控制措施,农业企业和农民可以有效防止数据在传输和存储过程中被未经授权的第三方读取和利用,从而提高数据的安全性。加密技术,如对称加密、非对称加密和哈希函数,能够确保数据在传输和存储过程中的机密性和完整性。访问控制策略,包括基于角色的访问控制(RBAC)和基于属性的访问控制(ABAC),能够确保只有授权人员可以访问和操作敏感数据,防止未经授权的访问和数据泄露。

1. 加密技术

(1)数据加密技术在提高数据安全中的作用

数据加密技术在提高数据安全性方面具有至关重要的作用。通过对数据进行加密,可以确保数据在传输和存储过程中,即使被截获或窃取,未经授权的第三方也无法读取和利用这些数据。加密技术主要包括以下几种:

1)对称加密:对称加密算法使用同一个密钥进行加密和解密。其优点是加密速度快,适用于大量数据的加密;缺点是密钥管理复杂,一旦密钥泄露,数据安全性将受到严重威胁。常见的对称加密算法包括 AES(高级加密标准)和 DES(数据加密标准)。

2)非对称加密:非对称加密算法使用一对密钥(公钥和私钥)进行加密和解密。公钥用于加密,私钥用于解密,反之亦然。其优点是密钥管理相对简单,适用于需要高安全性的场景;缺点是加密速度较慢。常见的非对称加密算法包括 RSA(Rivest Shamir Adleman)和 ECC(椭圆曲线密码学)。

3)哈希函数:哈希函数将任意长度的数据输入转换为固定长度的散列值,用于数据完整性验证和数字签名。常见的哈希算法包括 SHA(安全散列算法)系列和 MD5(消息摘要算法)。

通过这些加密技术,可以有效防止数据在传输和存储过程中被未授权的第三方读取和利用,从而提高数据的安全性。

(2)具体案例展示加密技术的应用效果

案例一:某大型农场的数据加密实践

某大型农场采用了先进的数据加密技术,确保其传输和存储的农业数据安全。该农场使用 AES 算法对传感器采集的土壤湿度、温度等数据进行加密,在数据传输过程中，通过 TLS（传输层安全协议）进一步保障数据的传输安全。在云平台存储数据时，农场使用 RSA 算法对数据进行加密存储，并采用 SHA256 哈希算法对数据进行完整性验证。通过这些措施，该农场成功避免了多次潜在的数据泄露事件，保证了数据的安全性和完整性。

案例二：某农业物联网平台的加密应用

某农业物联网平台在数据传输和存储过程中，全面采用非对称加密技术和对称加密技术相结合的方法。平台用户在上传和下载数据时，使用 RSA 算法进行数据加密和解密，同时在数据存储时采用 AES 算法进行加密。通过这种混合加密方式，平台不仅提高了数据传输和存储的安全性，还保证了数据处理的效率和稳定性。这一加密策略使得平台在面对网络攻击时，能够有效保护用户数据，赢得了用户的高度信任。

2. 访问控制

（1）访问控制在数据安全中的重要性和实现方法

访问控制是数据安全的重要组成部分，通过控制谁可以访问哪些数据，确保只有授权人员可以访问和操作敏感数据，从而防止未经授权的访问和数据泄露。访问控制主要包括以下几种方式。

1）基于角色的访问控制（RBAC）：RBAC 通过将权限赋予特定的角色，再将角色分配给用户，用户通过角色获得相应的权限。其优点是管理方便，适用于大型组织和复杂权限需求的场景。

2）基于属性的访问控制（ABAC）：ABAC 通过用户属性、资源属性和环境条件等多种因素综合决定访问权限，具有灵活性高、粒度细的特点，适用于动态和复杂的访问控制需求。

3）强制访问控制（MAC）：MAC 通过预定义的安全策略强制实施访问控制，通常应用于高安全性要求的场景，如军事和政府部门。其优点是安全性高，但管理复杂，灵活性较低。

4）自主访问控制（DAC）：DAC 允许数据所有者自主决定谁可以访问其数据，具有灵活性高、管理方便的特点，但安全性依赖于数据所有者的安全意识。

通过有效的访问控制措施，可以确保只有授权人员可以访问和操作敏感数据，防止未经授权的访问和数据泄露。

（2）具体案例展示访问控制的应用

案例一：某智能农业企业的 RBAC 应用

某智能农业企业采用基于角色的访问控制（RBAC）系统，确保其内部数据访问的安全性。企业根据员工的职位和职责分配不同的角色，并为每个角色定义相应的权限。例如，数据分析师可以访问和分析农场数据，但不能修改数据；而系统管理员可以管理和维护系统，但不能访问具体的农业生产数据。通过这种方式，企业有效控制了数据访问权限，避免了内部数据泄露的风险。

案例二：某农业研究机构的 ABAC 应用

某农业研究机构采用基于属性的访问控制（ABAC）系统，以应对复杂多变的访问控制需求。研究机构根据研究项目的不同阶段、研究人员的职能和当前环境条件等多种因素，动态调整访问权限。例如，在特定研究项目进行到关键阶段时，只允许核心研究团队访问数据，而其他团队成员则被限制访问。同时，机构还根据时间、地理位置等环境条件进一步细化访问控制策略。这一 ABAC 系统的实施，确保了数据访问的高度安全性和灵活性，成功保护了多个重要研究项目的数据安全。

（五）强化隐私保护的策略

1. 隐私政策与法规

隐私政策和法规在保护用户隐私方面发挥着至关重要的作用。它们为数据的收集、存储、处理和共享提供了法律框架和指导方针，确保用户的个人信息在使用过程中得到妥善保护。以下是隐私政策和法规在隐私保护中的几种主要作用：

1）提供透明性和用户控制权：隐私政策要求企业明确告知用户其数据的使用方式、目的以及与谁共享。这种透明性不仅让用户了解他们的数据将如何被使用，还赋予他们对自己数据的控制权。例如，用户可以选择是否同意数据被共享或用于特定用途。

2）设定数据保护标准：隐私法规通常包含对数据保护的具体要求，如数据加密、访问控制和数据泄露响应计划。这些标准帮助企业在处理用户数据时采取适当的安全措施。例如，数据加密技术确保在数据传输和存储过程中数据不会被未经授权的第三方读取。

3）强化责任和问责机制：隐私政策和法规明确规定了企业在数据保护方面的责任，并建立了问责机制。如果企业未能遵守规定，将面临法律制裁和经济处罚。这种机制促使企业在处理用户数据时更加谨慎和负责，以避免潜在的法律风险和经济损失。

4）促进国际合作：随着跨国数据流动的增加，国际合作在隐私保护中变得尤为重要。隐私法规如《通用数据保护条例》（GDPR）推动了各国在数据保护方面的协作，提高了全球隐私保护水平。例如，GDPR 的实施不仅影响了欧盟内部的企业，也对全球范围内处理欧盟居民数据的公司产生了深远影响。

案例：GDPR 的实施效果

《通用数据保护条例》（GDPR）是欧盟于 2018 年实施的一部重要隐私法规，它对数据保护提出了严格的要求。GDPR 实施后，对提升隐私保护水平产生了显著效果：

提高了企业的合规意识：许多企业为了符合 GDPR 要求，纷纷改进其数据保护措施，包括加强数据加密、实施严格的访问控制和建立数据泄露应急响应机制。例如，Facebook 和 Google 等大型科技公司在 GDPR 实施后都进行了大规模的隐私政策更新，以确保其合规性。

增强了用户的隐私意识：GDPR 要求企业在收集数据前必须获得用户的明确同意，这使得用户对其数据的处理方式有了更多了解和控制权。例如，当用户访问一个网站时，他们会看到一个明确的隐私声明和选择框，让他们决定是否允许网站使用他们的 Cookie 数据。

加强了监管和执法：欧盟各国设立了专门的监管机构，负责监督和执法 GDPR。这些机构对违规企业进行了多次调查和处罚，进一步强化了隐私保护。例如，法国的数据保护监管机构 CNIL 对 Google 开出了 5 000 万欧元的罚款，原因是其未能充分告知用户数据处理的具体细节。

2. 数据匿名化技术

数据匿名化技术是通过对个人数据进行处理，使其无法识别具体个人，从而保护用户隐私的技术手段。匿名化技术在隐私保护中具有以下几个方面的应用：

1）减少数据泄露风险：通过匿名化处理，原始数据中的个人信息被移除或掩盖，即使数据泄露，攻击者也无法识别具体个人，从而减少了隐私风险。例如，在医疗研究中，患者数据经过匿名化处理后，即便泄露，也无法追溯到具体的患者。

2）满足法规要求：许多隐私法规要求在处理敏感数据时采用匿名化技术，以确保数据在共享和分析过程中不暴露个人身份信息。例如，GDPR 中规定，匿名化处理的数据不再被视为个人数据，从而降低了数据处理的法律风险。

3）支持数据共享和研究：匿名化技术使得数据在保护隐私的前提下得以共享，促进了数据驱动的研究和创新。例如，在公共卫生研究中，匿名化处理后的患者数据可以用于研究疾病模式和治疗效果，而不侵犯患者隐私。

案例：医疗数据中的匿名化技术

在医疗领域，患者数据的隐私保护尤为重要。以下是数据匿名化技术在医疗数据保护中的应用案例：

K 匿名化：K 匿名化是一种常见的匿名化技术，通过将数据集中的记录分组，使每个组至少包含 K 个记录，从而避免个体被识别。例如，在一个包含患者诊断信息的数据集中，可以通过 K 匿名化处理，使得每个诊断类别至少包含 K 个患者记录，从而防止单个患者的信息被识别。

假名化：假名化技术将患者的真实身份信息替换为假名，从而在数据分析和研究过程中保护患者隐私。例如，医院在共享患者数据进行外部研究时，可以使用假名化技术，将患者姓名、身份证号码等敏感信息替换为随机生成的假名，使得研究人员无法识别具体患者。

差分隐私：差分隐私是一种更为先进的匿名化技术，通过在数据集中引入随机噪声，确保单个记录的存在与否对整体数据分析结果影响不大，从而保护个体隐私。例如，医疗机构在发布统计报告时，可以使用差分隐私技术，对数据进行处理，确保报告中不包含任何可识别个人的信息。这种方法不仅保护了个人隐私，还能保证数据的整体准确性。

通过这些匿名化技术的应用，医疗机构能够在保护患者隐私的同时，有效利用数据进行研究和分析，从而推动医疗科学的发展和进步。例如，美国一家大型医疗研究机构在使用差分隐私技术处理患者数据后，成功进行了多项针对癌症治疗的研究，并且在保护患者隐私的前提下，与其他研究机构共享了这些宝贵的数据资源。

三、法律法规与标准体系

（一）法律法规与标准体系概述

随着农业物联网和农业机器人技术的快速发展，这些新兴技术正在逐步改变传统农业的生产方式，提升农业生产效率和可持续发展。然而，伴随而来的数据隐私、网络安全、技术标准等问题也逐渐显现出来。在这种背景下，建立和完善相关的法律法规与标准体系显得尤为重要。

当前，全球各国在农业物联网和农业机器人领域的法律法规与标准体系建设上取得了一定进展，但仍存在一些不完善之处。例如，在数据隐私保护方面，不同国家和地区的法律法规存在较大差异，给跨国数据流动带来了挑战。同时，技术标准的缺乏也制约了农业物联网和机器人技术的广泛应用和推广。

在这样的背景下，本文将对当前农业物联网和农业机器人法律法规与标准体系的现状进行简要介绍，并阐述法律法规与标准体系在农业智能化发展中的重要性。

1. 当前现状

农业物联网和农业机器人技术的应用范围广泛，包括精准农业、智能灌溉、自动化收割等。这些技术的快速发展催生了大量的数据，这些数据对于提高农业生产效率和可持续发展至关重要。然而，数据隐私和安全问题成为了一个不容忽视的挑战。为了应对这些挑战，各国纷纷出台了相关法律法规。例如，欧盟的《通用数据保护条例》（GDPR）对数据隐私保护提出了严格要求，美国的《联邦农业数据保护法案》则着重于保障农民的数据所有权和隐私。

在标准体系方面，国际标准化组织（ISO）和国际电信联盟（ITU）等机构积极推动农业物联网和农业机器人技术标准的制定。例如，ISO发布了一系列关于农业物联网的标准，包括数据交换协议、传感器接口等，这些标准为农业物联网的互操作性和数据共享提供了基础。此外，ITU也发布了多个关于农业物联网和智能农业的技术报告和标准，推动了全球范围内的技术交流和合作。

尽管如此，当前的法律法规和标准体系仍存在一些不足。例如，不同国家和地区在数据隐私保护方面的法律法规存在较大差异，这给跨国数据流动和技术应用带来了挑战。同时，农业物联网和机器人技术的快速发展使得现有的法律法规和标准体系难以完全覆盖所有新兴技术领域。因此，建立更加全面和协调的法律法规与标准体系显得尤为重要。

2. 重要性

法律法规与标准体系在农业智能化发展中具有重要作用。首先，法律法规为农业物联网和机器人技术的应用提供了法律保障，确保数据隐私和安全。例如，明确的数据隐私保护法规可以有效防止数据滥用和泄露，增强用户的信任度。此外，法律法规还可以规范技术应用，确保技术的合理和合法使用。

其次，标准体系为技术的互操作性和广泛应用提供了基础。统一的技术标准可以促进不同设备和系统之间的互联互通，提高农业物联网和机器人技术的应用效率。例如，统一的数据交换协议和传感器接口标准可以简化不同设备之间的数据传输和处理过程，提升系统的整体性能。

最后，法律法规与标准体系还可以促进国际合作和技术交流。全球范围内的法律法规和标准协调可以消除技术壁垒，促进农业物联网和机器人技术在不同国家和地区的应用和推广。例如，国际标准化组织和国际电信联盟的标准制定工作有助于推动全球范围内的技术合作和知识共享，提高全球农业生产效率和可持续发展水平。

（二）现有法律法规的挑战

1. 法律法规不完善

（1）当前法律法规在农业物联网和机器人应用中的不完善

尽管农业物联网和农业机器人技术在全球范围内得到了快速发展，但现有的法律法规在许多方面仍显得不够完善。这些不完善之处不仅限制了技术的全面应用，也带来了诸多隐患。

1）数据隐私保护不足：随着农业物联网和机器人技术的大量数据采集，数据隐私保护成为了一个关键问题。然而，许多国家在数据隐私保护方面的法律法规尚不健全。例如，有些国家并没有明确的数据隐私保护规定，或者现有的规定无法涵盖农业领域特有的数据类型，这导致农民的数据可能被滥用或泄露。

2）缺乏专门的法规：目前，许多国家的法律法规主要集中在传统农业和一般性的数据保护上，而缺乏针对农业物联网和机器人技术的专门法规。这导致在实际应用中，相关法律法规难以对新兴技术进行有效监管和指导。例如，现有的法规可能无法涵盖无人机在农田中的使用规范，也没有对机器人在农业生产中的安全标准进行详细规定。

3）监管体系不健全：尽管一些国家已经出台了相关的法律法规，但监管体系的不健全使得这些法规在实际执行中存在困难。例如，缺乏专业的监管机构和人员，导致法规的执行效果不佳，难以有效监督和管理农业物联网和机器人技术的应用。

4）法律更新滞后：农业物联网和机器人技术的发展速度远超现有法律法规的更新速度。这种滞后性使得法律法规往往不能及时反映技术发展的最新动态，导致在面对新技术和新应用时，现有法律法规显得力不从心。例如，新兴的智能农机和无人机技术在市场上快速推广，但相关法律法规却未能及时跟进，对这些新技术的规范和管理缺乏明确的指导。

（2）法律法规的不完善对技术应用的影响案例

案例一：数据隐私保护不足

在某些国家，农民通过物联网设备采集的农田数据缺乏有效的隐私保护。这些数据包括土壤湿度、作物生长状态、气候条件等，具有高度的商业价值。一些农业科技公司未经农民同意，利用这些数据进行商业开发，甚至将数据出售给第三方。这不仅侵犯了农民的隐私权，也可能导致农民的生产经营策略被竞争对手获取，严重影响其经济利益。

案例二：无人机使用规范缺乏

在某些地区，农业无人机的使用逐渐普及，用于农药喷洒、田间监测等。然而，由于缺乏专门的使用规范和法律指导，无人机在使用过程中存在诸多问题。例如，某地发生了一起无人机喷洒农药误喷事件，导致邻近居民区受污染，居民健康受到威胁。而事后调查发现，当地并没有针对农业无人机使用的详细法律规定，农药喷洒的高度、范围和安全措施等都未明确规范。

案例三：监管体系不健全

某国虽然出台了针对农业物联网设备的管理法规，但由于缺乏专业的监管机构和人员，实际执行中存在诸多问题。例如，一些不符合标准的低质量传感器和设备进入市场，导致农民在使用中频繁出现数据错误和设备故障。然而，农民在遇到问题时，却无法得到有效的监管和维权支持，最终对农业物联网技术的信任度和使用意愿大大降低。

3. 法律法规的区域差异及其对技术的影响

全球范围内，各国在农业物联网和机器人技术的法律法规上存在显著差异。这些差异不仅体现在数据隐私保护、设备使用规范等方面，还包括技术标准、市场准入条件等。这种法律法规的区域差异对技术的应用和推广带来了诸多挑战。

1）数据隐私保护法规差异：不同国家和地区在数据隐私保护方面的法规存在显著差异。例如，欧盟的《通用数据保护条例》（GDPR）对数据隐私保护提出了严格的要求，而一些发展中国家在这方面的规定则相对宽松。这种差异导致在跨国数据流动时，企业和用户需要面对不同的法律要求，增加了数据管理的复杂性。

2）技术标准差异：不同国家和地区在农业物联网和机器人技术的标准制定上存在差异。例如，某些国家制定了详细的传感器和通信协议标准，而其他国家则尚未形成统一的标准。这种差异影响了设备和技术的互操作性，增加了跨国应用和推广的难度。

3）市场准入条件差异：不同国家和地区对农业物联网和机器人技术的市场准入条件也存在差异。例如，一些国家对新技术的市场准入设定了严格的审批程序和测试要求，而其他国家则相对宽松。这种差异导致技术和产品在全球市场上的推广速度不一致，影响了技术的全球应用。

4）法律执行力度差异：不同国家和地区在法律执行力度上也存在显著差异。一些国家和地区对农业物联网和机器人技术的法律法规执行严格，监管机构力度大，而其他国家和地区则在这方面相对薄弱。这种差异导致技术应用过程中存在法律真空地带，使得企业和用户在跨国使用时面临不确定性。

4. 区域差异引发问题的案例

案例一：数据隐私保护法规差异

一家国际农业科技公司在欧盟和东南亚多个国家运营。在欧盟，由于 GDPR 的严格要求，公司必须对用户数据进行严格保护，包括数据加密、用户同意等措施。然而，在东南亚某些国家，数据隐私保护法规相对宽松，公司对用户数据的保护措施也较为简单。这种差异不仅增加了公司的数据管理复杂性，还导致用户对数据隐私保护的信任度不同。例如，在欧盟用户普遍信任公司的数据处理方式，而在东南亚地区则有用户投诉数据泄露问题，影响了公司的声誉和市场推广。

案例二：技术标准差异

一家智能农业设备制造商在多个国家销售其农业传感器设备。然而，由于不同国家的技术标准不一致，设备在不同市场上表现差异显著。在某些国家，设备由于符合当地标准，表现良好，受到农民的欢迎；而在其他国家，由于技术标准不统一，设备频繁出现兼容性问题和数据传输故障，导致用户体验不佳。例如，在美国和欧洲市场，设备表现优异，而在南美市场则由于技术标准不一致，销售情况不理想。

案例三：市场准入条件差异

一家农业机器人公司在北美和亚洲市场推广其自动化播种机器人。在北美，公司需要经过严格的市场准入审批和多项安全测试，导致产品上市时间延长，市场推广进度缓慢。然而，在亚洲某些国家，市场准入条件相对宽松，公司产品得以快速进入市场并推广。这种差异不仅影响了公司在不同市场的战略布局，也对全球市场推广带来了挑战。例如，公司在北美市场的推广受到时间和成本限制，而在亚洲市场则能够迅速占领市场份额。

案例四：法律执行力度差异

一家农业物联网服务提供商在欧洲和非洲市场运营。欧洲市场由于法律执行力度严格，公司的服务规范和数据处理严格按照法律要求进行，市场运营稳定。然而，在非洲某些国家，由于法律执行力度薄弱，公司在数据处理和服务规范上遇到诸多问题。例如，某些地区的非法传感器和设备进入市场，导致数据质量和服务效果受到影响。

同时，缺乏有效的法律监管，用户在遇到问题时无法得到有效的法律支持，影响了公司的市场信任度和用户满意度。

（三）标准体系的挑战

1. 缺乏统一标准

（1）农业物联网和机器人技术标准体系的不统一

农业物联网和农业机器人技术的快速发展，对标准体系的需求愈加迫切。然而，目前全球范围内的标准体系存在不统一的问题，具体表现如下：

1）多样化的技术规范：农业物联网和机器人技术涵盖了传感器、通信协议、数据处理等多个方面。各国和各地区由于发展水平和技术路线的不同，制定了各自的技术规范和标准。这种多样化的技术规范导致设备和系统之间的互操作性差，增加了系统集成和数据共享的难度。

2）区域性标准的限制：一些国家和地区制定了本土化的标准，虽然在当地市场上有一定的适用性，但在国际市场上却缺乏通用性。例如，美国和欧洲在农业物联网传感器接口和通信协议上有各自的标准，这使得跨区域的设备互通和数据交换变得复杂。

3）标准更新滞后：农业物联网和机器人技术的发展速度快，而标准的制定和更新相对滞后。现有标准往往不能涵盖最新的技术和应用场景，导致在实际应用中无法得到有效指导。例如，一些新兴的智能农机和无人机技术由于缺乏标准，难以在市场上大规模推广。

4）行业分散：农业物联网和机器人技术涉及多个行业，包括农业、信息技术、机械制造等。各行业有各自的标准体系和技术规范，缺乏统一的协调机制。这种行业分散导致标准制定过程中的沟通和协调困难，进一步加剧了标准的不统一性。

（2）缺乏统一标准引发的问题

案例一：传感器接口不统一

在全球范围内，农业物联网传感器的接口标准存在显著差异。某国际农业科技公司在多个国家销售其土壤传感器设备，但由于各国传感器接口标准不同，公司不得不针对不同市场设计不同的接口模块。这不仅增加了研发和生产成本，还影响了设备的性能和用户体验。例如，在美国市场上，传感器接口标准和通信协议较为统一，公司产品能够稳定运行；而在南美市场上，由于缺乏统一标准，传感器数据传输经常出现兼容性问题，影响了数据的准确性和可靠性。

案例二：无人机通信协议差异

农业无人机在精准农业中的应用越来越广泛，但由于通信协议的不统一，跨区域应用面临诸多挑战。例如，在欧洲，农业无人机采用了严格的通信频段和协议标准，而在亚洲部分国家，这些标准并未得到全面实施。某无人机制造商在推广其产品时，发现欧洲市场的无人机通信协议与亚洲市场不兼容，导致无人机在跨区域使用时出现信号中断和数据传输失败的问题。这不仅影响了无人机的操作和管理，还增加了农民和企业的使用成本。

案例三：数据处理标准缺失

农业物联网设备采集的数据种类繁多，包括气象数据、土壤数据、作物生长数据等。然而，由于缺乏统一的数据处理标准，不同设备和系统之间的数据共享和分析存在困难。某农业科技公司开发了一套智能农田管理系统，试图整合不同来源的数据进行综合分析，但由于各设备的数据格式和处理标准不同，数据整合过程中出现了大量兼容性问题，影响了系统的分析精度和决策支持能力。

2. 标准体系的国际化

（1）标准体系国际化的挑战和重要性

在全球化的背景下，农业物联网和机器人技术的标准体系国际化显得尤为重要。标准体系国际化不仅有助于提升技术的全球适用性，还能促进国际合作和技术交流。然而，标准体系国际化面临诸多挑战。

1）技术和发展水平差异：各国在农业物联网和机器人技术的发展水平和技术路线存在差异，导致在制定国际标准时，难以达成一致。例如，发达国家在技术先进性和标准制定上具有领先优势，而发展中国家则关注标准的普适性和适用性。这种差异增加了标准国际化的难度。

2）利益冲突：不同国家和地区在标准制定过程中，往往会考虑自身的利益和市场竞争力。例如，一些国家可能会优先推广本土企业的技术标准，而忽视国际标准的协调和统一。这种利益冲突导致国际标准的制定过程复杂且漫长。

3）法律和监管差异：各国在数据隐私、网络安全、市场准入等方面的法律法规存在显著差异，这对标准体系的国际化形成了制约。例如，欧盟的 GDPR 对数据隐私保护提出了严格要求，而一些国家的法律法规则相对宽松，这种法律差异使得国际标准难以在全球范围内统一实施。

4）文化和语言障碍：标准体系的国际化还需要克服文化和语言上的障碍。不同国家和地区在技术术语、标准表达和实施方式上存在差异，这增加了标准化工作的复杂性。例如，在制定国际标准时，如何确保各方在理解和执行上的一致性是一个重要挑战。

（2）国际标准化的进展和问题

案例一：ISO 农业物联网标准

国际标准化组织（ISO）在农业物联网领域推出了一系列标准，包括数据交换协议、传感器接口等。这些标准为全球范围内的农业物联网技术提供了统一的技术规范。然而，由于各国在技术发展和应用上的差异，ISO 标准的推广和实施面临挑战。例如，一些国家在执行 ISO 标准时，由于本土技术和市场需求的差异，标准的适用性和效果存在争议。此外，标准的复杂性和实施成本也成为一些发展中国家推广 ISO 标准的障碍。

案例二：ITU 农业物联网技术报告

国际电信联盟（ITU）发布了多个关于农业物联网和智能农业的技术报告，推动全球范围内的技术交流和合作。例如，ITU 的技术报告涵盖了农业物联网的通信协议、数据处理和应用场景，为各国提供了参考和指导。然而，在实际应用中，由于各国在法律法规、技术水平和市场需求上的差异，ITU 技术报告的实施效果不尽相同。例如，在一些发展中国家，技术报告中的某些先进技术由于成本和技术门槛问题难以推广。

案例三：区域性标准的国际化尝试

一些区域性标准组织，如欧洲电信标准协会（ETSI），尝试将其农业物联网和机器人技术标准推广至全球市场。这些标准在欧洲市场上表现良好，但在推广至其他区域时面临诸多问题。例如，ETSI 的标准在欧洲市场上由于法律法规的支持和市场的成熟，得到了广泛应用；然而，在推广至亚洲和非洲市场时，由于法律法规、市场需求和技术水平的差异，标准的适用性和接受度不高。这种区域性标准的国际化尝试暴露了标准体系在全球推广中的实际困难。

案例四：跨国企业的标准化挑战

一些跨国农业科技公司在全球范围内推广其农业物联网和机器人技术时，面临不同国家和地区标准差异带来的挑战。例如，一家跨国公司在欧洲市场采用了严格的数据隐私保护标准，但在进入亚洲市场时，发现当地的法律法规和市场需求不同，导致其标准难以直接适用。这种标准差异增加了企业在跨国运营中的成本和复杂性，同时也影响了技术的全球推广和应用。

（四）完善法律法规的策略

1. 制定新的相关法规

随着农业物联网和机器人技术的迅速发展，现有的法律法规已无法满足技术进步和应用需求。因此，制定新的法规是必要且紧迫的。以下是制定新法规的几个关键原因。

1）技术更新迭代快：农业物联网和机器人技术不断发展，新的技术和应用场景层出不穷。现有法规往往滞后于技术发展，无法有效监管和引导新技术的应用。例如，无人机在农业中的广泛应用催生了新的管理需求，如空域管理、数据隐私保护等，但现有法规并未对此作出明确规定。

2）数据隐私与安全：农业物联网设备收集和处理大量数据，包括农田环境数据、作物生长数据等。这些数据在传输和存储过程中存在被窃取和滥用的风险。因此，需要制定专门的法律法规，明确数据收集、传输、存储和使用的规范，保护农民和企业的隐私和数据安全。

3）市场规范与公平竞争：农业物联网和机器人市场的快速扩展带来了新的竞争态势。为了确保市场的公平竞争，避免垄断和不正当竞争行为，必须制定新的法律法规，规范市场秩序，保护中小企业的利益，促进技术创新和市场健康发展。

4）环境保护与可持续发展：农业物联网和机器人技术在提高农业生产效率的同时，也可能对环境造成影响。例如，大规模使用无人机可能会对野生动物栖息地造成干扰。新法规需要在促进技术应用的同时，兼顾环境保护和可持续发展，制定相应的环境评估和管理规范。

2. 新法规的制定过程和效果的案例展示

案例一：欧盟的《农业物联网隐私保护条例》

为应对农业物联网技术快速发展的需求，欧盟于 2022 年制定了《农业物联网隐私保护条例》（AIoTPPR）。该条例明确规定了农业物联网设备的数据收集、处理和存储规范，要求设备制造商和数据处理方采取严格的数据加密和匿名化措施，保障农民和企业的数据隐私。此外，条例还规定了数据泄露的处罚措施，进一步提高了数据安全的保障。

在该条例的推动下，欧洲农业物联网市场的发展得到了有效规范。农民和企业对数据隐私的担忧有所减轻，市场信心增强，技术应用得到了更广泛的推广。根据欧盟的一项调查显示，自条例实施以来，欧洲农业物联网市场的年增长率提高了 10%，农民对数据隐私保护的满意度也显著提升。

案例二：美国的《无人机农业应用管理法》

随着无人机在农业中的广泛应用，美国联邦航空管理局（FAA）于 2023 年制定了《无人机农业应用管理法》。该法案规定了农业无人机的操作规范，包括飞行高度、空域管理、飞行员资质等。同时，法案还明确了无人机在农业应用中的数据收集和使用规范，要求操作方对数据进行严格管理，防止数据泄露和滥用。

该法案实施后，美国农业无人机市场得到了有效管理。无人机操作的安全性和规范性大幅提高，避免了因无人机操作不当导致的事故。同时，数据管理规范的实施也增强了农民和企业对无人机技术的信任，促进了无人机在农业中的进一步应用和推广。

3. 区域法规协调

（1）协调不同地区法规以促进技术应用的策略

不同地区在农业物联网和机器人技术应用上的法规存在差异，给技术的跨区域应用带来了挑战。为了促进技术的广泛应用和推广，需要在以下几个方面进行区域法规协调：

1）建立区域协调机制：各国和地区应建立区域性协调机制，定期召开会议，交流法规制定和实施的经验，探讨法规协调的可行性和具体措施。例如，亚太经济合作组织（APEC）可以设立农业物联网和机器人技术法规协调工作组，推动区域内的法规协调。

2）制定共同标准：在区域协调机制的基础上，各国和地区可以共同制定农业物联网和机器人技术的统一标准。这些标准应涵盖设备接口、数据通信、操作规范等多个方面，确保不同地区设备和系统的互操作性，提高技术应用的便捷性和效率。

3）签署区域性协议：各国和地区可以签署区域性协议，明确跨区域技术应用的法规协调措施。例如，欧洲联盟（EU）成员国之间可以签署农业物联网和机器人技术的合作协议，规定设备和系统在各成员国间的自由流通和使用规范，减少跨区域技术应用的法律障碍。

4）推动法规互认：各国和地区可以通过谈判，推动法规的互认，即一个国家或地区的法规在其他国家或地区同样适用。这种法规互认机制可以简化跨区域技术应用的审批和认证流程，降低企业的运营成本，促进技术的广泛应用。

（2）区域法规协调的效果的部分案例

案例一：欧盟农业物联网法规协调

欧盟各成员国在农业物联网法规方面存在一定差异，为了解决这一问题，欧盟委员会于2021年启动了农业物联网法规协调计划。该计划旨在统一欧盟内部的农业物联网法规，制定统一的设备接口标准、数据通信协议和操作规范。同时，欧盟成员国签署了《农业物联网技术应用协议》，规定各成员国的农业物联网设备和系统可以在欧盟内部自由流通和使用。

通过这一计划，欧盟内部的农业物联网技术应用得到了极大促进。设备和系统的互操作性提高，跨国企业的运营成本降低，市场竞争力增强。根据欧盟委员会的统计，自法规协调计划实施以来，欧盟农业物联网市场的年增长率提高了15%，技术应用的广度和深度显著增加。

案例二：亚太经济合作组织（APEC）的农业机器人法规协调

亚太经济合作组织（APEC）成员国在农业机器人技术应用方面存在较大差异。为了促进区域内的技术应用，APEC于2022年启动了农业机器人法规协调项目。该项目通过设立工作组，定期召开会议，交流法规制定和实施的经验。同时，APEC成员国共同制定了农业机器人设备接口和操作规范的统一标准，并签署了《农业机器人技术应用协议》，规定各成员国的农业机器人设备可以在区域内自由流通和使用。

通过这一项目，APEC成员国的农业机器人技术应用得到了有效协调。设备和系统的互操作性提高，跨区域技术应用的法律障碍减少，市场竞争力增强。根据APEC的一项调查显示，自法规协调项目启动以来，区域内农业机器人市场的年增长率提高了12%，技术应用的广度和深度显著增加。

案例三：非洲联盟（AU）的农业技术法规协调

非洲联盟（AU）成员国在农业物联网和机器人技术应用方面存在较大差异。为了促进区域内的技术应用，非洲联盟于 2023 年启动了农业技术法规协调计划。该计划旨在统一非洲内部的农业物联网和机器人技术法规，制定统一的设备接口标准、数据通信协议和操作规范。同时，非洲联盟成员国签署了《农业技术应用协议》，规定各成员国的农业物联网和机器人设备可以在非洲内部自由流通和使用。

通过这一计划，非洲内部的农业物联网和机器人技术应用得到了有效协调。设备和系统的互操作性提高，跨区域技术应用的法律障碍减少，市场竞争力增强。根据非洲联盟的一项调查显示，自法规协调计划启动以来，非洲农业物联网和机器人市场的年增长率提高了 10%，技术应用的广度和深度显著增加。

（五）建立统一标准体系的策略

1. 制定和推广统一标准的策略和方法

（1）多方参与的标准制定过程

政府引导：政府应发挥主导作用，组织相关部门、科研机构、企业和行业协会共同参与标准的制定。通过设立专项工作组和委员会，确保标准制定过程的公开、公平和透明。

行业协会的推动：行业协会作为连接企业和政府的桥梁，应积极推动标准的制定和推广，组织行业内的专家和学者，进行深入研究和探讨，提出切实可行的标准草案。

企业的积极参与：企业作为标准实施的主要对象，应积极参与标准的制定过程，提供技术支持和实践经验，确保标准的科学性和可操作性。

（2）科学合理的标准体系

基础标准：制定设备接口、数据通信、操作规范等基础标准，确保不同设备和系统之间的互操作性。

应用标准：针对不同应用场景，如农田管理、温室监控、畜牧养殖等，制定相应的应用标准，规范技术应用的具体要求。

评估标准：制定评估标准，对农业物联网和机器人技术的应用效果进行评估，确保技术应用的安全性、可靠性和有效性。

（3）有效的标准推广机制

标准培训与宣传：通过开展培训班、研讨会、技术交流会等形式，向企业和农民推广标准，提升其对标准的认知和理解。通过媒体宣传、案例分享等方式，提高标准的知名度和接受度。

标准实施的激励机制：政府可以通过政策支持和财政补贴等手段，激励企业和农民积极采用标准。对实施标准的企业给予税收优惠、项目扶持等政策倾斜，鼓励其积极推广和应用标准。

标准实施的监督与评估：建立标准实施的监督机制，对企业和农民的标准实施情况进行定期检查和评估，确保标准的落地和执行。通过第三方机构的独立评估，提高标准实施的公正性和权威性。

（4）标准制定与推广的效果的案例

案例一：中国的农业物联网标准体系

中国在推进农业物联网技术应用的过程中，制定了系列标准，包括《农业物联网应用技术规范》、《农业物联网数据交换标准》等。这些标准涵盖了设备接口、数据通信、操作规范等多个方面，确保了不同设备和系统之间的互操作性。为了推广这些标准，中国政府通过开展标准培训班、技术交流会、媒体宣传等多种形式，提升了企业和农民对标准的认知和理解。此外，政府还通过财政补贴、项目扶持等手段，激励企业和农民积极采用标准。

通过这一系列措施，中国农业物联网标准体系得到了广泛推广和应用。根据农业农村部的统计，自标准实施以来，中国农业物联网技术的应用范围不断扩大，技术应用的规范性和安全性显著提升。农民和企业在生产过程中遵循标准，提高了农业生产的效率和质量，实现了农业智能化的可持续发展。

案例二：欧盟的农业机器人标准体系

欧盟在推进农业机器人技术应用的过程中，制定了《农业机器人操作规范》《农业机器人安全标准》等一系列标准。这些标准规定了农业机器人在不同应用场景下的操作规范和安全要求，确保了农业机器人技术的安全性和可靠性。为了推广这些标准，欧盟通过设立专项基金，支持企业和农民进行标准培训和技术推广。同时，欧盟还组织了多次技术交流会和标准推广活动，提高了企业和农民对标准的认知和接受度。

通过这些措施，欧盟的农业机器人标准体系得到了广泛推广和应用。根据欧盟委员会的统计，自标准实施以来，欧盟农业机器人市场的年增长率显著提高，技术应用的规范性和安全性大幅提升。农民和企业在生产过程中遵循标准，提高了农业生产的效率和质量，推动了农业智能化的发展。

2. 国际标准化合作的必要性和实现方法

（1）必要性

促进技术交流与合作：国际标准化合作有助于不同国家和地区之间的技术交流与合作，推动农业物联网和机器人技术的全球化应用。

减少技术壁垒：统一的国际标准可以减少不同国家和地区之间的技术壁垒，促进设备和系统的互操作性，提高技术应用的便捷性和效率。

提高市场竞争力：国际标准化合作可以提高企业的市场竞争力，帮助其开拓国际市场，增强技术创新和应用的动力。

（2）实现方法

建立国际标准化组织：各国应共同建立国际标准化组织，如国际农业物联网和机器人技术标准化组织（IAIoRTSO），负责制定和推广国际标准。

签署国际合作协议：各国应签署国际合作协议，明确国际标准化合作的具体措施和目标，推动标准的制定和实施。

开展国际技术交流：各国应定期开展国际技术交流活动，如技术论坛、研讨会、培训班等，分享技术经验和标准制定的成果，促进技术交流与合作。

推动标准互认：各国应推动标准的互认机制，即一个国家或地区的标准在其他国家或地区同样适用，简化技术应用的审批和认证流程，促进技术的广泛应用。

（3）提供具体案例展示国际标准化合作的进展和成果

案例一：ISO-11783 标准

ISO-11783 标准，又称为"农业电子数据交换标准"，由国际标准化组织（ISO）制定，旨在规范农业设备之间的数据交换。该标准规定了农业设备的数据通信协议和接口规范，确保不同设备和系统之间的互操作性。通过这一标准，农业设备制造商可以按照统一的标准进行设计和生产，提高了设备的兼容性和市场竞争力。

ISO-11783 标准的制定和推广得到了全球多个国家和地区的支持。通过国际标准化合作，该标准在全球范围内得到了广泛应用和推广。根据国际标准化组织的统计，自标准实施以来，全球农业设备市场的年增长率显著提高，技术应用的规范性和便捷性大幅提升。农民和企业在生产过程中遵循标准，提高了农业生产的效率和质量，实现了农业智能化的可持续发展。

案例二：欧盟和美国的农业物联网标准合作

欧盟和美国在农业物联网标准化方面开展了广泛的合作。双方签署了《农业物联网技术标准合作协议》，明确了共同制定和推广农业物联网技术标准的具体措施和目标。在这一合作框架下，欧盟和美国共同制定了《农业物联网数据通信协议标准》《农业物联网设备接口标准》等一系列标准，确保了农业物联网设备和系统的互操作性。

通过这一合作，欧盟和美国的农业物联网技术应用得到了显著提升。设备和系统的兼容性提高，跨国企业的运营成本降低，市场竞争力增强。根据欧盟和美国农业部的统计，自合作启动以来，欧盟和美国农业物联网市场的年增长率显著提高，技术应用的广度和深度显著增加。

案例三：亚太经济合作组织（APEC）的农业机器人标准合作

亚太经济合作组织（APEC）成员国在农业机器人标准化方面开展了广泛的合作。通过设立农业机器人标准化工作组，APEC 成员国共同制定了《农业机器人操作规范》、《农业机器人安全标准》等一系列标准，确保了农业机器人技术的安全性和可靠性。同时，APEC 成员国签署了《农业机器人技术标准合作协议》，明确了共同制定和推广标准的具体措施和目标。

通过这一合作，APEC 成员国的农业机器人技术应用得到了显著提升。设备和系统的兼容性提高，跨国企业的运营成本降低，市场竞争力增强。根据 APEC 的统计，自合作启动以来，APEC 成员国农业机器人市场的年增长率显著提高，技术应用的广度和深度显著增加。

第六章　结论与展望

第一节　研究成果总结

一、研究成果概述

本书全面探讨了农业物联网与农业机器人技术的发展历程、关键技术及其在现代农业中的应用，系统总结了在这一领域的主要研究成果，展示了各章节的重要发现和贡献，勾勒出了农业物联网与机器人技术的整体发展成就。

（一）主要研究成果的系统总结

农业物联网与农业机器人技术作为现代农业的重要组成部分，在提高农业生产效率、减少资源浪费和提升农产品质量方面展现出了巨大的潜力。本书从以下几个方面系统总结了主要研究成果。

（1）农业物联网技术的研究成果

农业物联网技术通过整合传感器技术、无线通信技术和数据处理技术，实现了农业生产全过程的智能监测和管理。研究表明，农业物联网技术在精准农业、智能温室和畜牧养殖中具有广泛应用，能够显著提高农业生产的效率和精度。

（2）农业机器人技术的研究成果

农业机器人技术涵盖了导航与定位、机械臂与末端执行器、感知与决策系统等多个方面。研究成果展示了农业机器人在播种、施肥、除草、采摘等环节的应用效果，证明了其在减少人力成本、提高农业生产自动化水平方面的巨大潜力。

（3）农业物联网与机器人技术的融合应用

农业物联网与机器人技术的融合应用，是实现智慧农业的重要途径。研究成果表明，信息融合技术、协同控制技术及云计算与大数据处理技术在农业生产中的应用，能够有效提升农业生产的智能化水平，实现智慧农田管理、农业无人机应用等方面的成功实践。

（4）未来发展趋势与挑战

本书还对农业物联网与机器人技术的发展趋势和面临的挑战进行了深入分析，提出了未来技术创新、应用领域拓展及产业链协同发展的方向，为未来的研究与应用提供了宝贵的参考。

（二）各章节的重要发现和贡献

本书各章节围绕农业物联网与机器人技术的不同方面展开，分别对各自领域的重要发现和贡献进行了详细阐述。

第一章：农业物联网技术的基本原理与应用

介绍了农业物联网技术的基本原理，包括传感器技术、无线通信技术和数据处理技术。通过具体应用案例，展示了农业物联网技术在精准农业、智能温室和畜牧养殖中的应用效果，强调了其在提高农业生产效率和精度方面的重要作用。

第二章：农业机器人技术的基本原理与应用

系统探讨了农业机器人技术的基本原理和应用，包括导航与定位技术、机械臂与末端执行器、感知与决策系统等。通过多个实际应用案例，展示了农业机器人在播种、施肥、除草、采摘等环节的应用效果，证明了其在减少人力成本、提高农业生产自动化水平方面的巨大潜力。

第三章：农业物联网与机器人技术的融合应用

重点介绍了农业物联网与机器人技术的融合应用，探讨了信息融合技术、协同控制技术及云计算与大数据处理技术在农业生产中的应用方法。通过多个融合应用的实践案例，展示了其在智慧农田管理、农业无人机应用等方面的成功实践，证明了融合应用的必要性与可行性。

第四章：农业物联网与机器人技术的未来发展趋势与挑战

分析了农业物联网与机器人技术的发展趋势和面临的挑战，提出了未来技术创新、应用领域拓展及产业链协同发展的方向。强调了技术创新的重要性，提出了多传感器融合技术、协同控制与智能调度、边缘计算与云计算结合、无人化农机与自主作业、智能决策支持系统等未来研究的重点方向。

第五章：农业物联网与机器人技术的实际应用案例

通过具体的应用案例，展示了农业物联网与机器人技术在实际农业生产中的应用效果。案例包括精准农业、智能温室管理、畜牧养殖管理、无人机农田监测等，详细分析了各个案例的技术实现、应用效果和经济效益，证明了农业物联网与机器人技术在现代农业中的巨大潜力和广泛应用前景。

综上所述，本书系统总结了农业物联网与机器人技术在现代农业中的研究成果，展示了各章节的重要发现和贡献。通过对各项技术的深入研究，本书为现代农业的发展提供了新的思路和方法，展示了农业物联网与机器人技术在提高农业生产效率、提升农产品质量、减少人力成本、实现农业生产智能化和促进农业可持续发展方面的巨大潜力和广泛应用前景。

（三）农业物联网与机器人技术的整体发展成就

通过本书的系统研究和深入探讨，可以看到农业物联网与机器人技术在现代农业中的整体发展成就。以下是几个主要方面。

（1）提高农业生产效率

农业物联网与机器人技术通过智能监测和自动化操作，大大提高了农业生产的效率。传感器技术和数据处理技术的应用，使得农业生产中的各个环节都能得到精准控制和管理，减少了资源浪费，提高了生产效率。

（2）提升农产品质量

通过对农业环境的实时监测和智能调控，农业物联网与机器人技术能够保证农作物在最适宜的环境条件下生长，从而提高了农产品的质量。机械臂与末端执行器的精确操作，确保了农产品在采摘、包装等环节中的质量不受损害。

（3）减少人力成本

农业机器人技术的应用，大大减少了农业生产中的人力成本。通过自动化的播种、施肥、除草、采摘等操作，农业机器人能够代替人工完成大量重复性、劳动强度大的工作，从而降低了人力成本，提高了生产效率。

（4）实现农业生产的智能化

农业物联网与机器人技术的融合应用，使得农业生产过程实现了智能化。通过多传感器融合、协同控制和云计算等技术，农业生产的各个环节都能实现自动化和智能化，提高了农业生产的科学化管理水平。

（5）促进农业可持续发展

农业物联网与机器人技术的应用，有助于实现农业的可持续发展。通过精准农业技术，可以减少化肥、农药的使用量，减少环境污染，提高资源利用率。智能温室和畜牧养殖管理技术，能够有效控制农业生产中的环境因素，减少资源浪费，促进农业的可持续发展。

综上所述，本书系统地总结了农业物联网与机器人技术在现代农业中的研究成果，展示了各章节的重要发现和贡献，勾勒出了这一领域的整体发展成就。通过对传感器技术、无线通信技术、数据处理技术、导航与定位技术、机械臂与末端执行器、感知与决策系统、信息融合技术、协同控制技术及云计算与大数据处理技术的深入研究，本书为现代农业的发展提供了新的思路和方法，展示了农业物联网与机器人技术在提高农业生产效率、提升农产品质量、减少人力成本、实现农业生产智能化和促进农业可持续发展方面的巨大潜力和广泛应用前景。未来，随着技术的不断进步和应用的深入，农业物联网与机器人技术将进一步推动现代农业的发展，为全球农业的可持续发展提供有力保障。

二、学术价值与实践意义

（一）理论创新与学术贡献

本书在农业物联网与农业机器人技术的研究中，提出了许多具有开创性和实质性贡献的理论创新。这些创新不仅深化了对农业技术的理解，也为相关领域的学术研究提供了新的思路和方向。

首先，通过对传感器技术、无线通信技术和数据处理技术的深入研究，本书提出了一个系统性的农业物联网框架。该框架不仅在理论上为农业物联网技术的发展提供了坚实的基础，还在实际应用中展示了其可行性和高效性。例如，本书详细介绍了如何通过多传感器融合技术实现精准农业，确保农作物在最佳环境条件下生长，从而提高产量和质量。

在农业机器人技术方面，本书系统探讨了导航与定位技术、机械臂与末端执行器、感知与决策系统等关键技术的最新进展。特别是多传感器融合、智能控制与边缘计算技术的应用，为农业机器人提供了更加智能和高效的解决方案。这些理论创新不仅推动了农业机器人技术的发展，也为其他领域的机器人研究提供了参考。

此外，本书提出的农业物联网与机器人技术的融合应用理念，通过信息融合技术、协同控制技术及云计算与大数据处理技术的结合，实现了智慧农业的目标。这样的融合不仅拓宽了农业技术的应用范围，也为农业现代化提供了全新的解决方案。例如，书中详细阐述了如何通过多传感器数据的融合，实现对农田环境的全面感知和精准控制，从而提高农作物的生长效率和品质。

（二）实际应用中的效果和价值

农业物联网技术在精准农业、智能温室和畜牧养殖中的广泛应用，显著提高了农业生产的效率和精度。通过应用土壤湿度传感器、气象传感器和植被健康传感器，农民可以实时监测农田环境，从而进行精准的灌溉和施肥。这不仅减少了资源浪费，还提高了作物的产量和质量。

在智能温室中，农业物联网技术通过实时监测和自动控制温度、湿度、光照等环境参数，确保作物在最佳条件下生长。例如，智能温室系统可以根据传感器数据自动调整灌溉和通风系统，从而优化作物的生长环境。这种智能管理方式不仅提高了生产效率，还减少了人工操作的复杂性和误差。

畜牧养殖方面，农业物联网技术通过对畜禽生长环境的实时监控和数据分析，实现了精准的饲养管理。例如，通过监测饲料消耗量、体重变化和健康状况，养殖场可以及时调整饲养策略，提高畜禽的生长速度和健康水平。这不仅提高了养殖效率，还降低了饲料成本和疾病风险。

农业机器人技术的应用，不仅减少了农业生产中的人力成本，还提高了生产的自动化水平。在播种、施肥、除草和采摘等环节，农业机器人通过高精度的导航与定位技术、灵活的机械臂与末端执行器和智能的感知与决策系统，实现了自动化作业。例如，自动播种机器人可以根据土壤条件和作物需求，精准地播种和施肥，提高了作物的出苗率和生长速度。

采摘机器人则通过视觉识别和机械臂操作，实现了果实的自动采摘。这不仅减少了人工劳动力，还避免了果实损伤，提高了采摘效率和果实质量。这些应用案例表明，农业机器人在提高生产效率、降低劳动强度和改善工作环境方面具有重要价值。

农业物联网与机器人技术的融合应用，通过智慧农田管理、农业无人机应用等实践案例，展示了其在农业生产中的成功实践。智慧农田管理系统通过多传感器数据的融合，实现了对农田环境的全面感知和精准控制。例如，农业无人机通过搭载高精度摄像头和传感器，实时监测农田状况，并进行精准的喷洒农药和肥料。这种无人机应用不仅提高了工作效率，还减少了农药和肥料的使用量，降低了环境污染。

（三）对农业生产和管理的具体影响

农业物联网与机器人技术在农业生产和管理中的应用，带来了显著的变化和影响。首先，在提高农业生产效率方面，农业物联网技术通过实时监测和智能管理，减少了资源浪费，提高了生产效率。例如，通过精准的土壤湿度监测和智能灌溉系统，实现了水资源的合理利用，提高了作物的产量和质量。

在减少人力成本方面，农业机器人技术的应用，使得农民能够从繁重的体力劳动中解放出来，专注于更高附加值的工作。自动化的播种、施肥和采摘作业，不仅提高了生产效率，还减少了人工误差和工作强度，改善了劳动条件。例如，自动播种机器人可以在短时间内完成大面积的播种工作，而不需要大量的人工参与。这不仅减少了人力成本，还提高了播种的均匀性和效率。

在提升农产品质量方面，农业物联网与机器人技术通过精准控制和智能管理，确保了农作物在最佳环境条件下生长。例如，通过实时监测环境参数和智能调控系统，确保了作物在适宜的温度、湿度和光照条件下生长，提高了农产品的质量和市场竞争力。例如，智能温室系统可以根据作物的生长需求，自动调节光照和温度，从而确保作物在最佳条件下生长，提高了果实的糖度和口感。

在促进农业可持续发展方面，农业物联网与机器人技术通过减少化肥、农药的使用量和提高资源利用率，减少了环境污染，促进了生态平衡。例如，通过精准农业技术，减少了农药的过量使用，保护了土壤和水源环境，提高了农业的可持续发展能力。例如，智能喷洒系统可以根据病虫害情况，精准喷洒农药，减少了农药的使用量和对环境的污染。

综上所述，农业物联网与机器人技术在农业生产和管理中的应用，不仅提高了生产效率和农产品质量，减少了人力成本，还促进了农业的可持续发展，带来了显著的经济和社会效益。这些实际应用中的效果和价值，验证了理论创新的可行性和有效性，也为农业现代化提供了新的解决方案和发展方向。

第二节　未来研究方向

一、未来研究方向

（一）深入研究的关键问题

农业物联网与农业机器人技术作为现代农业发展的重要推动力，已经取得了显著的进展。然而，随着技术的不断发展和应用的不断深入，仍然存在许多亟待解决的问题和挑战。本节将从当前研究中的不足与空白、亟待解决的技术问题和挑战、未来研究的重点领域和方向三个方面，深入探讨农业物联网与农业机器人技术的关键问题。

（二）当前研究中的不足与空白

尽管农业物联网和农业机器人技术在农业生产中展现了巨大的潜力，但在实际应用中仍存在一些不足和空白。

首先，传感器技术的精度和稳定性仍需提高。虽然目前的传感器已经能够提供一定程度的精度和稳定性，但在复杂的农业环境中，传感器的性能往往会受到外界环境的影响，如温度、湿度、尘土等因素，导致数据的准确性和可靠性下降。因此，提高传感器的抗干扰能力和数据的准确性是当前研究中的一大挑战。

其次，无线通信技术在大规模农田环境中的覆盖范围和通信质量仍有待提高。目前的无线通信技术在小范围内表现良好，但在大规模农田中，由于地形复杂、障碍物多等原因，信号传输效果不佳，导致数据传输不稳定。此外，现有的无线通信协议在传输速率和能耗方面也存在一定的局限性，需要进一步优化和改进。

再次，数据处理技术在应对海量数据时仍存在一定的瓶颈。随着农业物联网技术的应用，农业生产过程中产生的数据量越来越大，如何高效地处理和分析这些数据，成为当前研究中的一个重要课题。现有的数据处理技术在处理速度、存储容量和数据分析能力等方面仍有提升空间，特别是在实时数据处理和大数据分析方面，亟需新的技术突破。

最后，农业机器人技术在复杂环境下的适应性和智能化水平仍需提高。目前的农业机器人在简单环境下可以表现出较高的自动化水平，但在复杂的农业环境中，如不规则的田地、不同种类的作物、变化的天气条件等，机器人往往难以应对。此外，现有的农业机器人在感知和决策方面仍存在一定的局限性，需要通过引入更先进的人工智能技术，提升机器人的智能化水平。

（三）亟待解决的技术问题和挑战

为了进一步推动农业物联网与农业机器人技术的发展，需要解决一系列技术问题和挑战。

首先，传感器技术方面，需要开发出更高精度、更高稳定性的传感器，以适应复杂的农业环境。这包括提高传感器的抗干扰能力、延长传感器的使用寿命以及开发多功能传感器，实现对多种环境参数的同步监测。

其次，无线通信技术方面，需要优化现有的通信协议和技术，提升信号的覆盖范围和传输质量。特别是在大规模农田环境中，需要开发出低功耗、高速率的通信技术，确保数据的稳定传输。此外，需要研究新的通信技术，如低功耗广域网（LPWAN）和 5G 技术，以满足农业物联网的需求。

再次，数据处理技术方面，需要开发出更高效的算法和系统，以应对海量数据的处理和分析。这包括优化现有的数据处理算法，提高数据处理的速度和准确性；开发分布式计算和云计算技术，实现大规模数据的存储和处理；以及研究新的数据分析方法，如机器学习和深度学习技术，提高数据分析的智能化水平。

最后，农业机器人技术方面，需要提升机器人在复杂环境下的适应性和智能化水平。这包括开发出更灵活的机械臂和末端执行器，以适应不同类型的农作物和操作任务；研究新的导航与定位技术，提高机器人在复杂环境中的自主导航能力；以及引入更先进的感知与决策技术，如人工智能和机器学习技术，提高机器人的感知能力和决策能力。

（四）未来研究的重点领域和方向

未来的研究应重点关注以下几个领域和方向：

首先，传感器技术方面，需要继续研究和开发高精度、多功能的传感器，提升传感器的抗干扰能力和数据的准确性。同时，需要研究新的传感器材料和技术，如纳米传感器和生物传感器，以提高传感器的性能和适用范围。

传感器是农业物联网的核心组件之一，其性能直接决定了整个系统的数据质量和应用效果。未来的研究应着重开发新型传感器技术，如光纤传感器、生物传感器和智能传感器等，以应对不同作物和环境条件下的监测需求。此外，还需要研究传感器的集成技术，将多种功能集成到一个传感器中，实现对土壤、水分、气象等多种参数的同步监测。

其次，无线通信技术方面，需要重点研究低功耗、高速率的通信技术，以适应大规模农田环境的需求。特别是 5G 技术的发展,为农业物联网提供了新的机会和挑战,需要深入研究 5G 技术在农业中的应用。此外,需要研究新的通信协议和技术,如低功耗广域网(LPWAN)和物联网专用通信协议,以满足不同场景下的数据传输需求。

无线通信技术是农业物联网中数据传输的关键环节,其性能直接影响系统的实时性和可靠性。未来的研究应重点关注以下几个方向:

1) 低功耗通信技术:开发低功耗的通信协议和设备,以延长传感器节点的工作寿命,减少更换电池的频率和成本。

2) 高覆盖率通信技术:研究新的通信技术和协议,如 LoRa、NB-IoT 等,以提高在大规模农田环境中的信号覆盖范围和稳定性。

3) 5G 技术应用:探索 5G 技术在农业物联网中的应用,包括高带宽、低延迟的特点,如何应用于精准农业监测和控制。

4) 智能网络管理:开发智能网络管理系统,通过动态调整网络参数,提高通信效率和数据传输的可靠性。

再次,数据处理技术方面,需要重点研究分布式计算和云计算技术,以应对海量数据的存储和处理。同时,需要研究新的数据分析方法,如机器学习和深度学习技术,提高数据分析的智能化水平。此外,需要研究数据的安全和隐私保护技术,确保数据在传输和处理过程中的安全性。

数据处理是农业物联网的核心任务之一,随着传感器数量和数据量的增加,高效的数据处理技术显得尤为重要。未来的研究应重点关注以下几个方向:

1) 分布式计算:开发分布式计算架构,将数据处理任务分散到多个节点,提高处理效率和可靠性。

2) 云计算技术:利用云计算平台的强大计算能力和存储资源,实现海量数据的实时处理和分析。

3) 机器学习和深度学习:研究适用于农业数据分析的机器学习和深度学习算法,提高数据分析的精度和效率,提供更加精准的决策支持。

4) 数据安全与隐私保护:开发数据加密和隐私保护技术,确保农业数据在传输和存储过程中的安全性,防止数据泄露和滥用。

最后,农业机器人技术方面,需要重点研究机器人的适应性和智能化水平。这包括开发出更灵活的机械臂和末端执行器,以适应不同类型的农作物和操作任务;研究新的导航与定位技术,提高机器人在复杂环境中的自主导航能力;以及引入更先进的感知与决策技术,如人工智能和机器学习技术,提高机器人的感知能力和决策能力。

农业机器人技术的研究和应用是实现农业自动化的重要途径。未来的研究应重点关注以下几个方向:

1) 机械臂和末端执行器:开发灵活性更高的机械臂和末端执行器,以适应不同种类农作物的操作需求,如采摘、修剪、施肥等。

2）自主导航技术：研究基于视觉、雷达、GPS等多种传感器融合的导航技术，提高机器人在复杂农田环境中的自主导航和路径规划能力。

3）智能感知与决策：引入先进的人工智能和机器学习技术，提升机器人对环境和作物的感知能力，支持更加智能化的决策和操作。

4）协作机器人：开发多机器人协同工作技术，实现机器人之间的协同作业，提升整体作业效率和灵活性。

5）农业机器人平台：研究和开发模块化、可扩展的农业机器人平台，支持不同任务和应用场景下的快速部署和定制化开发。

二、可能的突破点与创新点

农业物联网与农业机器人技术作为现代农业的重要组成部分，未来的发展潜力巨大。为了进一步推动这一领域的进步，需要从多个方面探讨潜在的技术突破点和创新点。本节将从传感器技术、无线通信技术、数据处理技术、农业机器人技术等方面，详细探讨未来可能的技术突破点和创新点。

（一）潜在的技术突破点

1. 传感器技术的突破

传感器技术是农业物联网的基础，其精度、稳定性和多功能性直接影响到整个系统的性能。未来的研究可以在以下几个方面实现技术突破：

1）高精度传感器：通过开发新型传感器材料和制造工艺，提高传感器的精度和稳定性。例如，纳米传感器和生物传感器在检测微小环境变化方面具有显著优势，未来可以在农业环境监测中得到广泛应用。这些传感器能够精确检测土壤湿度、养分含量、温度、湿度等关键参数，从而提供更可靠的数据支持农作物生长决策。

2）多功能传感器：开发集成多种功能的传感器，实现对多种环境参数的同步监测。例如，结合温度、湿度、光照、土壤湿度等多种传感功能的传感器，可以提供更加全面和准确的环境数据，提升农业生产的精度和效率。这样可以减少传感器的数量和安装成本，同时提高数据的全面性和一致性。

3）低功耗传感器：研究低功耗传感技术，延长传感器的使用寿命，减少维护成本。例如，利用能量收集技术（如太阳能、风能等）为传感器供电，可以大大延长传感器的工作时间，提升系统的可靠性。低功耗传感器的应用将极大地降低能源消耗和维护成本，提升农业物联网系统的可持续性。

2. 无线通信技术的突破

无线通信技术是农业物联网中数据传输的关键，未来的研究可以在以下几个方面实现技术突破。

1）5G技术应用：5G技术具有高带宽、低延时、大连接的特点，非常适合农业物联网中的数据传输需求。未来可以深入研究 5G 技术在农业中的应用，解决大规模农田环境中的通信覆盖和质量问题。5G 技术可以支持大规模设备的互联，实现实时数据传输和远程控制，极大地提升农业生产效率。

2）低功耗广域网（LPWAN）：LPWAN 技术具有低功耗、长距离传输的特点，适合在大规模农田中进行数据传输。未来可以研究 LPWAN 技术的优化和改进，提升其传输速率和可靠性，满足农业物联网的需求。例如，LoRa 和 NB-IoT 等技术在农田环境中具有较好的应用前景，通过优化这些技术可以进一步提升数据传输的稳定性和效率。

3）新型通信协议：研究适用于农业物联网的新型通信协议，提高数据传输的效率和安全性。例如，物联网专用通信协议可以在降低能耗的同时，提高数据传输的稳定性和安全性。开发适应不同农业场景和需求的通信协议，确保数据传输的高效和安全。

3. 数据处理技术的突破

数据处理技术是农业物联网和农业机器人技术的重要组成部分，未来的研究可以在以下几个方面实现技术突破。

1）分布式计算和云计算：利用分布式计算和云计算技术，实现海量数据的高效处理和存储。例如，通过云计算平台对农业数据进行实时处理和分析，可以提供更加精准的农作物生长预测和管理方案，提升农业生产的智能化水平。分布式计算可以将数据处理任务分散到多个节点，提高处理效率和系统的可靠性。

2）人工智能和机器学习：引入人工智能和机器学习技术，提高数据分析的智能化水平。例如，通过机器学习算法对农业数据进行深度分析，可以识别出影响农作物生长的关键因素，提供个性化的种植方案，提升农业生产的效率和收益。深度学习技术还可以用于图像识别和模式识别，帮助自动监测农作物健康状态和病虫害。

3）数据安全和隐私保护：研究数据安全和隐私保护技术，确保数据在传输和处理过程中的安全性。例如，利用区块链技术对数据进行加密和验证，可以防止数据篡改和泄露，提升系统的安全性和可信度。数据的安全和隐私保护对于农业物联网的广泛应用至关重要，确保农户的数据隐私和商业机密不被泄露。

4. 农业机器人技术的突破

农业机器人技术是实现农业自动化的重要手段，未来的研究可以在以下几个方面实现技术突破。

1）智能感知与决策：引入先进的人工智能技术，提升农业机器人的感知和决策能力。例如，通过深度学习算法对农作物生长状态进行实时监测和分析，可以自动调整机器人操作，提高生产效率和质量。智能感知系统可以识别作物的生长阶段、病虫害和营养状况，提供实时决策支持。

2）自主导航与定位：研究高精度自主导航与定位技术，提升机器人在复杂环境中的适应性。例如，利用多传感器融合技术，实现机器人的自主导航和避障，提升其在不规则田地和复杂环境中的操作能力。高精度的导航和定位技术可以确保机器人在大规模农田环境中的高效作业。

　　3）灵活的机械臂与末端执行器：开发新型机械臂与末端执行器，提高机器人在不同操作任务中的灵活性和适应性。例如，利用软体机器人技术开发的柔性机械臂，可以更好地适应不同形状和尺寸的农作物，提升操作精度和效率。灵活的机械臂和末端执行器可以执行精细操作，如采摘、修剪和授粉，提升作业质量。

　　4）协作机器人：开发多机器人协同工作技术，实现机器人之间的协同作业，提升整体作业效率和灵活性。例如，通过群体智能技术，实现多个机器人之间的信息共享和协同控制，提升农业生产的整体效率。协作机器人可以在大规模农田环境中协同作业，提高作业速度和效率。

　　5）农业机器人平台：研究和开发模块化、可扩展的农业机器人平台，支持不同任务和应用场景下的快速部署和定制化开发。模块化设计可以根据不同作业需求，灵活配置机器人的硬件和软件，满足不同类型农作物和操作任务的需求。

　　未来的研究需要在现有技术的基础上，进一步提高农业物联网与农业机器人技术的性能和应用水平。通过持续的技术创新和优化，推动农业物联网与农业机器人技术在农业生产中的广泛应用，提高农业生产的智能化、精准化和可持续性。

　　农业物联网与农业机器人技术的发展，不仅可以提高农业生产效率和质量，还可以减少资源浪费和环境污染，实现农业生产的可持续发展。通过技术突破和创新，可以为现代农业提供更加智能化和精准化的解决方案，推动农业向更加高效、绿色和可持续的方向发展。

　　总的来说，未来的研究需要在以下几个方面重点突破：传感器技术的高精度、多功能和低功耗；无线通信技术的高带宽、低延时和广覆盖；数据处理技术的高效、智能和安全；农业机器人技术的智能感知、自主导航和灵活操作。通过这些技术突破，可以大大提升农业物联网与农业机器人技术的应用水平，为现代农业的发展提供强有力的技术支持。

（二）可能的创新点

1. 精准农业模式

　　通过农业物联网和农业机器人技术的结合，实现精准农业模式。精准农业模式能够根据不同地块的实际情况，提供个性化的种植方案，从而提升农作物的产量和质量。同时，精准农业模式还可以减少农药和化肥的使用，降低环境污染，实现可持续农业。具体创新点包括以下几个方面。

　　地块差异化管理：利用传感器网络收集的土壤、气候、作物生长状态等数据，通过分析和建模，针对不同地块的特点，制订精细化的施肥、灌溉和病虫害防治方案，优化资源使用。

动态调整种植方案:通过实时监测作物生长状态和环境变化,动态调整种植方案。例如,根据气象预报和实时土壤湿度数据,智能调整灌溉时间和灌溉量,确保作物生长的最佳条件。

精准施药技术:利用无人机或农业机器人进行精准施药,只对需要防治的区域进行农药喷洒,减少农药使用量,降低环境污染和农药残留。

2. 智慧农田管理

利用农业物联网技术,实现智慧农田管理。通过传感器和无线通信技术对农田环境进行实时监测和管理,可以及时发现和解决问题,提高农田的管理效率和效果。同时,智慧农田管理还可以结合大数据分析和人工智能技术,实现农田管理的智能化和自动化。具体创新点包括以下几个方面。

实时监测与预警系统:通过安装在农田中的传感器,实时监测土壤湿度、温度、光照、病虫害等环境参数,一旦发现异常情况,系统会自动预警并提供解决方案,提高农田管理的反应速度和精准度。

智能灌溉系统:根据土壤湿度和作物需水量,智能控制灌溉系统,实现按需供水,避免过度灌溉或缺水,提高水资源利用效率。

无人值守农场:通过无人机、自动化农机和智能感知系统的结合,构建无人值守农场,实现从播种、施肥、喷药到收割的全自动化管理,减少人力成本,提高生产效率。

3. 无人机应用

无人机在农业中的应用具有广泛的前景。例如,无人机可以用于农田的巡查、植保、播种等任务,提高农业生产的效率和质量。同时,无人机还可以结合农业物联网技术,实现对农田环境的实时监测和管理,提供精准的数据支持,提升农业生产的智能化水平。具体创新点包括以下几个方面。

农田巡查:无人机搭载高清摄像头和多光谱传感器,定期巡查农田,监测作物生长状况和病虫害情况,生成农田健康报告,帮助农民及时发现问题并采取措施。

精准植保:无人机搭载喷药装置,利用精准定位技术,对病虫害发生区域进行定点喷药,减少农药使用量,保护环境和作物健康。

智能播种:无人机搭载播种设备,在广阔农田中快速、高效地进行播种作业,尤其适用于难以进入的山区或大面积农田,提高播种效率和均匀度。

4. 农业服务平台

构建基于农业物联网和农业机器人技术的农业服务平台,为农民和农业企业提供一站式的农业服务。例如,通过农业服务平台,农民可以获取最新的农业技术和市场信息,提升种植和管理水平;农业企业可以通过平台进行产品推广和销售,提升市场竞争力。具体创新点包括以下几个方面。

农业技术服务：平台提供农业专家在线咨询、技术指导和培训课程，帮助农民掌握先进的农业技术和管理方法，提高种植水平。

市场信息服务：平台实时发布农产品价格行情、供需信息和市场预测，帮助农民合理安排生产和销售，避免盲目种植和市场风险。

供应链管理：平台整合农资供应商、物流公司和农产品加工企业，提供农资采购、物流配送和产品销售的一站式服务，优化供应链管理，提高产业链效率。

5. 产业链协同发展

通过农业物联网和农业机器人技术的应用，促进农业产业链的协同发展。例如，通过数据共享和协同管理，实现农业生产、加工、销售等环节的无缝衔接，提升产业链的整体效率和竞争力。同时，产业链协同发展还可以推动农业的标准化和规范化，实现农业的现代化和规模化发展。具体创新点包括以下几个方面。

数据共享平台：建立农业大数据平台，汇集生产、加工、销售等各环节的数据，实现信息共享和协同管理，提高产业链透明度和协作效率。

全程追溯系统：利用物联网技术，对农产品从田间到餐桌的全过程进行追溯，确保食品安全和质量，提高消费者的信任度和满意度。

智能化加工和物流：通过引入智能化加工设备和自动化物流系统，提高农产品加工和物流的效率和质量，减少损耗，提升产品附加值。

产销对接平台：搭建农产品线上交易平台，实现农产品生产者与消费者的直接对接，减少中间环节，提高农民收益和消费者满意度。

（三）数据处理技术的创新

数据处理技术是农业物联网和农业机器人技术的核心，其创新可以显著提升系统的智能化水平和应用效果。未来的研究可以从以下几个方面进行探索。

1. 分布式计算与边缘计算

利用分布式计算和边缘计算技术，实现数据的本地处理和实时分析。通过将计算任务分散到各个节点，可以减少数据传输的延时，提高系统的响应速度。例如，在农业环境监测中，边缘节点可以对传感器数据进行预处理和分析，实时提供环境状态和管理建议。具体创新点包括以下几个方面。

1）边缘节点的智能处理：边缘计算设备可以在农田中部署，实时收集和处理传感器数据，如土壤湿度、温度和光照强度等。通过预处理和初步分析，这些节点可以快速识别异常情况并采取即时措施，例如启动灌溉系统或发送警报。

2）分布式计算架构：通过构建分布式计算架构，可以将复杂的计算任务分散到不同的节点中进行处理。例如，利用多个计算节点协同处理作物生长数据，生成精确的生长模型和预测分析结果，减少中心服务器的负载，提高整体系统的处理效率和可靠性。

2. 人工智能与机器学习

引入人工智能和机器学习技术，提高数据分析的智能化水平。通过深度学习算法对农业数据进行建模和分析，可以识别出影响农作物生长的关键因素，提供个性化的种植方案和管理策略。例如，利用图像识别技术，可以自动检测病虫害，并提出相应的防治措施。具体创新点包括以下几点。

1）智能病虫害检测：通过训练基于深度学习的图像识别模型，可以自动分析农作物的图像，检测病虫害的类型和严重程度。例如，利用无人机拍摄的高分辨率图像，系统可以快速识别病虫害并生成防治方案，提高病虫害管理的精准度和效率。

2）作物生长预测模型：利用机器学习算法对历史气象数据、土壤数据和作物生长数据进行训练，建立作物生长预测模型。通过这些模型，可以预测未来作物的生长情况和产量，为农民提供科学的种植建议和管理策略，优化资源利用和提高产量。

3. 大数据分析与可视化

研究大数据分析技术，挖掘海量农业数据中的潜在规律和价值。通过数据挖掘和可视化技术，可以直观展示农业生产中的关键指标和变化趋势，帮助农民和管理者做出科学决策。例如，利用大数据分析，可以预测作物产量、优化灌溉方案、调整施肥策略，提高农业生产的效率和收益。具体创新点包括以下几点。

1）多源数据融合与分析：农业生产中涉及多种数据来源，如气象数据、遥感数据、传感器数据和农作物生长数据。通过数据融合技术，将不同来源的数据整合在一起，进行综合分析，可以提供更加全面和准确的农业生产信息。例如，结合气象数据和土壤湿度数据，可以优化灌溉时间和用水量，提高水资源利用效率。

2）数据可视化平台：构建农业数据可视化平台，利用图表、地图和 3D 模型等多种可视化工具，直观展示农业生产中的关键指标和变化趋势。例如，通过热力图展示农田的土壤湿度分布情况，通过时间轴展示作物生长的动态变化情况，帮助农民和管理者实时监控农田状态，做出科学决策。

4. 数据安全与隐私保护

在数据处理过程中，确保数据的安全性和隐私保护也是至关重要的。具体创新点包括：

1）区块链技术应用：利用区块链技术对农业数据进行加密和验证，确保数据在传输和存储过程中的安全性。区块链的不可篡改性和透明性可以防止数据被恶意修改和泄露，提升系统的可信度。

2）隐私保护算法：研究和开发新的隐私保护算法，确保在数据共享和分析过程中，用户的隐私信息不会被泄露。例如，通过差分隐私技术，可以在数据分析过程中添加噪声，保护个人隐私数据，同时保证分析结果的有效性。

5. 未来研究方向

未来的数据处理技术研究应重点关注以下几个领域和方向。

1）分布式计算与边缘计算的集成：研究如何更好地集成分布式计算和边缘计算技术，优化数据处理架构，提高系统的响应速度和处理效率。

2）人工智能与机器学习的深度应用：继续探索人工智能和机器学习在农业数据分析中的应用，开发更加智能和精准的农业管理工具和系统。

3）大数据分析平台的构建：构建功能强大、易于使用的大数据分析平台，支持多源数据的融合和综合分析，提供全面、准确的农业生产信息和决策支持。

4）数据安全与隐私保护技术的创新：加强数据安全和隐私保护技术的研究，确保在数据处理和共享过程中，用户的隐私信息得到有效保护，提高系统的安全性和可信度。

（四）新兴技术与现有技术的融合前景

新兴技术的不断涌现为农业物联网和农业机器人技术带来了新的发展机遇。将这些新兴技术与现有技术进行融合，可以显著提升农业生产的智能化和自动化水平，推动农业现代化的发展。

1. 物联网与区块链技术的融合

区块链技术具有去中心化、不可篡改和透明度高的特点，与物联网技术的融合可以提升数据的可信度和安全性。例如，通过区块链技术记录和验证农业物联网中的传感器数据，可以防止数据篡改，确保数据的真实可靠。结合智能合约技术，可以实现农业生产中的自动化管理和交易，提升农业供应链的效率和透明度。

1）数据可信度与安全性：区块链的不可篡改特性确保了农业物联网数据的真实性和完整性。在农业生产的各个环节，如播种、灌溉、施肥、收获等，通过区块链技术记录每一步骤的数据，可以形成一条透明且可靠的数据链，为农产品的质量追溯提供有力支持。

2）智能合约与自动化管理：通过智能合约，可以将农业生产的管理规则和操作步骤程序化，实现自动化管理。例如，当传感器检测到土壤湿度低于设定值时，可以自动触发灌溉系统；在农产品交易中，智能合约可以自动执行付款和发货，减少人为干预，提高交易效率。

2. 人工智能与物联网技术的融合

人工智能技术的引入可以提升物联网系统的数据分析和决策能力。例如，通过深度学习算法对物联网传感器数据进行实时分析，可以自动识别农作物生长状态、预测病虫害发生、优化农田管理策略。结合物联网技术，人工智能可以实时获取环境数据，并根据分析结果自动调整农业设备的操作，实现农业生产的智能化和自动化。

1）精准农业管理：通过人工智能算法分析传感器数据，可以精确预测作物生长状态和产量，优化农田管理策略。例如，利用图像识别技术，系统可以实时检测农作物的病虫害情况，并提供相应的防治方案。

2）自动化设备控制：人工智能与物联网的结合，可以实现农业设备的自动化控制。例如，根据传感器数据和预测模型，系统可以自动调节灌溉、施肥和除草设备的工作，确保作物在最佳条件下生长。

3. 无人机技术与农业机器人技术的融合

无人机技术在农业中的应用具有广泛的前景，与农业机器人技术的融合可以提升农业生产的效率和效果。例如，无人机可以用于农田的巡查、植保、播种等任务，而农业机器人则可以进行精细化操作和管理。通过两者的协同工作，可以实现大规模农田的全面监测和精细化管理，提升农业生产的智能化水平。

1）农田巡查与监测：无人机可以快速覆盖大面积农田，进行高效的巡查和监测工作，实时采集农田的多光谱图像和环境数据。而农业机器人可以根据无人机传输的数据，精准定位并处理具体问题，如施肥、除草和采摘。

2）精准植保与播种：无人机喷洒农药和播种的效率和效果远高于传统手段，结合地面农业机器人的精细操作，可以实现精准植保和播种。例如，无人机可以进行大面积的农药喷洒，农业机器人则可以在特定区域进行精细化的植保和播种工作。

4. 5G技术与农业物联网的融合

5G技术具有高带宽、低延时和大连接的特点，非常适合农业物联网中的数据传输需求。通过5G技术的引入，可以解决大规模农田环境中的通信覆盖和质量问题，提升数据传输的速度和可靠性。例如，利用5G技术，可以实现农田传感器数据的实时传输和分析，支持农业设备的远程控制和协同操作，提高农业生产的效率和智能化水平。

1）实时数据传输与分析：5G技术支持大规模传感器网络的数据实时传输，减少数据传输延时。农田中的传感器可以实时上传环境数据，系统可以进行实时分析和决策，提升农业生产的响应速度和准确性。

2）远程控制与协同操作：5G技术的高带宽和低延时特性，使得远程控制农业设备成为可能。农民和管理者可以通过远程平台监控和控制农业设备，实现跨区域的农业管理和操作，提高管理效率。

5. 虚拟现实与增强现实技术的融合

虚拟现实（VR）和增强现实（AR）技术在农业中的应用可以提供更加直观和高效的管理方式。例如，通过AR技术，可以将实时的环境数据叠加在农田的实景图像上，帮助农民快速了解农田状况和管理建议。利用VR技术，可以模拟农业生产过程，进行培训和演练，提高农民的操作技能和管理水平。两者的融合可以提供更加直观、互动和智能的农业管理体验。

1）增强现实的直观管理：通过AR眼镜或移动设备，农民可以实时查看农田的环境数据和作物状态，例如，土壤湿度、温度和光照强度等，结合AR技术的直观展示，可以更快速地做出管理决策。

2）虚拟现实的培训与演练：利用 VR 技术，可以创建农田和农业设备的虚拟模型，农民可以在虚拟环境中进行操作培训和管理演练，掌握先进的农业技术和管理方法，提高生产效率和管理水平。

6. 未来研究方向

新兴技术与现有技术的融合不仅仅是技术层面的创新，还涉及应用模式和商业模式的创新。未来的研究应重点关注以下几个领域和方向：

1）跨技术融合的系统集成：研究如何更好地将新兴技术与现有技术进行系统集成，构建高度集成化、智能化的农业物联网和农业机器人系统。

2）创新应用模式的探索：探索新兴技术在农业中的创新应用模式，例如精准农业、智慧农田管理、无人机巡查与植保等，提升农业生产的智能化水平和管理效率。

3）数据共享与协同发展：通过数据共享和协同管理，实现农业生产、加工、销售等环节的无缝衔接，推动农业产业链的协同发展，提高整体效率和竞争力。

4）商业模式的创新：结合新兴技术的特点，探索新的商业模式，例如农业服务平台、数据驱动的农业管理服务等，为农民和农业企业提供更多增值服务和支持。

（五）未来的研究与应用方向

新兴技术与现有技术的融合为农业物联网和农业机器人技术的发展提供了广阔的空间。未来的研究可以从以下几个方面进行探索：

1. 跨学科融合

推动传感器技术、通信技术、人工智能、大数据、区块链、无人机、5G、VR/AR等多学科技术的深度融合，是提升农业物联网和农业机器人技术整体性能和应用效果的关键。

1）传感器技术与人工智能：传感器技术可以实时获取农田环境的各种数据，而人工智能技术可以对这些数据进行智能分析和处理。例如，利用深度学习算法分析传感器数据，可以实时预测作物生长情况和病虫害风险，提供精准的种植建议。

2）通信技术与区块链：通信技术确保了数据传输的稳定性和高效性，区块链技术则为数据的安全性和可靠性提供保障。通过结合这两种技术，可以实现农业数据的高效传输和可信存储，防止数据篡改，确保数据的真实性。

3）无人机与5G技术：无人机技术用于农田巡查和数据采集，而5G技术可以实现无人机与地面设备之间的高速数据传输和实时通信。这种结合可以大大提高农田管理的效率和精准度，实现远程控制和实时监测。

4）VR/AR与大数据分析：通过 VR/AR 技术，可以将农业数据可视化，提供直观的农田管理和操作体验。结合大数据分析技术，可以从海量农业数据中挖掘出潜在规律和价值，帮助农民做出科学决策。

2．标准化与规范化

制定农业物联网和农业机器人技术的标准和规范，是推动技术标准化和规范化发展的重要途径。

技术标准：制定传感器、通信协议、数据格式等方面的技术标准，确保不同设备和系统之间的兼容性和互操作性。例如，统一传感器数据的采集和传输标准，可以确保不同品牌和类型的传感器都能在同一个系统中无缝协作。

1）操作规范：制定农业物联网和农业机器人技术的操作规范，确保技术应用的规范性和安全性。例如，制定无人机飞行和操作的安全规范，确保无人机在农业生产中的安全应用。

2）数据标准：制定农业数据的采集、存储、共享和使用标准，确保数据的完整性和一致性。例如，统一农业生产数据的格式和存储标准，确保数据在不同系统和平台之间的可共享和可交换。

3．创新应用模式

探索新兴技术在农业中的创新应用模式，可以显著提升农业生产的智能化、自动化和精准化水平。

1）智慧农田管理平台：构建智慧农田管理平台，实现农业生产的全流程监测和管理。通过集成传感器、无人机、机器人等设备，实时采集和分析农田数据，提供精准的农田管理方案。例如，利用传感器实时监测土壤湿度，结合天气预报数据，自动调整灌溉策略，确保作物在最佳条件下生长。

2）无人机与机器人协同作业：实现无人机和机器人在大规模农田中的协同作业，提高管理和操作的效率。例如，无人机负责大面积的农田巡查和数据采集，机器人则负责精细化的植保、施肥和采摘工作。通过两者的协同，可以实现农田的全面监测和精细管理。

3）智能农场管理系统：构建智能农场管理系统，实现农场的全面数字化和智能化管理。通过物联网和人工智能技术，实时监控农场的环境和作物生长情况，提供智能的管理建议和操作指导。例如，系统可以根据实时数据自动调整温室的温度、湿度和光照条件，确保作物在最佳环境下生长。

4．生态系统构建

构建农业物联网和农业机器人技术的生态系统，推动技术、产业、应用的协同发展，是实现农业现代化和可持续发展的重要路径。

1）技术创新与产业链整合：通过技术创新和产业链整合，推动农业物联网和农业机器人技术的应用和推广。例如，通过与农业设备制造商、软件开发商和农业服务提供商的合作，共同开发和推广先进的农业技术和设备，提升农业生产的智能化和自动化水平。

2）数据共享与协同发展：通过数据共享和协同管理，实现农业生产、加工、销售等环节的无缝衔接。例如，通过建立农业大数据平台，实现农产品从种植到销售的全流程数据追踪和共享，提高农业供应链的透明度和效率。

3）政策支持与行业规范：政府和行业协会可以通过制定政策和行业规范，推动农业物联网和农业机器人技术的发展。例如，出台政策支持技术研发和应用，制定行业标准和规范，确保技术的安全性和规范性。

4）教育培训与人才培养：加强对农民和农业从业人员的教育培训，提高他们对新兴技术的认知和应用能力。例如，通过开展技术培训和示范项目，帮助农民掌握物联网、人工智能和机器人等先进技术，提高农业生产的效率和收益。

第三节 对农业现代化的贡献

一、提高农业生产效率

农业生产效率的提高是现代农业发展的核心目标。通过引入机器人和物联网技术，农业生产正在经历一场深刻的变革。这些技术不仅提高了产量和效率，还优化了资源利用，降低了生产成本，并推动了农业的可持续发展。

（一）机器人技术的贡献

1. 自动化操作

农业机器人通过自动化操作，大大减少了对人工劳动力的依赖。例如，自动化播种机器人可以精确地将种子植入土壤中，确保每一粒种子都被种植在最佳位置。这不仅提高了播种效率，还减少了种子的浪费。

收割机器人可以在成熟的季节进行高效的收割操作，减少了人工收割的时间和劳动力成本。它们能够根据作物的成熟度自动进行判断，确保每次收割都是在最佳时间点进行，提高了作物的质量和产量。

2. 精准农业

精准农业是利用先进的传感器和数据分析技术，对农田进行精细化管理。农业机器人通过搭载高精度的传感器，可以实时监测土壤湿度、养分含量和植物健康状况。

这些数据通过物联网平台进行分析，生成精准的农业管理方案。例如，灌溉机器人可以根据土壤湿度数据，自动调整灌溉量，避免过度灌溉或缺水，从而提高水资源的利用效率。

3. 病虫害监测与防治

农业机器人在病虫害监测与防治方面也发挥了重要作用。搭载高分辨率摄像头和图像识别技术的机器人可以实时监测作物的生长状况，早期识别病虫害并采取相应的防治措施。

例如，植保无人机可以根据病虫害的分布情况，精准喷洒农药，减少农药的使用量，降低环境污染，同时提高防治效果，确保作物健康生长。

（二）物联网技术的贡献

1. 环境监测与数据分析

物联网技术通过部署在农田中的各类传感器，实时监测环境参数，如气温、湿度、光照、土壤湿度和养分等。这些数据通过无线通信技术传输到中央管理系统，进行实时分析。

通过大数据分析技术，可以预测未来的气候变化和作物生长趋势，提供科学的种植建议。例如，根据气象数据，可以提前安排灌溉和施肥，提高作物的生长速度和产量。

2. 智能温室管理

智能温室是物联网技术在农业中的典型应用之一。在智能温室中，通过传感器和自动控制系统，能够精确控制温室内的温度、湿度、光照和二氧化碳浓度。

例如，在冬季，智能温室系统可以根据外界温度的变化，自动调节加热系统，确保温室内的温度始终适宜作物的生长。这样，不仅提高了作物的产量，还延长了生长季节，增加了经济效益。

3. 畜牧养殖管理

在畜牧养殖中，物联网技术也发挥了重要作用。通过在养殖场中部署传感器，可以实时监测动物的健康状况、活动量和饲料消耗量。

例如，智能颈环可以监测奶牛的运动量和反刍情况，根据数据分析结果，自动调整饲料配方和喂养时间，确保每头奶牛都能得到最佳的营养供给。这不仅提高了奶牛的产奶量，还提高了奶牛的健康水平，降低了疾病发生率。

二、促进农业可持续发展

（一）绿色农业和环保技术的应用

在全球环境问题日益严重的背景下，绿色农业和环保技术的应用变得尤为重要。这些技术不仅有助于减少农业生产对环境的负面影响，还能促进农业的可持续发展。以下是绿色农业和环保技术在促进农业可持续发展中的具体应用：

1. 有机农业

有机农业是绿色农业的重要组成部分,强调不使用化学农药、化肥和转基因技术,通过自然的方式进行农业生产。通过有机农业,土壤质量得到了改善,生物多样性得到了保护。有机农业能够提高土壤的有机质含量,改善土壤结构,从而提高作物的产量和质量。此外,有机农业还能够减少农药和化肥的使用量,降低农业生产对环境的污染。

2. 生态农业

生态农业强调生态系统的整体性和可持续性,通过农作物与畜牧业的结合,构建多样化、生态化的农业生产体系。生态农业不仅能够提高资源的利用效率,还能够保护环境。通过农作物与畜牧业的结合,畜禽粪便被用作有机肥料,农作物的残渣被用作饲料,实现了资源的循环利用。研究表明,生态农业不仅提高了农业生产的效率,还减少了环境污染,促进了农业的可持续发展。

3. 节水灌溉技术

节水灌溉技术通过高效利用水资源,减少水资源的浪费,提高了农业生产的水资源利用效率。常见的节水灌溉技术包括滴灌、微喷灌和地下灌溉等。研究表明,滴灌技术能够将水资源利用效率提高到 95% 以上,大大减少了水资源的浪费。此外,滴灌技术还能够精确控制灌溉量,避免过度灌溉,减少土壤盐渍化的风险,保护了土壤环境。

4. 农业废弃物处理技术

农业废弃物处理技术通过对农业生产过程中产生的废弃物进行处理和再利用,减少了农业生产对环境的污染。常见的农业废弃物处理技术包括堆肥、沼气发酵和生物质能利用等。研究表明,通过沼气发酵,农业废弃物可以转化为清洁能源沼气,既解决了废弃物处理问题,又提供了可再生能源。此外,沼气发酵后的残渣还可以用作有机肥料,进一步提高了资源的利用效率。

(二)可持续发展目标的实现路径

实现农业的可持续发展是全球农业发展的重要目标。为了实现这一目标,需要制定科学的实现路径,以下是实现农业可持续发展的具体路径:

1. 制定和实施科学的农业政策

科学的农业政策是实现农业可持续发展的重要保障。政府应制定和实施有利于农业可持续发展的政策,如鼓励有机农业和生态农业的发展,支持农业环保技术的研究和推广。

具体案例:在欧盟,政府通过农业政策改革,推动了农业的可持续发展。欧盟的共同农业政策(CAP)通过向有机农业和生态农业提供补贴,鼓励农民采用环保的农业生产方式。此外,欧盟还通过政策支持农业环保技术的研究和推广,提高了农业的可持续发展水平。

2. 加强农业技术创新

农业技术创新是实现农业可持续发展的关键。通过研发和推广先进的农业技术，如精准农业、智能农业和生物技术，可以提高农业生产的效率和可持续性。研究表明，通过精准农业技术，可以精确控制农药和化肥的使用量，提高作物的产量和质量，减少环境污染。此外，智能农业技术的应用，如无人机和机器人，也提高了农业生产的自动化水平，降低了对环境的负面影响。

3. 推动农业生产体系的绿色转型

农业生产体系的绿色转型是实现农业可持续发展的重要途径。通过调整农业生产结构，推广绿色农业和环保技术，可以减少农业生产对环境的负面影响，促进农业的可持续发展。通过推广有机农业和生态农业，减少了化学农药和化肥的使用量，提高了农产品的质量。此外，通过推广节水灌溉技术和农业废弃物处理技术，提高了资源的利用效率，减少了环境污染。

4. 加强国际合作与交流

农业可持续发展是全球共同的目标，需要加强国际合作与交流。通过分享经验和技术，开展国际合作研究，可以共同推动农业的可持续发展。联合国粮农组织（FAO）通过技术援助项目，帮助发展中国家推广先进的农业技术，提高农业的可持续发展水平。此外，欧盟和非洲联盟也通过农业合作项目，共同推动农业的绿色转型，实现可持续发展目标。

三、推动农业产业升级

（一）提高农业生产效率

现代农业的发展离不开机器人和物联网技术的应用，这些技术在提高农业生产效率和产量方面发挥了至关重要的作用。机器人和物联网技术通过精准农业、智能化管理和自动化操作，使农业生产变得更加高效和精准。

1. 精准农业技术的应用

精准农业技术通过传感器和卫星定位系统，实时监测农田的土壤状况、气象条件和作物生长情况，帮助农民精确地施肥、灌溉和喷洒农药。这不仅减少了资源浪费，还提高了农作物的产量和品质。研究表明，通过精准农业技术，玉米和小麦的产量平均提高了 15%，同时农药和化肥的使用量减少了 20%，有效地提高了农业生产的效率和经济效益。

2. 农业机器人技术的应用

农业机器人可以代替人工进行种植、收割、除草等农田操作，尤其在劳动密集型作业中显现出巨大的优势。机器人技术的应用不仅降低了劳动力成本，还提高了作业的精准度和效率。通过机器人自动化收割，收割效率提高了 30%，同时损失率减少了 10%，显著提高了水稻的收割效率和产量。

3. 物联网技术的整合应用

农业物联网通过传感器网络、无线通信和大数据分析，实现了对农业生产全过程的智能化管理。物联网技术能够实时监测农田环境、作物生长情况和农业机械运行状态，为农民提供科学的管理决策支持。通过传感器实时监测温室内的温度、湿度和二氧化碳浓度，并自动调节环境条件，番茄的产量提高了 25%，品质也得到了显著提升。

（二）具体案例和数据分析

1. 案例分析：智能灌溉系统

在印度，水资源短缺和农业用水效率低下的问题长期困扰着农民。为了解决这一问题，印度的甘蔗种植者引入了智能灌溉系统，通过实时监测土壤湿度、气象数据和作物生长状态，自动调节灌溉策略，显著提高了水资源利用效率和作物产量。智能灌溉系统在印度的应用显著提高了水资源利用效率，达到了 35% 的提升。在这个水资源极为宝贵的国家，这一进步有效地缓解了农业灌溉对水资源的巨大压力。此外，智能灌溉系统的应用使甘蔗的产量增加了 25%，不仅大大提高了农民的收入，还增强了当地甘蔗种植业的市场竞争力。智能灌溉系统通过减少人工监测和操作的需求，降低了劳动力成本，同时减少了水资源的浪费，进一步降低了生产成本，从而实现了显著的经济效益。更重要的是，通过优化灌溉量，智能灌溉系统有效减少了过量灌溉导致的土壤盐渍化和养分流失，对环境保护起到了积极作用。这一系统的全面应用，不仅推动了农业生产的现代化，还为可持续农业发展提供了强有力的技术支撑。

2. 案例分析：无人机监测与喷洒

无人机技术在农田监测和喷洒农药中的应用显著提升了农业生产的效率和效果。通过使用无人机，广泛的农田区域可以被快速覆盖，并实现精准喷洒，确保农药仅在需要的地方使用，减少浪费和对环境的负面影响。在中国的棉花种植中，具体数据表明，无人机喷洒技术使农药使用量减少了 30%，显著降低了农药的使用成本和对环境的污染。此外，病虫害防治效果提高了 20%，有效减少了农作物病虫害的发生率，保证了作物的健康生长。更为重要的是，棉花的产量也相应增加了 15%，直接提升了农民的收入和生产积极性。通过无人机技术的广泛应用，不仅提高了农业生产的现代化水平，还促进了可持续农业的发展，为未来农业生产提供了可靠的技术支持。

3. 案例分析：智能温室管理

智能温室管理通过物联网技术实现对温室内环境的自动化控制，大幅提升了作物的生长速度和品质。在荷兰的智能温室种植中，具体数据表明，通过精准调控温室内的温度、湿度、光照和二氧化碳浓度等环境参数，番茄的生长周期缩短了 20%，从而更快地进入收获期。这种高效的生长环境不仅提高了番茄的产量,增幅达到了 15%,显著提升了经济效益。同时,智能温室管理系统能够精确监控和调节肥料和农药的使用量,减少了对化肥和农药的依赖,从而达到了绿色环保的目标,降低了农业生产对环境的负面影响。这些成就展示了智能温室管理在现代农业中的巨大潜力,不仅提高了生产效率,还促进了可持续农业的发展,确保了更高质量和更安全的农产品供应。

通过上述案例和数据分析可以看出,机器人和物联网技术在提高农业生产效率和产量方面具有显著的效果。这些技术的应用不仅优化了农业生产过程,还提高了资源利用效率,降低了环境污染,推动了农业的现代化和可持续发展。

(三)促进农业可持续发展和绿色农业和环保技术的应用

绿色农业和环保技术的应用是实现农业可持续发展的关键。通过绿色农业技术,可以减少对环境的污染,提高资源利用效率,促进生态环境的保护和恢复。

1. 有机农业的推广

有机农业通过使用有机肥料和生物防治手段,减少化学农药和化肥的使用,保护土壤和水资源,促进生态平衡。例如,德国的有机农场通过使用有机肥料和生物防治技术,土壤有机质含量提高了 15%,水体污染减少了 30%,农产品的品质也得到了显著提升。

2. 生物多样性保护技术

通过保护和利用农田生物多样性,可以提高生态系统的稳定性和生产力,促进农业的可持续发展。例如,在巴西的热带雨林地区,推广混农林业技术,通过种植多种作物和树木,提高了农田的生物多样性和生产力,减少了土地退化和生物多样性丧失。

3. 水资源管理技术

通过先进的水资源管理技术,可以提高水资源的利用效率,减少农业生产对水资源的消耗和污染。例如,在澳大利亚,推广滴灌技术和智能灌溉系统,使水资源利用效率提高了 30%,农田灌溉用水量减少了 20%,同时农作物的产量和品质也得到了提升。

(四)可持续发展目标的实现路径

1. 技术创新与推广

通过技术创新和推广,推动绿色农业和环保技术的应用,促进农业的可持续发展。政府和科研机构应加大对绿色农业技术的研发投入,推广先进的绿色农业技术和生产模式,鼓励农民采用环保技术和有机农业生产方式。

2. 政策支持与法规保障

通过制定和实施有利于绿色农业发展的政策和法规,为农业可持续发展提供制度保障。政府应制定优惠政策,鼓励有机农业和绿色农业的发展,同时加强对农业污染的监管，建立健全的环保法律法规体系，确保农业生产符合环保要求。

3．教育培训与公众参与

通过教育培训和公众参与，提高农民和公众对绿色农业和环保技术的认识和接受度，促进农业可持续发展的实现。政府和社会组织应加强对农民的教育培训，推广绿色农业技术和环保知识，同时通过宣传和教育，提高公众对绿色农业产品的认知和消费意愿，形成全社会支持绿色农业发展的良好氛围。

（五）推动农业产业升级及产业链的优化与提升

农业产业链的优化与提升是实现农业现代化和产业升级的重要途径。在全球经济一体化和科技快速发展的背景下，通过优化农业产业链，能够提高农业生产的效率和效益，促进农业的可持续发展。

1．农业生产过程的优化

现代农业技术的应用使得农业生产过程得到了极大优化。例如，精准农业技术通过精确控制农药、化肥和水资源的使用，提高了资源的利用效率，减少了浪费和环境污染。研究表明，通过精准农业技术，农药和化肥的使用量减少了20%～30%，水资源的利用效率提高了15%～20%，大大提高了农业生产的效率和效益。

2．农业产品加工与储存技术的提升

现代农业不仅注重生产过程的优化，还注重农业产品加工与储存技术的提升。通过先进的加工与储存技术，可以延长农产品的保质期，提高农产品的附加值。例如，通过冷链物流和智能化储存系统，荷兰的农产品能够保持较长的保质期，同时保持较高的品质，极大地提高了农产品的市场竞争力。

3．农业物流与供应链管理的优化

优化农业物流与供应链管理是农业产业链优化的重要环节。通过信息技术和物联网技术的应用，可以实现农产品的高效物流和精准供应链管理。通过物联网技术和大数据分析，实现了农产品的高效物流和精准供应链管理，大大缩短了农产品从田间到餐桌的时间，提高了物流效率和农产品的市场响应速度。

4．农产品市场与销售渠道的拓展

现代农业注重农产品市场与销售渠道的拓展。通过电商平台和直销模式，可以打破传统销售渠道的限制，提高农产品的市场覆盖率和销售效益。在印度，通过电商平台和农产品直销模式，农民能够直接将农产品销售给消费者，减少了中间环节，提高了农产品的销售效益，同时也提高了农民的收入。

（六）智能农业对传统农业的转型推动

智能农业的兴起为传统农业的转型和升级提供了新的机遇。通过智能农业技术的应用，可以实现农业生产的智能化和现代化，提高农业的生产效率和效益。

1. 智能农机的应用

智能农机是智能农业的重要组成部分。通过智能农机的应用，可以实现农业生产过程的自动化和精确化，减少人工成本，提高生产效率。通过智能化的农机设备，农民能够精确控制播种、施肥和收割的过程，提高了农作物的产量和品质。

2. 智能温室与设施农业

智能温室和设施农业是现代农业的重要发展方向。通过智能化的温室管理系统，可以精确控制温室内的温度、湿度和光照条件，提供作物生长的最佳环境。例如，通过智能化的温室管理系统,温室内的环境条件得到了精确控制,作物的生长周期缩短，产量和品质得到了显著提升。

3. 智能养殖技术

智能养殖技术是现代农业的重要组成部分。通过物联网和智能传感器的应用，可以实现养殖过程的智能化管理，提高养殖的效率和效益。例如，通过智能化的饲养管理系统，养殖场的饲养效率提高了 20%，同时降低了饲料的消耗和养殖成本，提高了养殖的经济效益。

四、保障粮食安全的重要意义

（一）农业科技对粮食安全的保障作用

农业科技的进步在保障粮食安全方面发挥了至关重要的作用。现代农业科技通过提高农作物的产量、优化种植技术、改善农田管理、提升作物抗病虫害能力等多方面的创新，极大地提升了粮食生产的效率和稳定性。

1. 提高农作物产量

农业科技通过引入高产、抗逆的作物品种，有效提高了农作物的产量。例如，转基因作物和杂交水稻的引进，使得单位面积的粮食产量显著增加，解决了部分地区的粮食短缺问题。例如，在中国，袁隆平院士开发的超级杂交稻品种，使水稻产量在短短几十年内大幅提高，单产量从每亩不到 400 kg 提高到 800 kg 以上，有效缓解了中国的人口增长带来的粮食压力。

2. 优化种植技术

现代农业科技通过精准农业技术、机械化种植技术和科学施肥灌溉技术的应用，优化了种植过程中的各个环节，提高了资源的利用效率，减少了对环境的负面影响。精准农业技术的应用使得玉米和小麦的种植更加精确，减少了农药和化肥的使用量，保护了土壤和水资源，同时提高了作物的产量和品质。

3. 改善农田管理

农业科技通过智能化农田管理系统，实时监测和调节农田环境条件，使得作物在最佳的生长环境中生长，提高了作物的抗逆性和产量。智能温室管理系统的应用使得温室内的环境条件得到精确控制,番茄的生长周期缩短,产量和品质得到了显著提升。

4. 提升作物抗病虫害能力

现代农业科技通过生物防治技术、抗病虫害品种的培育和精准喷洒技术的应用,有效提升了作物的抗病虫害能力,减少了因病虫害导致的产量损失。例如,推广生物防治技术和抗虫棉品种,使得棉花的产量提高了 20%,农药使用量减少了 30%,有效保障了棉花的产量和品质。

(二)未来农业发展对全球粮食供应的影响

1. 应对气候变化的挑战

气候变化对全球粮食生产构成了严重威胁,极端天气事件频发,影响了农作物的生长和产量。未来农业科技的发展需要应对气候变化带来的挑战,开发适应不同气候条件的作物品种和种植技术。

具体措施:科研机构和政府应加大对气候适应性农业技术的研发投入,推广耐旱、耐涝和耐盐碱的作物品种,提高农业生产的韧性和稳定性。

2. 提高粮食生产效率

随着全球人口的增长,粮食需求不断增加。未来农业科技的发展需要进一步提高粮食生产效率,通过优化种植结构、提高资源利用效率和减少粮食损失,满足不断增长的粮食需求。

具体措施:推广精准农业技术、机械化种植技术和智能化管理系统,提高粮食生产的效率和效益,减少粮食生产过程中的资源浪费和环境污染。

3. 推动农业可持续发展

可持续农业发展是保障粮食安全的重要途径。未来农业科技的发展需要注重生态环境的保护,推广绿色农业和环保技术,减少农业生产对环境的负面影响,实现粮食生产的可持续发展。

具体措施:推广有机农业、生态农业和生物多样性保护技术,减少化学农药和化肥的使用,保护土壤、水资源和生物多样性,推动农业生产与生态环境的协调发展。

4. 促进全球农业合作

粮食安全是全球性问题,未来农业科技的发展需要加强国际合作,共同应对粮食安全挑战。通过技术交流、资源共享和政策协调,促进全球农业科技的进步和粮食生产的可持续发展。

具体措施:加强国际农业科技合作,推动先进农业技术的全球推广和应用,促进全球农业资源的合理配置和利用,共同应对全球粮食安全挑战。

附录一 农业机器人市场规模与增长预测

一、全球市场规模与预测

2022 年市场规模：59 亿美元

2030 年预测市场规模：211 亿美元

年复合增长率（CAGR）：19.3%（2023—2030 年）

表 1 全球农业机器人市场规模与预测（单位：亿美元）

年份	市场规模
2022	59
2023	70.4
2024	84.2
2025	100.7
2026	120.2
2027	143.4
2028	171.1
2029	204.1
2030	211

二、区域市场分布

北美：2022 年占据最大市场份额，约为 36.2%

亚太地区：预计增长最快，主要受益于中国和印度等国的工业化农业进程

表 2 按区域划分的市场规模（2022 年，单位：亿美元）

区域	市场规模	市场份额
北美	21.3	36.2%
欧洲	15.9	26.9%
亚太地区	13.3	22.5%
拉丁美洲	5.3	9.0%
中东与非洲	3.2	5.4%

三、按类型细分市场

无人驾驶拖拉机：预计显著增长

无人机（UAVs）：年复合增长率超过 22%

挤奶机器人：2022 年市场份额 38.3%

表 3　按类型划分的市场规模与预测（单位：亿美元）

类型	2022 年	2030 年预测	年复合增长率（CAGR）
无人驾驶拖拉机	12.3	44.7	17.5%
无人机（UAVs）	9.1	33.7	22.1%
挤奶机器人	22.6	69.2	15.1%
自动收割机器人	6.8	30.4	20.5%
物料管理	5.2	16.0	14.7%
其他	3.0	17.0	24.6%

四、按应用场景细分市场

播种与种植：2023 年占 24.6%的市场份额

土壤管理：预计增长最快

乳制品和畜牧管理：自动化挤奶和喂养显著提高了该细分市场的增长

表 4　按应用场景划分的市场规模与预测（单位：亿美元）

应用场景	2022 年	2030 年预测	年复合增长率（CAGR）
播种与种植	14.5	58.3	18.7%
土壤管理	9.3	43.2	21.2%
乳制品和畜牧管理	22.6	69.2	15.1%
收割管理	7.5	34.8	20.7%
其他	5.1	17.5	16.5%

附录二 全球农业机器人市场的区域市场分布及其增长预测

一、2022 年区域市场规模

北美：

市场规模：21.3 亿美元。

市场份额：36.2%。

主要驱动因素：高科技农业的广泛采用，农业机械化水平高，大型农业企业的存在。

欧洲：

市场规模：15.9 亿美元。

市场份额：26.9%。

主要驱动因素：政府对农业自动化的支持，农业技术研发投入大，劳动力成本高。

亚太地区：

市场规模：13.3 亿美元。

市场份额：22.5%。

主要驱动因素：农业工业化的快速发展，政府政策支持，农业劳动力短缺。

拉丁美洲：

市场规模：5.3 亿美元。

市场份额：9.0%。

主要驱动因素：农产品出口增加，农业生产效率需求上升。

中东与非洲：

市场规模：3.2 亿美元。

市场份额：5.4%。

主要驱动因素：农业基础设施改善，政府投资增加。

二、区域市场预测（2030 年）

表 5　按区域划分的市场规模预测（单位：亿美元）

区域	2022 年	2030 年预测	年复合增长率（CAGR）
北美	21.3	68.9	15.8%
欧洲	15.9	52.7	16.2%
亚太地区	13.3	58.4	20.0%
拉丁美洲	5.3	22.6	19.5%
中东与非洲	3.2	8.4	12.6%

三、区域市场细分分析

北美：

主要市场：美国、加拿大。

市场动态：高水平的农业自动化技术，强大的研发能力，农业物联网（IoT）技术的广泛应用。

欧洲：

主要市场：德国、法国、英国、意大利、西班牙。

市场动态：政策支持推动农业现代化，技术研发投资大，自动化挤奶和精准农业技术广泛应用。

亚太地区：

主要市场：中国、日本、印度、澳大利亚。

市场动态：快速增长的工业化农业，政府激励政策，农业劳动力减少，技术应用需求增加。

拉丁美洲：

主要市场：巴西、墨西哥、阿根廷。

市场动态：农产品出口驱动，农业生产效率需求上升，政府支持自动化技术应用。

中东与非洲：

主要市场：南非、沙特阿拉伯、阿联酋。

市场动态：农业基础设施改善，政府投资和国际援助，农业生产现代化需求。

通过这些数据和分析，可以全面了解全球农业机器人市场的区域分布及其未来的增长趋势。

附录三　农业机器人应用与细分市场和应用场景

一、按类型细分市场

无人驾驶拖拉机：

2022 年市场规模：12.3 亿美元。

2030 年预测市场规模：44.7 亿美元。

年复合增长率（CAGR）：17.5%。

应用：用于自动化耕种、播种和施肥，提高作业效率和精度，减少人工成本。

无人机（UAVs）。

2022 年市场规模：9.1 亿美元。

2030 年预测市场规模：33.7 亿美元。

年复合增长率（CAGR）：22.1%。

应用：农田监测、作物健康分析、病虫害管理、精准施肥和喷洒农药。

挤奶机器人：

2022 年市场规模：22.6 亿美元。

2030 年预测市场规模：69.2 亿美元。

年复合增长率（CAGR）：15.1%。

应用：自动化挤奶，提高乳制品生产效率和质量，减少人力需求。

自动收割机器人：

2022 年市场规模：6.8 亿美元。

2030 年预测市场规模：30.4 亿美元。

年复合增长率（CAGR）：20.5%。

应用：用于自动化收割农作物，如水果、蔬菜和谷物，提高收割效率和减少损失。

物料管理机器人：

2022 年市场规模：5.2 亿美元。

2030 年预测市场规模：16.0 亿美元。

年复合增长率（CAGR）：14.7%。

应用：用于农业物料的搬运和管理，如种子、肥料和收获物。

二、按应用场景细分市场

播种与种植：

2022 年市场规模：14.5 亿美元。

2030 年预测市场规模：58.3 亿美元。

年复合增长率（CAGR）：18.7%。

应用：自动化播种和种植，提高种植效率和种子利用率，减少浪费。

土壤管理：

2022 年市场规模：9.3 亿美元。

2030 年预测市场规模：43.2 亿美元。

年复合增长率（CAGR）：21.2%。

应用：自动化施肥、除草和土壤监测，优化土壤健康和农作物生长。

乳制品和畜牧管理：

2022 年市场规模：22.6 亿美元。

2030 年预测市场规模：69.2 亿美元。

年复合增长率（CAGR）：15.1%。

应用：自动化挤奶、喂养和健康监测，提高畜牧业生产效率和动物福利。

收割管理：

2022 年市场规模：7.5 亿美元。

2030 年预测市场规模：34.8 亿美元。

年复合增长率（CAGR）：20.7%。

应用：自动化收割、分拣和包装，提高收割效率和产品质量。

其他应用：

2022 年市场规模：5.1 亿美元。

2030 年预测市场规模：17.5 亿美元。

年复合增长率（CAGR）：16.5%。

应用：包括精准农业技术、温室管理和农业物联网（IoT）集成应用。

表 6　按类型划分的市场规模与预测（单位：亿美元）

类型	2022 年	2030 年预测	年复合增长率（CAGR）
无人驾驶拖拉机	12.3	44.7	17.5%
无人机（UAVs）	9.1	33.7	22.1%
挤奶机器人	22.6	69.2	15.1%
自动收割机器人	6.8	30.4	20.5%
物料管理机器人	5.2	16.0	14.7%
其他	3.0	17.0	24.6%

表 7   按应用场景划分的市场规模与预测（单位：亿美元）

应用场景	2022 年	2030 年预测	年复合增长率（CAGR）
播种与种植	14.5	58.3	18.7%
土壤管理	9.3	43.2	21.2%
乳制品和畜牧管理	22.6	69.2	15.1%
收割管理	7.5	34.8	20.7%
其他	5.1	17.5	16.5%

三、农业机器人在不同应用场景下的市场规模和增长预测

播种与种植：

2022 年市场规模：14.5 亿美元。

2030 年预测市场规模：58.3 亿美元。

年复合增长率（CAGR）：18.7%。

应用：自动化播种和种植系统利用高精度 GPS 和传感器技术来确保种子和肥料的精确分布，从而提高种植效率和种子利用率，减少浪费。

土壤管理：

2022 年市场规模：9.3 亿美元。

2030 年预测市场规模：43.2 亿美元。

年复合增长率（CAGR）：21.2%。

应用：自动化施肥、除草和土壤监测系统通过传感器和机器人技术优化土壤健康和农作物生长，减少化学投入，提高可持续性。

乳制品和畜牧管理：

2022 年市场规模：22.6 亿美元。

2030 年预测市场规模：69.2 亿美元。

年复合增长率（CAGR）：15.1%。

应用：自动化挤奶、喂养和健康监测系统，通过机器人技术和传感器实现对畜牧的自动管理，提高生产效率和动物福利。

收割管理：

2022 年市场规模：7.5 亿美元。

2030 年预测市场规模：34.8 亿美元。

年复合增长率（CAGR）：20.7%。

应用：自动化收割机器人用于各种农作物的收割，通过图像识别和机械操作，提高收割效率和减少收割损失。

表 8　按应用场景划分的市场规模与预测（单位：亿美元）

应用场景	2022 年	2030 年预测	年复合增长率（CAGR）
播种与种植	14.5	58.3	18.7%
土壤管理	9.3	43.2	21.2%
乳制品和畜牧管理	22.6	69.2	15.1%
收割管理	7.5	34.8	20.7%
其他	5.1	17.5	16.5%

附录四　农业物联网市场规模与增长预测

一、全球市场规模与预测

2022 年市场规模：168 亿美元。

2030 年预测市场规模：582 亿美元。

年复合增长率（CAGR）：17.3%（2023—2030 年）

表 9　全球农业物联网市场规模与预测（单位：亿美元）

年份	市场规模
2022	168
2023	197.2
2024	231.2
2025	270.9
2026	317.5
2027	371.8
2028	435.3
2029	509.4
2030	582

二、区域市场分布

北美：占据最大市场份额。

亚太地区：预计增长最快。

表 10　按区域划分的市场规模（2022 年，单位：亿美元）

区域	市场规模	市场份额
北美	58.1	34.6%
欧洲	43.5	25.9%
亚太地区	37.1	22.1%
拉丁美洲	15.1	9.0%
中东与非洲	14.2	8.4%

三、按应用场景细分市场

精准农业：

2022 年市场规模：62 亿美元。

2030 年预测市场规模：234 亿美元。

年复合增长率（CAGR）：18.1%。

应用：土壤监测、作物健康监测、精准灌溉、施肥优化。

牲畜监控：

2022 年市场规模：34 亿美元。

2030 年预测市场规模：122 亿美元。

年复合增长率（CAGR）：17.4%。

应用：动物健康监测、定位追踪、生产效率优化。

温室管理：

2022 年市场规模：22 亿美元。

2030 年预测市场规模：83 亿美元。

年复合增长率（CAGR）：18.0%。

应用：环境控制、资源管理、自动化生产。

存储与物流管理：

2022 年市场规模：18 亿美元。

2030 年预测市场规模：66 亿美元。

年复合增长率（CAGR）：17.6%。

应用：冷链管理、库存追踪、运输优化。

其他应用：

2022 年市场规模：32 亿美元。

2030 年预测市场规模：117 亿美元。

年复合增长率（CAGR）：17.2%。

应用：气候监测、灾害预警、市场分析。

表 11 按应用场景划分的市场规模与预测（单位：亿美元）

应用场景	2022 年	2030 年预测	年复合增长率（CAGR）
精准农业	62	234	18.1%
牲畜监控	34	122	17.4%
温室管理	22	83	18.0%
存储与物流管理	18	66	17.6%
其他	32	117	17.2%

附录五 关键技术趋势与发展

农业物联网（IoT）和农业机器人领域的技术不断进步，推动着现代农业的发展。以下是该领域当前的关键技术趋势和发展方向：

一、深度学习和计算机视觉

应用广泛：深度学习和计算机视觉技术在农业机器人中的应用越来越广泛。它们被用来识别作物类型、检测病虫害、评估作物健康状况等。

提升识别能力：这些技术通过处理大量图像和数据，提升了农业机器人在复杂环境中识别和处理信息的能力。

实例：例如，Blue River Technology 的"See & Spray"系统利用计算机视觉技术进行精确的杂草检测和喷洒，减少农药使用。

二、低功耗广域网络（LPWAN）

高效通信：LPWAN 技术（如 LoRaWAN 和 NB-IoT）在农业物联网中的应用逐渐普及。这些技术提供了远距离、低功耗的通信解决方案，适合大规模农业监控。

覆盖广泛：LPWAN 技术能够覆盖广泛的农田区域，支持大量传感器节点的连接，确保数据的实时传输和处理。

实例：Semtech 的 LoRa 技术在农业应用中实现了远程土壤湿度监测和水资源管理。

三、自主导航

精准定位：GPS 和 RTKGPS 技术提供了高精度的定位信息，使得农业机器人能够自主导航和执行任务。

多传感器融合：激光雷达（LiDAR）、视觉导航等技术与 GPS 相结合，提升了农业机器人在不同环境中的自主操作能力。

实例：John Deere 的自主拖拉机利用 RTKGPS 和 LiDAR 技术实现了高精度自动导航，减少了人力需求并提高了农田作业效率。

表 12　农业物联网关键技术趋势与发展

技术方向	描述	应用实例
深度学习和计算机视觉	识别作物类型、检测病虫害、评估作物健康状况	Blue River Technology 的"See & Spray"系统
低功耗广域网络（LPWAN）	远距离、低功耗的通信解决方案，覆盖广泛农田	Semtech 的 LoRa 技术，实现远程土壤湿度监测
自主导航	高精度定位，多传感器融合，提高自主操作能力	John Deere 的自主拖拉机，利用 RTKGPS 和 LiDAR 技术

附录数据来源与参考文献

1. MarketsandMarkets：《农业机器人市场分析报告》
2. Grand View Research：《农业机器人市场趋势与预测》
3. Statista：《全球农业物联网市场数据》
4. IEEE Xplore：关于农业机器人和物联网的学术论文和技术报告
5. 联合国粮食及农业组织（FAO）：全球农业统计数据

参考文献

［1］ 李道亮，李震. 无人农场系统分析与发展展望［J］. 农业机械学报，2020，51(7): 112. LI Daoliang, LI Zhen. System analysis and development prospect of unmanned farming［J］. Transactions of the Chinese Society for Agricul tural Machinery, 2020, 51(7): 112.

［2］ SHAMSHIRI R R, WELTZIEN C, HAMEED I A, et al. Research and development in agricultural robotics: a perspective of digital farm ing［J］. International Journal of Agricultural and Biological Engineering, 2018, 11(4): 114.

［3］ SALEEM M H, POTGIETER J, ARIF K M. Automation in agricul ture by machine and deep learning techniques: a review of recent devel opments［J］. Precision Agriculture, 2021, 22(6): 2 0532 091.

［4］ PANDEY P, DAKSHINAMURTHY H N, YOUNG S. A literature review of nonherbicide, robotic weeding: a decade of progress［J］. 2020.

［5］ CUTULLE M A, MAJA J M. Determining the utility of an unmanned ground vehicle for weed control in specialty crop systems［J］. Italian Journal of Agronomy, 2021.

［6］ PANDEY P, DAKSHINAMURTHY H N, YOUNG S N. Frontier: autonomy in detection, actuation, and planning for robotic weeding systems［J］. Transactions of the ASABE, 2021, 64(2): 557563.

［7］ ZIMMER D, PLAŠČAK I, BARAČ Ž, et al. Application of robots and robotic systems in agriculture［J］. Tehnički Glasnik, 2021, 15(3): 435442.

［8］ ESPINOZAHERNÁNDEZ J, JUÁREZGONZÁLEZ C, MOTA DELFÍN C, et al. Control de maleza mediante la robótica［J］. Revista Ingeniería Agrícola, 2021, 11(4): 5467.

［9］ MACHLEB J, PETEINATOS G G, KOLLENDA B L, et al. Sensor based mechanical weed control: present state and prospects［J］. Com puters and Electronics in Agriculture, 2020, 176: 105 638.

［10］ WILLIAMS H A M, JONES M H, NEJATI M, et al. Robotic kiwifruit harvesting using machine vision, convolutional neural net works, and robotic arms［J］. Biosystems Engineering, 2019, 181: 140156.

［11］ 苑进. 选择性收获机器人技术研究进展与分析［J］. 农业机械学 报，2020，51 （9）：117.

［12］ YUAN Jin. Research progress analysis of robotics selective harvesting technologies［J］. Transactions of the Chinese Society for Agricultural Machinery, 2020, 51(9): 117.

［13］ SONKE S. Ecorobotix Ara spot sprayer: Face recognition for plants［J］. Profi: The professional farm machinery magazine, 2023(Jul.): 6668.

［14］ 祝清震，武广伟，朱志豪，等. 冬小麦精准分层施肥宽苗带播种联合作业机研 究［J］. 农业机械学报，2022，53（2）：2535.

［15］ ZHU Q Z, WU G W, ZHU Z H, et al. Design and test on winter wheat precision separated layer fertilization and wideboundary sowing combined machine［J］. Transactions of the Chinese society for agricultural machinery, 2022, 53(2): 2535.

［16］ JIANG W, QUAN L Z, WEI G Y, et al. A conceptual evaluation of a weed control method with postdamage application of herbicides: A composite intelligent intrarow weeding robot［J］. Soil and tillage research, 2023, 234: ID 105837.

［17］ Precision Farming equipment update［J］. Farming ahead, 2018(323): 612.

［18］ 耿端阳，谭德蕾，苏国梁，等. 压力式谷物产量监测系统优化与试验验证［J］. 农业工程学报，2021，37（9）：245252.

［19］ GENG D Y, TAN D L, SU G L, et al. Optimization and experimental verification of grain yield monitoring system based on pressure sensors［J］. Transactions of the Chinese society of agricultural engineering, 2021, 37(9): 245252.

［20］ 曾宏伟，雷军波，陶建峰，等. 基于单目视觉的谷物联合收获机产量测量方法 ［J］. 农业机械学报，2021，52（12）：281289.

［21］ ZENG H W, LEI J B, TAO J F, et al. Yield monitoring for grain combine harvester based on monocular vision［J］. Transactions of the Chinese society for agricultural machinery, 2021, 52(12): 281289.

［22］ 金诚谦，蔡泽宇，杨腾祥，等. 基于占空比测量的谷物联合收获机产量监测系 统研究［J］. 农业机械学报，2022，53（5）：125135.

［23］ JIN C Q, CAI Z Y, YANG T X, et al. Design and experiment of yield monitoring system of grain combine harvester［J］. Transactions of the Chinese society for agricultural machinery, 2022, 53(5): 125135.

［24］ KAREN S, BARNET. A hightech way to put fruit in the basket［J］. Industrial and systems engineering at work, 2021(4): 53.

［25］ RoboticsRipe. com［EB/OL］. ［20231128］.

［26］ THORNE J. Applepicking robots gear up for US debut in Washington state

　　　　　［EB/OL］. ［20231128］.

［27］ Ffrobotics. com ［EB/OL］. ［20231128］.

［28］ 冯青春，赵春江，李涛，等. 苹果四臂采摘机器人系统设计与试验［J］. 农业工程学报，2023，39（13）：2533.

［29］ FENG Q C, ZHAO C J, LI T, et al. Design and test of a fourarm apple harvesting robot［J］. Transactions of the Chinese society of agricultural engineering, 2023, 39(13): 2533.

［30］ 李丽颖，胡明宝，赵博文. 苹果采摘机器人的秘密［N］. 农民日报，2023-2-14（008）.

［31］ 赵雄，曹功豪，张鹏飞，等. 三自由度苹果采摘机械臂动力学分析与轻量化设计［J］. 农业机械学报，2023，54（7）：8898.

［32］ ZHAO X, CAO G H, ZHANG P F, et al. Dynamic analysis and lightweight design of 3DOF apple picking manipulator［J］. Transactions of the Chinese society for agricultural machinery, 2023, 54(7): 8898.

［33］ 虞浪，俞高红，吴浩宇，等. 欠驱动关节型柑橘采摘末端执行器设计与试验［J］. 农业工程学报，2023，39（17）：2938.

［34］ YU L, YU G H, WU H Y, et al. Design and experiment of the endeffector with underactuated articulars for citrus picking［J］. Transactions of the Chinese society of agricultural engineering, 2023, 39(17): 2938.

［35］ 魏博，何金银，石阳，等. 欠驱动式柑橘采摘末端执行器设计与试验［J］. 农业机械学报，2021，52（10）：120128.

［36］ WEI B, HE J Y, SHI Y, et al. Design and experiment of underactuated endeffector for citrus picking［J］. Transactions of the Chinese society for agricultural machinery, 2021, 52(10): 120128.

［37］ 陈永生. 设施蔬菜产业发展（二）2022—2023 年中国蔬菜机械化发展概况［J］. 中国蔬菜，2023（10）：510.

［38］ CHEN Y S. Development of vegetable mechanization in China from 2022 to 2023［J］. China vegetables, 2023(10): 510.

［39］ 尹义蕾，陈永生，程瑞锋，等. 荷兰设施园艺智能化生产技术装备考察及启示［J］. 农业工程技术，2018，38（34）：7581.

［40］ YIN Y L, CHEN Y S, CHENG R F, et al. Investigation and enlightenment of intelligent production technology and equipment for protected horticulture in Netherlands［J］. Agricultural engineering technology, 2018, 38(34): 7581.

［41］ GroupISO, Inc. ISO Graft 1200［EB/OL］. ［20241216］.

［42］ 姜凯，冯青春，王秀，等. 国外蔬菜嫁接机器人研究动态［J］. 农业工程技术，

2020，40（4）：1017.

［43］ JIANG K, FENG Q C, WANG X, et al. Research trends of vegetable grafting robots abroad ［J］. Agricultural engineering technology, 2020, 40(4): 1017.

［44］ ARAD B, BALENDONCK J, BARTH R, et al. Development of a sweet pepper harvesting robot ［J］. Journal of field robotics, 2020, 37(6): 10271039.

［45］ A S P, B S N, NOUSHAD N, et al. Automatic agricultural robot: Agrobot［C］//2020 IEEE Bangalore Humanitarian Technology Conference(BHTC）. Piscataway, New Jersey, USA: IEEE, 2020.

［46］ FOUNTAS S, MYLONAS N, MALOUNAS I, et al. Agricultural robotics for field operations ［J］. Sensors, 2020, 20(9): 2672.

［47］ 戸島亮, 岡本眞二. トマト収穫ロボットの開発[J]. パナソニック技報, 2022, 68（1）：7173.

［48］ 王晓楠，伍萍辉，冯青春，等. 番茄采摘机器人系统设计与试验 ［J］. 农机化研究，2016，38（4）：9498.

［49］ WANG X N, WU P H, FENG Q C, et al. Design and test of tomatoes harvesting robot ［J］. Journal of agricultural mechanization research, 2016, 38(4): 9498.

［50］ 王博文，张万豪，冯青春. 面向番茄自动整枝的茎秆夹持力学特性测量与分析 ［J］. 农机化研究，2023，45（12）：157163.

［51］ WANG B W, ZHANG W H, FENG Q C. Measurement and analysis of mechanical properties of stem clamping for automatic pruning of tomato ［J］. Journal of agricultural mechanization research, 2023, 45(12): 157163.

［52］ 成伟，张文爱，冯青春，等. 基于改进 YOLOv3 的温室番茄果实识别估产方法 ［J］. 中国农机化学报，2021，42（4）：176182.

［53］ CHENG W, ZHANG W A, FENG Q C, et al. Method of greenhouse tomato fruit identification and yield estimation based on improved YOLOv3 ［J］. Journal of Chinese agricultural mechanization, 2021, 42(4): 176182.

［54］ 高云茜，邓三鹏. 基于 YOLOv5en 算法的草莓采摘机器人目标检测技术[J]. 实验技术与管理，2023，40（10）：178183，216.

［55］ GAO Y Q，DENG S P. Target detection technology of strawberry picking robot based on YOLOv5en ［J］. Experimental technology and management，2023，40（10）：178183，216.

［56］ 吴群彪，许侃雯，张洪源，等. 草莓采摘机器人控制系统的设计 ［J］. 包装与食品机械，2021，39（2）：5862.

［57］ WU Q B, XU K W, ZHANG H Y, et al. Design of strawberry picking robot control system ［J］. Packaging and food machinery, 2021, 39(2): 5862.

［58］ 姫丽雯，刘永华，高菊玲，等. 温室草莓采摘机器人设计与试验［J］. 中国农机化学报，2023，44（1）：192198.

［59］ JI L W, LIU Y H, GAO J L, et al. Design and experiment of strawberry picking robot in greenhouse［J］. Journal of Chinese agricultural mechanization, 2023, 44(1): 192198.

［60］ 汪小昱，王得志，施印炎，等. 一种适用于多层高架种植农艺的多工况温室草莓精准采摘机器人及采摘方法：CN114793633B［P］. 20230407.

［61］ WANG X C, WANG D Z, SHI Y Y, et al. Multiworkingcondition greenhouse strawberry precise picking robot suitable for multilayer elevated planting agriculture and picking method: CN114793633B［P］. 20230407.

［62］ 汪小昱，李为民，施印炎，等. 一种基于机器视觉的绿芦笋采收机器人及采收方法：CN115119613B［P］. 20230721.

［63］ WANG X C, LI W M, SHI Y Y, et al. Green asparagus harvesting robot based on machine vision and harvesting method: CN115119613B［P］. 20230721.

［64］ 刘旭，李文华，赵春江，等. 面向 2050 年我国现代智慧生态农业发展战略研究［J］. 中国工程科学，2022，24（1）：3845.

［65］ LIU X, LI W H, ZHAO C J, et al. Highquality development of modern smart ecological agriculture［J］. Strategic study of CAE, 2022, 24(1): 3845.

［66］ 孙康泰，王小龙，蒋大伟，等. 美国农业和食品领域 2030 科技突破计划及启示［J］. 全球科技经济瞭望，2020，35（11）：25-32.

［67］ Sun K T, Wang X L, Jiang D W, et, al. The 2030 plan of science and technology breakthrough on agricultural and food study in the United States and its enlightenment［J］. Global Science, Technolo gy and Economy Outlook, 2020, 35(11): 25-32.

［68］ 赵春江. 智慧农业发展现状及战略目标研究［J］. 智慧农业，2019，1（1）：1-7. Zhao C J. Stateoftheart and recommended development strate gic objectives of smart agriculture［J］. Smart Agriculture, 2019, 1(1): 1-7.

［69］ 赵春江，杨信廷，李斌，等. 中国农业信息技术发展回顾及展望［J］. 农学学报，2018，8（1）：180-186.

［70］ Zhao C J, Yang X T, Li B, et al. The retrospect and prospect of agricultural information technology in China［J］. Journal of Agri culture, 2018, 8(1): 180-186.

［71］ 李道亮. 面向需求协同推进我国智慧农业发展［J］. 国家治理，2020（19）：18-21.

［72］ Li D L. Promoting the development of China's smart agriculture in the face of demand［J］. Governance, 2020(19): 18-21.

［73］ 许世卫，王东杰，李哲敏. 大数据推动农业现代化应用研究［J］. 中国农业科

学，2015，48（17）：3429-3438.

［74］ Xu S W, Wang D J, Li Z M. Application research on big data pro mote agricultural modernization ［J］. Scientia Agricultura Sinica, 2015, 48(17): 3429-3438.

［75］ 杨印生，薛春序，许莹，等. 智慧农业的社会经济特征、发展逻辑与系统阐释 ［J］. 吉林农业大学学报，2021，43（2）：146-152. Yang Y S，Xue C X，Xu Y，et al. Social and economic

［76］ characteris tics, development logic and systematic interpretation of smart ag riculture ［J］. Journal of Jilin Agricultural University, 2021, 43(2): 146-152.

［77］ 于海业，李晓凯，于跃，等. 光谱技术在农作物信息感知中的应用研究进展［J］. 吉林农业大学学报，2021，43（2）：153-162.

［78］ Yu H Y, Li X K, Yu Y, et al. Research progress in the application of spectral technology in crop information perception ［J］. Journal of Jilin Agricultural University, 2021, 43(2): 153-162.